· 本书为西藏自治区哲学社会科学专项资金项目重点项目(项目批准号：

13AJY008)结项成果

· 本书得到西藏社会经济复杂系统管理协同创新中心经费支持

· 本书同时获得厦门大学对口支援西藏民族大学专著教材出版基金资助

西藏碳汇功能区建设的政策研究

秦国华 等 / 著

厦门大学出版社 国家一级出版社
XIAMEN UNIVERSITY PRESS 全国百佳图书出版单位

图书在版编目（CIP）数据

西藏碳汇功能区建设的政策研究 / 秦国华著. -- 厦门：厦门大学出版社，2024.9

ISBN 978-7-5615-8566-5

Ⅰ. ①西… Ⅱ. ①秦… Ⅲ. ①二氧化碳-资源管理-研究-西藏 Ⅳ. ①X511

中国国家版本馆CIP数据核字(2022)第064956号

责任编辑	许红兵
封面设计	蒋卓群
美术编辑	李嘉彬
技术编辑	朱 楷

出版发行　厦门大学出版社

社　　址	厦门市软件园二期望海路39号
邮政编码	361008
总　　机	0592-2181111　0592-2181406(传真)
营销中心	0592-2184458　0592-2181365
网　　址	http://www.xmupress.com
邮　　箱	xmup@xmupress.com
印　　刷	广东虎彩云印刷有限公司

开本	720 mm×1 000 mm　1/16
印张	16
插页	2
字数	250 千字
版次	2024 年 9 月第 1 版
印次	2024 年 9 月第 1 次印刷
定价	60.00 元

本书如有印装质量问题请直接寄承印厂调换

厦门大学出版社
微信二维码

厦门大学出版社
微博二维码

前　言

2023 年 3 月 20 日,联合国政府间气候变化专门委员会(Intergovern-mental Panel on Climate Change,IPCC)发布了第六次评估报告的综合报告《气候变化 2023》(AR6 Synthesis Report:Climate Change 2023),以近8000 页的篇幅详细阐述了全球温室气体排放不断上升造成的全球变暖所导致的毁灭性后果。在全球气候变化日益严峻的背景下,减少温室气体排放、扩大碳移除规模、提高气候韧性已成为确保人人拥有更宜居、更可持续的未来的重要前提。

2020 年 9 月 22 日,国家主席习近平在第七十五届联合国大会上首次明确提出"3060 双碳"目标,即:二氧化碳排放"力争于 2030 年前达到峰值,努力争取 2060 年前实现碳中和"。"双碳"目标的提出,是习近平生态文明思想的重要构成,是"绿水青山就是金山银山"理念的传递。中国共产党第二十次全国代表大会报告回顾和总结了我国在生态环境保护、气候治理和人类文明新形态探索方面的经验,提出建设"人与自然和谐共生"现代化的总体目标。其中,"双碳"目标成为我国实施绿色发展战略和实现人与自然和谐共生、探索人类文明新形态的重要内容,在报告中得到了全面、系统、深刻的阐述。报告同时提出了"双碳"工作未来的总基调、新思路和新举措。

中国作为全世界最大的发展中国家,大力发展碳汇经济和碳汇产业是实现绿色低碳高质量发展的必经之路。我国政府对全球气候变暖问题与生态安全问题极度重视,积极引导各省(区、市)开展产业高质量发展、推动科学绿化与林草碳汇、打造碳汇交易试点等工作。全国碳排放权交易市场自 2021 年启动上线交易以来,顺利完成两个履约周期,相关管理文件逐步成熟,碳交易价格持续上涨,未来将带来更多的成交量与成交额,协同推进经济高质量发展和生态环境高水平保护。2021 年 3 月 11日,第十三次全国人大四次会议正式发布《中华人民共和国国民经济和社会发展第十四个五年规划和 2035 远景目标纲要》,提出积极应对气候变化,强调"深化生态文明试验区建设"、加强碳汇功能区建设、提升生态系统碳汇能力是实现"双碳"目标的重要途径,而建设具有中国特色的碳汇功能区意义更加重大。

作为中国陆地面积排第二的省级行政区,西藏位于青藏高原地区的核心区域,地理位置特殊、气候环境复杂,生态战略地位极为重要,同时拥有广阔的自然生态资源和丰富的生物多样性,碳汇资源十分丰富,具有巨大的碳交易与碳汇经济发展潜力,更具有建设碳汇功能区的绝佳优势。2021 年 7 月,习近平在西藏考察时指出,保护好西藏生态环境,利在千秋、泽被天下。要牢固树立绿水青山就是金山银山、冰天雪地也是金山银山的理念,保持战略定力,提高生态环境治理水平,推动青藏高原生物多样性保护,坚定不移走生态优先、绿色发展之路,努力建设人与自然和谐共生的现代化,切实保护好地球第三极生态。2021 年 7 月中央全面深化改革委员会第二十次会议审议通过了《青藏高原生态环境保护和可持续发展方案》,2023 年 4 月《中华人民共和国青藏高原生态保护法》颁布,为西藏生态环境保护和碳汇经济发展提供了坚实的政策保障。西藏自治区第十次党代会提出,坚决扛起生态文明建设政治责任,创建国家生态文明高地,努力做到生态文明建设走在全国前列。建立西藏碳汇功能区符合当前世界应对气候变化与国家生态安全问题的时代背景,更符合我国大力推动生态文明建设的时代要求,同时也是西藏自治区百年发展机遇的时代呼唤。碳汇功能区的建设将协同推进西藏的扩绿式、集约式发展,把西藏的自然财富转变为社会财富和经济财富,激发西藏地区新的经济增长活力,形成发展与生态双向作用的良性循环体系。

本书立足于西藏得天独厚的地理与生态环境,以现有法律法规体系为基础,从法律法规体系构建、产业发展政策、财政税收政策和生态政策等角度研究了推进西藏碳汇功能区发展的有效政策条件,并提出了一系列有针对性的可行建议。我们认为一定要利用好现有资源,把握好碳汇经济的新发展机遇,将特色产业发展与碳汇功能区建设结合起来,与乡村振兴战略有效衔接,平衡好生态与经济的协同发展,建立起科学合理的利益分配机制,助力西藏农牧区共同富裕目标的实现和国家生态文明高地的创建。

"双碳"目标的提出影响深远,涉及能源结构、产业结构和发展模式的深层次变革,有利于深化生态文明建设,更有利于构建人类命运共同体。西藏生态安全屏障建设、国家生态文明高地创建也是长期而艰巨的任务。希望本书的出版,能够为西藏碳汇功能区的建设和发展建言献策,助力推动生态文明建设和高质量发展进程、创建国家生态文明高地,为推动新时代西藏长治久安和高质量发展贡献绵薄之力。

著　者

2024 年 5 月

目 录

第一章 总 论

青藏高原位于中国的西南边陲,是中国面积最大、世界上海拔最高的高原,平均海拔达到 4 000 米以上,被称作世界屋脊和地球"第三极"。青藏高原地区是我国一道重要的生态屏障,在我国经济社会发展中的定位是生态功能区。这里的生态保护与建设工作已经取得了很大成绩,但距离其充分发挥生态屏障的作用尚存在较大的差距。

西藏位于青藏高原,在这里建立碳汇功能区,确定区域森林、草地碳汇基线,并通过制度安排建立长期稳定的碳汇交易机制,保障今后青藏高原地区生态保护与建设资金,可以进一步提高青藏高原地区的生态功能,强化青藏高原地区作为我国生态安全屏障的作用。从当今世界经济发展新趋势来看,建设西藏碳汇功能区,可以为西藏经济发展创造崭新的空间,也是我国实现"双碳目标"的必然选择。

第一节 青藏高原自然地理回顾:
青藏高原对当地气候形成的影响

西藏地处中国西南边陲,位于"世界屋脊"青藏高原的主体部分,有着高海拔、大面积复杂而又特殊的地理环境,有复杂多变的独特的气候条件。

按照地理分区看,藏北地区受雪灾影响比较大,这里有西藏北部的那曲市以及阿里的部分区域,均为寒冷半潮湿型气候。藏北还有世界最高的内陆湖纳木错,其本身就记载着青藏高原地质运动和气候变迁的情况。

阿里地区被称为"世界屋脊的屋脊",平均海拔达到 4 500 米以上,日均温差很大且全年极少降水,其所处的藏西地区为寒冷干旱气候,西藏冈仁波齐、玛旁雍错等大部分神山圣湖,都位于这个寒冷的地区。藏中地区的拉萨则属于温暖半干旱型气候,而西藏南部喜马拉雅山与雅鲁藏布江之间和康托山以西的狭长地带,被称为喜马拉雅山北麓雨影区,也就是山脉背风面降雨量比较少的区域。西藏的东南部有被称为"西藏江南"的林芝市,以雅鲁藏布大峡谷为中心,西、北、东三面分别环绕东喜马拉雅、念青唐古拉山和伯舒拉岭等著名山脉,构成开口式的马蹄形。北部高山组成巨大屏障阻挡了北方寒流的南下,南部开口,特别是雅鲁藏布大峡谷成为孟加拉湾暖湿气流北上的通道,外加高原整体"热岛效应"的作用,总的区域性气候表现为热量充足、降水丰沛,具有典型的海洋性气候特征。

青藏高原占据着大气对流层高度的三分之一,由于"气温垂直递减率"的作用,随着海拔高度的不断增大,气温随之降低。围绕藏北这个中心呈近于同心圆状闭合分布着青藏高原气温等值线,这里的气温受青藏高原的地势影响非常大。就其平均状态而言,青藏高原向北至少跨越一至两个气候带。

青藏高原空气稀薄、气压低,对人的心肺影响较大。到高原的人,起初会感觉缺氧,呼吸困难,必须花费很长时间才能适应。高海拔还会产生另一个自然现象,就是强烈的太阳辐射。拉萨就有很高的太阳总辐射值,几乎是成都的一倍,与非洲撒哈拉大沙漠的数值差不多。因为强烈的太阳辐射,即使严冬酷寒时节,太阳一旦出来就非常暖和。在农业生产上,太阳辐射强烈也有着特殊意义,青藏高原上就出现了我国小麦单位面积最高产量,这是因为充足的光照和强烈的太阳辐射对有机物质的形成非常有利。强烈的光照属于青藏高原一项非常宝贵的自然资源,也为研究紫外线辐射提供了良好的开放实验室。青藏高原变化多端的气候在影响周边地区的同时,也在很大程度上影响到全球的气候。

第二节 青藏高原经济地理回顾

20世纪90年代至今,西藏GDP平均每年的增长速度超过10%,较之前的增长速度有了较大的提高,成为近年来全国经济增速最快的地区,与全国平均经济水平的差距有所缩小。西藏经济的快速发展是实现和谐社会、各民族共同富裕的基础,国家的稳定发展以及各族人民的团结也离不开西藏经济的快速发展。

一、西藏地方经济发展的影响因素

(一)脆弱的生态环境

生态环境脆弱是指生态环境退化的速度严重超过了在现有社会经济和技术水平下能长期维持人类利用和发展的水平。当人类保持或者加大对环境利用的规模及程度时,可以通过经济、技术的改革和调整,也可以靠资源的输入或输出来缓解环境退化和资源耗竭。

1.西藏地貌物质的脆弱性

西藏由于特殊的地理环境,在遭受严重地质灾害时,其地表环境极易遭到严重破坏。西藏地域广大,地表形态也不同,喜马拉雅山、林芝、昌都等地区的地基特别不稳定,有60%以上的面积为大于25°的陡坡山地。除此之外,西藏比较薄的地表土层以及粗骨颗粒砂土质也极容易造成水蚀或风蚀灾害。①

2.西藏地质构造的脆弱性

西藏位于亚欧板块和印度洋板块之间,在强烈的挤压运动作用下,地层常发生褶皱和断裂。同时板块运动导致地壳不稳定,引发活跃的地表活动,印度洋板块按5厘米/年的速度向北移动,导致青藏高原每年不断

---

① 刘洁.西藏经济发展与生态环境研究[J].科技创新与生产力,2016(9):15-16.

地被抬高 8～10 厘米,这种现象的发生使得河流的冲刷侵蚀速率加快,进而导致严重的地质灾害。[①]

3.气候导致的环境的脆弱性

西藏处于内陆深处,海拔高、气候寒冷,气候条件严重影响着其生态环境,而且西藏的生态一旦遭到破坏,在恶劣的气候环境下是很难恢复的。

(二)居民受教育程度对经济的影响

当地居民的受教育水平很大程度上也影响着经济发展。西藏居民受教育程度普遍较低,与其他地区存在很大的差距,只有提升西藏地区的整体教育水平,才能更好、更快地发展西藏的经济。根据抽样数据,在全国范围内仅有 3.65% 的人从未上过学,而西藏地区从未上过学的人占比达到29.1%;在全国,有 18.86% 的人拥有大专及以上学历,但在西藏地区仅有 12.99% 的人达到该学历水平。详见表 1-1。在可以预见的将来,科技和人才的制约必将影响西藏的发展。

表 1-1　2021 年全国、新疆、西藏受教育程度

单位:人

地区	6 岁以上人口	未上过学	小学、初中、高中	大专及以上
全国	1 402 340	51 186	1 086 688(含中职)	264 467
新疆	25 909	796	20 149	4 964
西藏	3 496	1 019	2 023	454

注:本表是 2021 年全国人口变动情况抽样调查样本数据,抽样比为 1.058‰。

数据来源:中国统计年鉴 2022[EB/OL].[2022-12-03].http://www.stats.gov.cn/sj/ndsj/2022/indexch.htm.

二、经济发展

西藏的经济发展水平相对全国水平来说比较滞后,而西藏独特的人文、自然等因素也在一定程度上制约了西藏经济的发展。

[①]　孙鸿烈,郑度.青藏高原形成演化与发展[M].广州:广东技术出版社,1998.

(一)矿产资源开发可能会破坏当地的生态环境

西藏地区拥有非常丰富的矿产资源,至今已发现 2 000 多处矿产地、100 多种矿产,其中 18 种矿产的储量位于全国前十。[①] 得益于此,西藏的矿业得以发展并且带动地方经济的发展。但是,随之而来的是生态环境的严重破坏和生态系统的严重失衡。众所周知,中国众多的河流均发源于青藏高原,矿物开采过程中废弃大量放射性、酸性、碱性物质,未经处理直接排放将会对下游的河流和生态系统造成严重的影响。同时遭受环境污染的还有矿业开采区周围的空气、地表的土层以及周围的植被。西藏地区气候条件独特,生态环境一旦被破坏很难在短时间内恢复。与此同时,随着矿山的开采,矿山地区的地下水位也会随之下降,从而使地球内部遭受直接的破坏,地震、酸雨等大规模的自然灾害便会随之而来,甚至还会出现更严重的后果,比如当地土壤的盐碱化、地面坍塌等等。粗放型的矿产资源开发模式将会严重影响甚至破坏整个高原地区的生态环境,比如位于青海三江源头的白地沟地区,因矿产资源开采而为世人所知,但是随着人类不计后果地开采,目前整个矿产区已被严重破坏,寸草不生。[②]

(二)农牧业快速发展影响当地生态环境

西藏农牧业长期采用粗放式的发展方式,已严重影响到当地的生态环境。西藏地处高原,海拔高,气温低,地域广阔,但其拥有的可耕土地面积甚少,这些因素造成农作物产量较低。大部分农牧民会选择开垦荒地来增加农业产量,然而荒地的大规模开发极易造成地表植被破坏,随之带来水土流失、土地荒漠化等自然灾害。虽然广阔的地域使得发展粗放型畜牧业成为西藏最理想的选择,但如果在畜牧业发展中盲目追求数量和规模,只会加速草原的荒漠化。

---

① 张影.西藏矿产资源概况[J].西藏科技,2005(6):33-34.
② 王月容.旅游开发对生态环境的影响研究[J].湖南林业科技,2003(2):37-39.

（三）基础设施建设也会影响当地的环境

长久以来，西藏的经济水平与全国平均水平存在较大的差距。在西藏，发展经济离不开基础设施建设，其中交通运输业的发展是西藏经济发展的重要手段，是西藏与其他地区经济交流和发展的命脉，长期以来被确定为支柱产业。但交通运输业的建设和发展也会造成生态环境的破坏，例如交通基础设施的建设从一定程度上影响着植被或野生动物的生存，同时也破坏了当地的地质结构。中国铁路青藏集团有限公司、中国科学院寒区旱区环境与工程研究所等机构围绕"多年冻土、生态脆弱、高寒缺氧"这三大世界性难题，从冻土预防、沙害治理、设备维护、环境保护等领域进行技术创新和设备研发，大大降低了这一影响。

三、经济与生态环境的和谐发展

西藏特有的生态环境是国家将其划为重点开发保护对象的根本原因，所以发展西藏经济要与生态环保同步进行。在加速发展西藏经济的同时必须加强对其自然环境的保护，例如可以在当地建立自然保护区，保护当地特有的生态环境和生物多样性，对于已经遭到破坏的地区，也要竭尽全力将其恢复。

（一）努力提高当地人口素质

从全国来看，西藏地区人口增长最快，同时随着该地区旅游产业及经济的发展，人口将继续增长，生态环境问题将越来越紧张。因此，西藏自治区政府需根据实际发展情况来制定相关的政策控制人口的增长，同时提高人口的素质。经济发展水平的首要影响因素是当地居民的素质，西藏生产技术水平的提高离不开当地居民受教育水平的提高。

（二）重点保护与合理开发战略

发展西藏经济，必须坚持保护在先开发在后的原则。对于工业生产中造成的环境污染须严格监控，鼓励发展科技型产业。西藏有丰富的风能、水能、太阳能等绿色能源,这些绿色能源的储量大,如果能合理开发利用,不仅造成的环境污染少,而且还能获得很好的经济效益,这对于加快西藏经济的发展具有很大的促进作用。2021 年 11 月,西藏自治区第十次党代会提出要大力发展清洁能源产业,创建国家清洁能源示范区。

(三)建立重点生态保护区

我国绝大多数河流发源于西藏,若想发展下游城市,就需要做好西藏生态环境的保护工作。保护好西藏的生态环境不仅是局部工程,更是一项战略性工程,它关系到国家的命脉。在现阶段,西藏发展的主要目标是探寻一条能够阶段性地缓解、解决西藏当地保护生态环境与发展经济之间矛盾的发展道路,拉动区域经济的发展,进而利用经济的发展来进一步保护、补偿生态环境。21 世纪,只有以人与生态环境和谐发展为基础的发展,才是西藏经济社会的真正跨越式发展。[①]

第三节 西藏碳汇功能区的定义及范围

一、碳汇

曾经有学者认为,"碳汇"是自然界的碳的寄存体,就这个意义来讲,"碳汇""碳库"的概念是相同的。[②] 在联合国气候变化框架公约(United Nations Framework Convention on Climate Change,UNFCCC)中,"碳汇"是指从大气中带走二氧化碳气体的所有机制、过程或者活动。这相当于将"碳汇"抽象成一种机制、过程或者活动。就动态的角度来说,若将碳循环作为独立系统来考量,那么,在其与外界环境不断交换的过程中,当

---

① 刘洁.西藏经济发展与生态环境研究[J].科技创新与生产力,2016(9):15-16.
② 李顺龙.森林碳汇问题研究[M].哈尔滨:东北林业大学出版社,2006.

碳的吸收量超过排放量时，就是"碳汇"，当吸收量低于排放量时，就是"碳源"。[①] 所以，"碳汇"是碳循环同外界环境进行碳交换的净成果的一种表现。在各种外界因素的共同影响下，碳汇与碳源相互转化，而且这种相互转化是普遍存在的。

碳汇的范围比较广泛，有很多不同形式，比如森林碳汇、生物碳汇、土壤碳汇、海洋碳汇、农业碳汇、草原碳汇等。通常情况下，"碳汇"是指"森林碳汇"。[②]

二、主体功能区

生态文明建设的首要任务是优化国土空间开发格局，其战略重点应该着眼于主体功能区战略的实施和主体功能区布局的形成。国务院发布的《全国主体功能区规划——构建高效、协调、可持续的国土空间开发格局》（以下简称《全国主体功能区规划》）副标题便是"构建高效、协调、可持续的国土空间开发格局"。《全国主体功能区规划》确定了我国国土空间开发格局的战略部署以及总体方案，即农业战略格局、城市化战略格局和生态安全战略格局。主体功能区的规划主要依据两点：第一，划分的基本标准是主体功能区的规划能否满足大规模、高强度的城镇化、工业化的需求；第二，资源和环境随着区域的变化而变化，所以每个区域的资源开发强度、环境承载能力以及未知发展空间各不相同。基于以上两点，主体功能区可规划为重点开发区域、优化开发区域、禁止开发区域以及限制开发区域。这一划分为实现规范空间开发秩序、推进区域健康可持续发展以及构建科学合理的空间开发结构奠定了良好的基础。同时，主体功能区依照不同的功能定位实行不同的设计，应用并巩固各个功能区的相应的优势，使得各个功能区能在最有限的条件下实现最快、最大的发展。[③]

我国应针对合理布局全国经济的要求，根据区域资源环境承载力、现

①　李顺龙.森林碳汇问题研究[M].哈尔滨：东北林业大学出版社,2006.
②　袁定喜.中国碳汇贸易价格形成机制研究[D].南京：南京林业大学,2015.
③　郭梅,许振成,彭晓春,等.基于主体功能区的环境规划战略研究[J].改革与战略,2010,26(3):105-108.

有发展强度和发展潜力,确定各区域的主要功能,以此为基础明确各区域的开发方向、规范区域开发秩序、控制区域开发强度,努力使区域发展形成可持续的局面。在这一思想指导下,我国在国家级及省(区、市)级层面,根据不同的开发方式,将国土空间划分为优化开发区、重点开发区、限制开发区和禁止开发区。同时,根据不同内容的发展,还可以分为城市化地区、农产品主产区和重点生态功能区三类。[1]

西藏自治区第九次党代会报告提出:守住发展和生态两条底线,坚持绿色发展、文明发展,推进西藏经济社会持续健康发展。建立主体功能区制度、国土空间用途管制制度和自然生态空间用途管制制度,全面划定并严守生态保护红线,将各类开发活动限制在资源环境承载能力之内,防止不合理开发建设工程对生态的破坏。[2] 同时,严格执行矿产资源开发自治区政府"一支笔"审批制度,凡是涉及矿产资源开发、水资源开发、大规模土地整治的项目,必须由自治区人民政府审批,严格执行行业准入条件和环境准入标准,落实环境保护"一票否决"制度。

三、碳汇功能区

碳汇功能区是把一个地域不同空间单元作为对象,以对其自然环境、生态系统、经济发展状况、资源的承载力、已开发情况、未来的开发潜力及开发重点等进行的综合分析作为基础,并根据碳汇和碳排放来划分的区域空间单元。按照碳汇区域、碳排放量及能源消耗程度,可以把土地空间分为三种类型:高碳功能区、低碳功能区和生态碳汇区。其中,高碳功能区是主要能源消费和碳源的区域空间单元,其能耗和碳排放量远高于其他区域空间单元;与高碳功能区相对应的低碳功能区,则是低能耗、低碳源的区域空间单元;生态碳汇区则是区域碳汇主要来源的空间单元。[3]

---

① 鞠欢.主体功能区战略下的湖北省环境保护政策优化研究[D].武汉:湖北工业大学,2014.

② 吴英杰.坚定不移贯彻落实习近平总书记治边稳藏重要战略思想,奋力推进西藏长足发展和长治久安[R].西藏:中国共产党西藏自治区第九届委员会,2016.

③ 吕传俊.碳功能分区:让后发地区实现低碳崛起[J].环境保护,2012(9):35-36.

从《全国生态环境保护纲要》关于重要生态功能区的描述来分析,重要生态功能区是指江河源头区、重要水源涵养区、土壤保持的重点预防和监督区、江河洪水调蓄区、防风固沙区、重要渔业水域等具有重要生态功能的区域,这些地区在保持流域生态平衡、减轻自然灾害、确保生态环境安全方面具有重要作用。[①] 伴随着工业化、城市化的步伐,中国已经成为世界上最大的工业源碳排放国,大气中其他温室气体与烟尘等污染物浓度有所增加,导致地区性灾害天气现象增多,给生产和生活带来较大的影响和威胁。在生态系统服务中,固碳释氧服务占有较大的比重。发挥森林、草地、湿地、土壤等生态系统的固碳功能,增加碳汇,改善陆地碳循环,减少温室效应,这对减缓气候变化具有重要意义。植被和土壤是陆地生态系统的主要碳库,植被固碳量和土壤碳储量的空间布局是重要碳汇生态功能区划定的关键和基础要素。

碳汇功能区,是在主体功能区和重要生态功能区划分的基础上建立的,以保护和扩大碳库、增加固碳量、生产更多固碳产品、培育碳汇为主要任务,兼顾碳汇资源的生态功能(固碳释氧、涵养水源、保护物种、调节气候、维护生态平衡等)和经济功能(碳汇市场交易),通过开发碳汇资源,推动生态功能区碳汇产业发展,统筹生态环境保护、经济布局、人口与城镇发展的综合性区划,范围包括浅海、森林、湿地等地域空间单元。

四、西藏碳汇功能区

根据上述对主体功能区和碳汇功能区概念的分析,可将西藏碳汇功能区界定为限制开发区(其中的 38 个自然保护区为禁止开发区)类型的主体功能区。限制开发区是指那些关系国家农产品供给和生态安全,且不适合大规模、高强度工业化和城镇化开发的区域。所以对于限制开发区,应本着保护在先、适度开发的原则,大力发展环境和资源能承载的特色优势产业,不断加强生态环境的保护力度,通过科学、合理、有效、有序

---

① 韩永伟,高吉喜,刘成程.重要生态功能区及其生态服务研究[M].北京:中国环境科学出版社,2012:1.

地转移超载人口,使其逐渐成为全国或者区域性的重点生态功能区。

限制开发区包括很多种类,具体有五大类:草原湿地生态功能区、荒漠化防治区、森林生态功能区、水土严重流失地区和其他特殊功能区(例如自然灾害频发的地区、水资源严重短缺的地区等等)。偏远地区及交通不便利地区大部分是限制开发区,除森林和部分条件较好的草原湿地生态功能区以外,其他的区域往往自然条件恶劣、生态脆弱、人口稀少、基础条件较差、经济较落后,非常不适合集聚人口和大规模开发。大多数区域由于资源的过度开发,可能存在一些不合理的经济活动,已开发的资源超过了环境的承载力,导致水土流失、荒漠化及草场的大面积退化等灾害频发,最终导致生态系统功能紊乱,危及其他区域的安全。限制开发区作为人与自然矛盾非常突出、生态环境非常脆弱的地区,有如下特性:较明显的生态保障功能,较差的自然环境,较落后的经济水平,超过了该地区环境承载力的各种人类活动,因而需要较高的开发成本且生态遭到破坏后的修复成本也很高。针对这些特性,限制开发区未来的发展趋势及其主体功能定位为:依靠政府的政策支持、保护、鼓励,持续地进行扶贫开发,继续完善生态系统的保护和修复工作,进而加快对超载人口的有序转移,努力把该区建设成重点生态安全区、重点生态功能区,以此保障国家和地区的生态安全。西藏碳汇功能区正具备上述特征。设立西藏碳汇功能区必须根据《全国主体功能区规划》的要求,制定符合实际需要的碳汇功能区总体建设规划,按照"政府引导、多方参与"的原则稳步实施和推进。特别要注意在西藏建立一些自然保护区,根据西藏特殊的自然环境和地理气候以及禁止开发区的相关要求,设立碳汇功能区实验小区,讲究成效,取得经验。[①]

五、西藏碳汇功能区的范围

西藏处于草原区、冻融区,按照《全国生态环境建设规划》,对冻融区

---

① 国务院发展研究中心课题组.主体功能区形成机制和分类管理政策研究[M].北京:中国发展出版社,2008.

一是要以保护为主,即以保护现存的自然生态系统为主;二是既要不断加强对重要江河湖泊、原始森林和天然草场的保护,又要防止不合理的开发、破坏。[①]

(一)西藏碳汇功能区的地理范围

西藏自治区平均海拔 4 000 米以上,是青藏高原的主体部分。北部毗邻新疆维吾尔自治区和青海省,东面与四川省相连,东南连接云南省,南隔喜马拉雅山脉与印度、尼泊尔、不丹等国接壤,边境线全长近 4 000 公里。面积 122 万多平方米,约占全国总面积的 12.8%。这里有茫茫林海和无垠草原,生态环境优势较为突出,潜在的碳汇规模较大。根据西藏 2010 年测算的数据,西藏的碳汇量有 9.52 亿吨,占到了全国碳汇总量的 12.2%。国家林业和草原局中南林业调查规划设计院与西藏自治区林业调查规划研究院利用抽样调查及数学模型等科学计量方法,于 2013 年开展了全区范围内的林业碳汇计量监测工作,经过科学估算,西藏森林生态系统固碳速率包括森林植被碳汇每年 3 634.16 万吨,森林土壤碳汇每年 1 336.94 万吨,枯落物碳汇每年 93.7 万吨。[②] 2024 年 8 月 18 日,第二次青藏高原综合科学考察队队长姚檀栋在成果发布会上介绍,青藏高原生态系统碳汇为 1.2 亿至 1.4 亿吨/年,人为排放 5 500 万吨/年,碳盈余 6 500 万吨/年以上。其中,西藏自治区生态系统碳汇 4 800 万吨/年,人为排放 1 150 万吨/年,碳盈余接近 3 700 万吨/年。[③]

(二)西藏碳汇功能区的生态范围

1.森林

最经济、最可靠的二氧化碳吸收器是森林,森林在气候变化问题上起

---

① 贺东北,柯善新,陈振雄,等.西藏森林资源特点与林业发展思考[J].中南林业调查规划,2014,33(3):1-4.

② 西藏森林草地和能源每年产生碳汇价值逾千亿元[EB/OL].(2014-07-07)[2020-03-02].http://finance.chinanews.com/cj/2014/07-07/6356349.shtml.

③ 青藏高原已整体实现碳中和[EB/OL].(2024-08-20)[2024-08-22].https://www.chinanews.com.cn/shipin/cns-d/2024/08-20/news997784.shtml.

着不可替代的作用。西藏拥有丰富的森林资源,加之特殊的生态地位,被称作"世界第三极""世界气候的调节器",是我国甚至全球的生态安全屏障,其森林资源对于全国的碳汇、碳库具有直接的影响。因此,我们必须对森林资源进行积极、科学、有效的保护和开发利用,合理发挥林业固碳增汇的积极作用,在一定程度上减少和抵消二氧化碳的排放量。

第三次全国国土调查结果显示:西藏的森林面积达到了1 491万公顷,森林覆盖率达12.31%,草原综合植被盖度达47%,森林总蓄积量22.83亿立方米,森林面积和森林蓄积量分别位居全国第5位和第11位。西藏的森林大多分布在高山陡坡或者深谷激流的两侧,主要集中在藏东南的喜马拉雅山脉、横断山脉的高山峡谷地带。按行政区划和区域性分布特点分成四个森林区:横断山三江流域的东北部森林区、位于雅鲁藏布江高山峡谷的雅鲁藏布江下游森林区、喜马拉雅山脉南坡外流水系森林区、雅鲁藏布江中部及拉萨河与年楚河宜林区。①

为了更好地发展西藏森林碳汇功能,需要从以下几方面着手:第一,努力做好保护天然林、封山育林和退耕还林等工作;第二,依据《京都议定书》的要求,积极开展造林、再造林的碳汇试点项目;第三,建立生态补偿机制以提高建造生态林的积极性、主动性;第四,不断开发新能源、再生能源,从而减少木材的需求量,严惩毁林的行为或活动,有效地利用木材,通过减少碳排放最终达到增加森林碳汇的目标。

2.农田

根据第三次全国国土调查数据,截至2019年年底,西藏耕地总数为44.21万公顷,2020年年末为44.604万公顷,位于"一江两河"区域的日喀则、拉萨、山南三个市的耕地占全区总耕地面积的66.49%。其中,水田0.143万公顷,占全区耕地的0.32%,主要分布在墨脱、察隅等县;水浇地31.767万公顷,占全区耕地的71.86%;旱地12.3万公顷,占全区耕地的27.82%。处于2度以下(含2度)坡度的耕地17.66万公顷,占全区耕地的39.95%,明显低于全国平均比例;处于25度以上坡度的耕地1.54万公顷,

---

① 杜军,胡军,张勇.西藏农业气候资源区划[M].北京:气象出版社,2007:6-9.

占全区耕地的 3.49%。[①]

根据《全国土地利用总体规划纲要(2006—2020 年)调整方案》,西藏耕地保有量指标为 39.47 万公顷。依据 2016—2019 年变更调查数据,2016 年年末西藏耕地面积为 44.46 万公顷,2017 年年末为 44.396 万公顷,2018 年年末为 44.29 万公顷,2019 年年末为 44.21 万公顷。可见"十三五"期间,西藏耕地面积总体保持稳定。

3.草地

西藏宜牧土地资源十分丰富,宜牧地面积 6 160.4 万公顷,占西藏总土地面积的 68%,天然草地面积占西藏总面积的 68.1%,约占全国总面积的 21%,居全国首位。中国有 18 种类型的草原,其中西藏有 17 种。西藏高寒草地占优势,草地主要类型有:亚高山草甸、干旱草甸、高寒草原、高寒荒漠草原。从地区分布看,那曲宜牧地面积最大,占全区宜牧地总面积的 31.58%;其次是阿里,占 29.27%;日喀则占 19.66%。从宜牧地质量看,一等宜牧地仅占宜牧地总面积的2.43%,二等宜牧地占 9.58%,三等宜牧地占 32.42%,四等宜牧地占43.44%,五等宜牧地占 12.12%。

西藏是我国五大牧区之一,草场面积辽阔,类型多样。西藏牧草种类繁多,生物多样性复杂,主要分布在西北部、北部,而且大部分草地处在高寒区,受昼夜温差大、紫外线辐射强等多种气候因素的影响。独特的自然环境与气候条件有利于多种营养物质的合成和积累,饲料品质好、适口性强、营养价值极高。有关资料显示,优质牧草总营养物质平均含量较高,高的超过 90%,低的也达到 70%。但由于缺水、草场建设严重滞后、草地"三化"、管理松弛、交通不便等原因,全区现有近 160 万公顷的草地难以利用。目前,西藏牧民基本采用传统的逐水草而居、逐水草而牧的经营方式,仍然沿袭着靠天养畜的落后生产方式。

若想要增加西藏草原的可利用面积,可采取如下措施:首先,通过人工种草、治沙种草及退牧还草等手段进行草原恢复工程;其次,通过松土、施肥等方式不断改善土壤的水分及养分,同时还应不断改良草原的品质;

---

① 西藏对永久基本农田实行特殊保护[EB/OL].(2022-06-27)[2022-06-30].
http://www.tibet.cn/cn/ecology/202206/t20220627_7228934.html.

再次,增加草种种类及植被数量,增强草地的生产力;最后,在可利用的天然草原范围内,实行人工草场牧草良种补偿、禁牧补助和草畜平衡奖励,完善草原生态保护补助奖励机制,既可减少放牧对草地的破坏,又能提高牧民的收入,也能很好地实现牧区经济和生态环境的协调和可持续发展,从碳源和碳汇两个方面增强西藏草原净碳汇能力。[①]

4.湿地

全球三大生态系统是指湿地、森林、海洋,其中湿地是最重要的生态系统之一,同时,湿地还是自然界中最具生物多样性的生态景观。西藏是青藏高原的主体,因高原特殊的自然、地理环境,形成了中国独有的、面积较大的、高海拔的湿地生态系统,造就了壮美的湿地景观。据统计,西藏湿地总面积有 65 290.29 平方米,约占西藏总面积的 5.35%,大多分布在那曲市、阿里地区和日喀则市。根据西藏的实际情况,西藏的湿地包括天然湿地和人工湿地两大系统,天然湿地又可分为湖泊型湿地、河流型湿地和沼泽型湿地三个基本类型。

湿地生态系统是陆地生态系统碳循环的重要组成部分,对气候变化十分敏感。湿地的吸碳能力很强,是其他生态系统的 10 倍,所以湿地生态系统对于遏制及减缓全球气候变暖具有非常重要的作用。但是,因为人口的不断增加、全球气温的逐渐升高,现在湿地的面积在逐渐减少,这直接导致湿地固碳能力的减弱。

(三)西藏碳汇功能区的产业范围

西藏碳汇功能区作为限制开发区,必须在保护生态环境的同时,兼顾地方经济的发展,在不妨害碳汇功能区生态功能的前提下,积极利用碳汇功能区的比较优势,通过制定促进碳汇功能区特色产业发展的各种政策,培育发展特色产业,并促进特色产业向条件较好地区集聚。要重视改善碳汇功能区的投资环境,并与本地的自然特点有机结合,对碳汇功能区内不影响本地生态功能的特色产业进行引导,通过培育和扶持特色产业,努

---

① 李宝海.西藏现代农业发展战略研究[M].北京:中国农业科学技术出版社,2007:78-79.

力促进碳汇功能区自我发展能力的不断提高。考虑到碳汇功能区不适合大规模集聚产业和人口,可在生态受益区探索设立碳汇功能区异地开发实验区,也就是在适合大规模集聚产业和人口的生态受益区,将一定的空间划出来,将其作为碳汇功能区发展的"产业飞地"。因此可在平衡碳汇功能区和生态受益区利益的同时,合理配置生产要素,这对统筹区域发展和人与自然的协调发展有利。碳汇功能区与生态受益区可积极协商,创造有利于异地发展的机制、政策和环境条件。

西藏碳汇功能区作为限制开发区,无法与重点发展区域和优先发展区域相比,其经济处于比较弱势的地位。影响西藏碳汇功能区主体功能发挥的经济活动均受到限制,西藏碳汇功能区为了维护全国或区域生态安全显然是牺牲了相当多的经济利益。作为对江河源头、饮用水源、森林和生物多样性保护区等以生态保护功能为主的西藏碳汇功能区的一种补偿,西藏碳汇功能区发展有利于生态环境保护的特色产业,应享受到税收减免优惠,在该区专门用于特色优势产业扶持的财政转移支付力度应相应加大。不仅如此,还应进行财政贴息、投资补贴及国债资金等形式的积极探索,对股票、债券等资本市场融资手段进行倾斜,对西藏碳汇功能区的特色优势产业给予积极的扶持。

可积极推行生态标记。所谓生态标记,就是对以环境友好方式生产的产品进行标记,并对其在生态保护领域的贡献给予充分肯定。在环保意识不断增强的今天,消费者在购买普通商品时,一般都愿意以比较高的价格来购买认证为以生态环境友好方式生产出来的商品。因此,可采取推行生态标记的方式,鼓励环境友好型生产企业的发展,并提高其市场竞争力。这就需要我们抓紧建立能赢得消费者信赖的认证体系,对西藏碳汇功能区符合条件的企业产品优先进行生态标记,以促进西藏碳汇功能区特色产业的发展。要发挥西藏碳汇功能区生态环境保护的优势,做好现有的绿色食品、有机食品、无公害食品等资源和品牌的整合工作,推动其市场占有率和效益的进一步扩大,从而提高西藏碳汇功能区绿色产业的综合竞争力。①

---

① 高国力.我国主体功能区划分与政策研究[M].北京:中国计划出版社,2008:177-178.

第四节 建设西藏碳汇功能区的意义

一、减少碳排放，增加碳中和

全球气候变暖是个国际问题，是个全球生态问题，它涉及政治、文化、经济、资源等各个方面，有很强的综合性，涵盖了不同国家、不同民族、不同意识形态。既然全球气候变暖是一个全球性问题、国际问题、科学问题，那么就需要各个国家共同合作、共同努力、共同面对、共同解决。由于人类长期依赖碳基能源，在燃烧矿物燃料和砍伐大量森林的过程中，会不断增加地球大气中的二氧化碳等温室气体的浓度，导致温室效应与地球气候的变化加剧，呈现多发性和异常性的高温干旱、雨雪洪涝、低温冰冻等一些极端气候灾害，这对人类的生存环境造成极大的危害。碳中和，是指中立的（即零）总碳量释放，通过排放多少碳就做多少抵消措施，即所排放的温室气体不导致大气中温室气体的总量增加，来达到碳平衡。温室气体的排放不可能通过任何一种行为避免，只能借助于减排办法使碳排放量降低，到最后借助于碳补偿机制、采用碳信用，将那些无法减少的碳排放量抵消，努力实现温室气体零排放。碳中和作为一种低碳理念，引导人们为开展低碳生活而创造条件，促进碳中和，并致力于大气状况的不断改善。[①]

二、建设国家生态安全屏障

环境保护问题是西藏碳汇功能区建设的一项重要内容，对区内生态脆弱区、生态敏感区进行环境保护势在必行。生态脆弱区指的是西藏碳

---

① 邓明君，罗文兵，尹立娟.国外碳中和理论研究与实践发展述评[J].资源科学，2013,35(5):1084-1094.

汇功能区内,在目前的经济和技术水平下,生态环境的退化已经超过了能维持人类长期发展的范围。生态敏感区是两个或两个以上的不同生态环境之间的生态交错带,对环境因子变动的敏感性强是其最典型的特征。加强生态脆弱区、生态敏感区的环境保护,一方面要有序地控制人口转移,限制经济开发活动;另一方面要注意减少水土流失,治理农业污染,避免产生新的污染源。这些举措,对于建设西藏地区国家生态安全屏障显然具有不可估量的影响。[①]

三、获得政策资金支持,通过碳汇项目交易获利

西藏碳汇功能区建设一旦确立,作为限制开发主体功能区,可以获得国家资金的支持。通过自然保护区建设工程、野生动植物和湿地保护工程、天然林保护工程、荒漠化治理工程、城市周边地区绿化工程等一系列项目建设和实施,广大农牧民作为这些项目建设的主力军就可以增加收入,保证了农牧民的可持续增收。同时,开展碳汇项目交易的收益,更可能成为农牧民增收的新途径。

西藏的自然条件在很大程度上制约着农牧民的生产活动,这就要求充分尊重客观的自然规律和当地自然条件,发挥自然条件的优势和功能,把生态环境优势转变为可持续增收的优势,这样才能够将增收途径拓宽。一方面建设西藏碳汇功能区可以改变传统生产方式,提高本地资源的利用率和附加值;另一方面植树造林是农业稳产增收的保障,在营造人工林和恢复农区植被方面,通过国家不断加大资金投入,可以增加农牧民饲料和农作物单位面积产量,改善农田林网的局部环境,不断提高生物多样性,降低农业病虫害,为农业生产绿色产品创造良好条件。保护野生动植物和天然林也是保证农牧民增收的基础。这些都为当地农牧民增收创造了有利的条件。

---

① 杜黎明.主体功能区区划与建设:区域协调发展新视野[M].重庆:重庆大学出版社,2007:140-142.

四、拉动相关产业发展，维护社会稳定

发展特色经济也属于西藏碳汇功能区建设的一项重要内容，其基本思路是寻找和发现特色、培育特色、创造特色，形成区域品牌，形成依托现代服务业的区域产业集群和板块，最终与市场衔接，以此实现农业现代化。西藏的自然环境、地理条件非常特殊，成为西藏独特的天然旅游资源，包括雪山、冰川、高原、森林、湿地、湖泊等。民风民俗也很独特，由民风民俗形成的人文景观，比如寺庙、古建筑群等，也是西藏碳汇功能区发展特色经济、特色旅游业的优势资源。当地的特色农业、旅游等相关产业的发展，也能为维护西藏社会稳定发挥重要作用。

五、为全人类生存环境改善作出贡献

生态恢复与生态重建是西藏碳汇功能区建设的重要内容。为做好西藏碳汇功能区的生态恢复与生态重建，就必须采取有力措施，立刻停止那些威胁到生态系统的经济行为或活动，采取科学、合理、有效的政策来缓解和解决自然灾害所造成的生态系统退化和损失；必须立即停止导致生态系统进一步恶化的活动，尽快推进生态工程实现生态修复。针对那些已被严重破坏的、很难通过自我调节恢复到原来状态的生态环境，可以采用生态重建工程加以解决。需优化配置及综合整治重建区的水、土、草、林，在生态系统保持平衡的状态下建立适合生产和生活需要的半人工、人工生态系统，保证自然与人类的生产生活和谐发展，如矿区的生态重建、过度砍伐地区和过度放牧地区的生态重建。这一恢复生态的过程，必须将结构和功能被破坏的生态系统修复到未被破坏前的状态，其中就包括治理环境污染。由此，可以解决和预防区内因自然变化或人类活动而引起或可能引起的生态系统失衡和生态环境恶化，以及由此给人类和整个生物界的生存和发展造成的很多不好的影响，预防出现生态问题，这是对

全人类所作出的很大贡献。①

第五节　研究框架与理论基础

一、研究框架

各类政策需要紧密围绕西藏碳汇功能区的主体功能定位和发展方向,并在综合考虑政策实施的条件、效果,在与其他政策协调衔接的基础上,结合西藏碳汇功能区的不同特点和要求,加以设计和调整。碳汇功能区建设涉及的政策种类繁多,本课题重点研究影响较大的法律法规体系、产业发展政策、财政税收政策以及生态政策。

(一)支持西藏碳汇功能区建设的政策体系

1.法律法规体系

碳汇功能区建设牵涉的问题很多,是一个系统工程,需要综合考虑政治、经济、生态、安全、居民收入等多种因素,需要法律和制度来规范。构建西藏碳汇功能区的法律法规体系,要站在控制全球温室气体排放和我国能源安全的高度,还需要结合西藏碳汇功能区实际,制定实施的具体措施和步骤,以宏观的视野确定西藏碳汇功能区长期发展碳汇经济的战略方向,微观方面要细化中长期温室气体减排目标,确保法律能够起到统领碳汇经济发展的作用,真正建立既具有立法高度又有实践性的切实可行的碳汇经济法律体系。在立法理念上,必须将碳汇经济相关原则贯穿其中。在具体制度上,既要包含节能减排、传统能源替代等低碳经济常规领域的相关制度方面的设计;同时应当包含碳汇建设、碳金融制度、碳税收制度、碳交易市场设计等碳排放控制制度,并且明确以发展低碳经济为目

---

① 杜黎明.主体功能区区划与建设:区域协调发展新视野[M].重庆:重庆大学出版社,2007:140-142.

的的产业转型、绿色技术发展、低碳产业促进、绿色岗位供给、绿色能源利用等方面的具体目标，依法建立起西藏碳汇功能区的法律法规体系。

2.财政税收政策

西藏地广人稀，自然环境比较恶劣，经济基础十分脆弱，长期依赖中央及全国人民支援的"供给型经济"特征十分明显，加之人才匮乏、市场规模狭小，保护和改善生态环境、开发自然资源的难度与压力很大。西藏的金融对社会经济发展的支持、引导、调控作用偏弱，对外招商引资的能力不强，财政税收政策就成了推动西藏社会经济发展的主要动力和调控社会经济正常运行的主要政策工具。建设西藏碳汇功能区需要大量的资金投入，依靠市场化融资无法满足需要，出台支持与鼓励性财政税收政策、增加财政投入有其现实意义。具体思路，一是依靠水、电、气价格附加等形式跨地区、跨领域建立生态补偿机制，设立专项基金。二是调整资源税的征收模式，税率设置应能清晰地反映资源稀缺程度，要加大资源税的征收范围，合理提高矿产资源赔偿费的征收标准，将因资源的开发利用产生的生态环境成本尽最大可能地内部化。三是为确保能有稳定的资金投入，应进一步规范相关的费用，为人员经费设立专门的财政预算科目。四是在生态基础设施建设方面，政府要加大直接投资的力度。五是在生态移民、扶贫等方面，要加大资金支持力度，加强扶贫资金管理，提高扶贫效率。[①]

3.产业发展政策

在不妨碍主体功能区发挥作用、处理好生态与产业发展关系的前提下，应充分发挥地方比较优势，发展地方特色产业，引导特色产业更好地集聚。同时要抑制那些不适合主体功能区的产业发展，加强技术改造或有序退出功能区。具体来说，一是建立生态补偿机制。与重点开发区、优化开发区相比，西藏碳汇功能区是维护国家生态安全和地区生态安全的区域，要建立生态环境补偿制度，明确补偿税费征收和管理的内容、程序，发挥其对市场和经济的宏观调控作用，促进经济社会环境协调发展，也有

---

① 国务院发展研究中心课题组.主体功能区形成机制和分类管理政策研究[M].北京：中国发展出版社，2008：187-306.

利于各地政府制定地区长期发展规划及相关的配套政策。二是寻求并建立"产业飞地"的发展模式。虽然规模大、集聚型的产业不适合在限制开发区发展，但却可通过发展区域空间置换的方式实现发展，比如将西藏碳汇功能区生态功能与重点开发区产业功能在空间上进行置换，即建立"产业飞地"模式，将其安排在适合发展集聚型产业的重点开发区。西藏碳汇功能区与重点开发区可通过协商，为建立"产业飞地"发展模式在政策、体制等方面创造良好的环境。三是设立产业扶持基金，支持西藏碳汇功能区根据自身特殊的自然环境、地理条件，培育、发展特色产业，激发自身的发展潜力，增强自身的发展能力。四是开发绿色生态产品，科学合理地开发和利用限制开发区的优势资源，发展绿色产品，最终使生态功能和产业功能实现双赢。

4.生态政策

在西藏碳汇功能区生态环境政策方面，一方面要实施更加严格的环境总量控制，利用达标排放、提高排污收费标准等手段，限制不合理的开发方式，尽可能减少开发活动中的环境污染，加强环境监管，深入落实环境影响评价制度，确保排放总量有所下降。另一方面，进一步完善退耕还林还草政策、林区职工安置政策、专项财政补贴政策等一系列配套措施，使该地区的生态建设工作、生态修复工作能更好地进行下去。

要建立生态保护的财政和地区补偿机制。由于生态环境具有公共品的特性，西藏碳汇功能区土地和资源保护的受益主体已经超越本地区人口，因此，必须从长远的角度，改变目前谁开发谁受益、谁保护谁吃亏的局面。首先，为补偿限制开发区对环境实施的保护，国家财政应设立专门的生态保护基金；其次，在西藏碳汇功能区继续实行退耕还林还草的补偿政策，该政策对于生态的修复具有非常重要的作用；再者，国家应出台生态补偿政策和办法，比如发达地区对西藏碳汇功能区的环境补偿办法。

(二)研究框架

本课题研究的基本内容有以下几方面：

(1)建设西藏碳汇功能区的人口、资源与环境研究。主要站在宏观角度，从有利于农牧民增收、助力西藏实现高质量发展、发挥西藏巨大生物资源存量的生态服务价值、培育中国特色西藏特点的环境保护产业、建立维护国家生态安全的高原生态屏障、推进生态文明建设、发挥西藏在全国主体功能区规划中的作用等方面展开论述。

（2）西藏碳汇功能区与碳汇经济的关系。分析了碳汇功能区的公益性、碳汇经济的市场性及目前存在的方法学约束，在此基础上研究了以碳汇交易为视角的西藏林业经济发展方式转型和合理配置生物、土地、政策资源发展碳汇经济的路径。

（3）建设西藏碳汇功能区的法律法规研究。对国内外建设碳汇功能区的法律法规、西藏现有相关法律法规、西藏碳汇功能区法律法规体系展开研究。

（4）建设西藏碳汇功能区的产业发展政策。主要对西藏碳汇功能区经营管理政策、产业发展政策，构建西藏林业碳汇交易市场体系以及建立西藏碳汇经济利益分配机制等方面进行研究。

（5）建设西藏碳汇功能区的财政税收政策。分别就构建引导西藏碳汇功能区建设主体的财政政策、构建激励发展西藏碳汇经济的利益相关者的税收政策展开论述。

（6）建设西藏碳汇功能区的生态政策。在分析论述国外关于碳汇功能区建设的生态政策，论述习近平生态文明思想的基础上，提出了构建中国特色西藏特点的碳汇功能区生态政策。

（三）资料收集与整理

文献资料的整理和收集是所有研究工作的基础，在数据资料的收集和整理工作中，本研究始终坚持以下三点基本原则。

（1）系统性原则。力求系统地、多面地收集和整理与之相关的各种文献资料，尽可能采用系列化、体系化的资料。

（2）广泛性原则。广泛地收集资料，书中所采用的文献资料只是所收集和整理文献资料的一部分。

（3）真实性、权威性原则。书中的数据资料主要来源于三个方面：各种统计年鉴和统计资料、国内外学者的有关研究和有关文献、作者在西藏的实地调查。

二、主要理论基础

(一)可持续发展理论

可持续发展概念最早来源于生态学,后来被广泛应用于经济学、系统科学以及与社会科学发展有关联的各个领域范围。人们将可持续发展作为人类的一种新的生存方向和发展模式。在经济合作与发展组织于1987年发表的《我们共同的未来》的报告中,可持续发展被明确定义为"既满足当代人们需要又不对后代人满足其需要的能力构成危害的发展"。该理论建立在经济发展基础之上,以社会和环境的可持续发展为核心,包括当代和未来的需求、国家主权、自然资源、生态承载能力等重要内容。低碳经济的目标是追求自然与人类社会经济和谐及可持续发展,可持续发展是低碳经济的实质和核心。

(二)外部性理论

外部性(externality)理论最早是由英国经济学家、新古典经济学派代表人物阿尔弗雷德·马歇尔(Alfred Marshall)在其1890年出版的《经济学原理》中提出的。福利经济学的创始人阿瑟·庇古(Arthur Cecil Pigou)在1924年出版的《福利经济学》一书中指出,在经济活动中,社会与私人成本的差距构成商品生产过程中的外部性,社会用来治理负外部性的成本并没有由产生这种负外部性的主体所承担。针对这种现象,他提出政府应该通过征税或者补贴的方式促使外部性的内部化,最终实现帕累托最优,这就是著名的"庇古税"。[①] 简单来说,所谓外部性是指某些经济个体强加于市场之外的其他人身上的成本或者效益,而产生影响的一方又不对被影响方进行补偿时,便产生了所谓的外部效应。无论外部性是正的还是负的,都会导致资源的配置不当。从社会福利的角度来看,资

---

① 李世涌,朱东恺,陈兆开.外部性理论及其内部化研究综述[J].中国市场,2007(8):117-119.

源的配置无法达到帕累托最优,经济主体对资源的使用不足或者过量均不利于社会的发展,这影响了社会的福利水平,导致社会资源配置的低效率。

森林碳汇具有典型的正外部性,通过碳汇功能使人类受益,环境、气候的改善都会给人类带来难以估量的经济效益和社会效益,然而这一部分收益却没有转移到森林产权人手中或者反作用于森林资源,需要通过生态补偿或者碳汇交易的方式实现权利人的收益。

(三)公共物品理论

公共产品(public good)是私人产品的对称,是指能为绝大多数人共同消费或享用的产品或者服务,而每个人对这种物品的消费不会造成其他人对该物品消费的减少,例如国防、公安司法、义务教育、公共福利事业等等。公共产品具备两大特性,即非排他性和非竞争性。所谓非排他性,是指产品在消费过程中所产生的利益不能为某个人或者某些人所专有,不可能将一些人排斥在外,不让他们享受这一产品的利益。所谓非竞争性,是指一部分人对某一产品的消费不会影响另一些人对该产品的消费,受益对象之间不存在冲突,产品的边际成本为零,边际拥挤成本为零。[①]

森林碳汇主要是通过吸收大气中的二氧化碳,降低大气中温室气体的浓度,缓解温室效应所带来的全球气候异常变化,其效应不仅惠及全体当代人,而且还能造福子孙后代。当效应发生时,任何人都能够互不排斥、互不影响地享受这种成果,而不用为其付出成本,也不会因为享受它而影响他人享受该效应的权利。因此,森林碳汇是具有全球性特征的公共产品。

(四)资源与环境经济理论

资源与环境经济学是研究经济增长与环境保护相互关系的科学,它是经济学与资源学、环境学的交叉,主要涉及财产权、可持续发展、生态环

---

① 沈满洪,谢慧明.公共物品问题及其解决思路:公共物品理论文献综述[J].浙江大学学报(人文社会科学版),2009,39(6):133-144.

境以及环境资源的价值评估、环境库兹涅茨曲线(EKC)、脱钩发展、生态足迹等方面的理论。

1.环境库兹涅茨曲线(EKC)

20世纪50年代,诺贝尔奖获得者、经济学家库兹涅茨提出了库兹涅茨曲线,主要用来分析人均收入水平与分配公平程度之间的关系。研究表明,收入不平等随经济增长出现先升后降的现象,呈倒U形曲线关系。1991年,美国普林斯顿大学的经济学家G.格鲁斯曼(Gene M. Grossman)和A.克鲁格(Alan B. Krueger)实证研究表明了环境质量与人均收入之间的关系,指出污染与人均收入间的关系,主要体现为污染在低收入水平上会随人均GDP增加而上升,在高收入水平上则会随人均GDP增长而下降。1993年潘尼托(Panyotou)借用库兹涅茨人均收入与环境质量间的倒U形曲线,第一次把人均收入和环境质量之间的关系称作环境库兹涅茨曲线(environmental Kuznets curves,EKC)。

环境库兹涅茨曲线(EKC)的定义:"沿着一个国家特别是在工业化的起飞阶段的发展路径,不可避免会有一定程度的环境恶化,人均收入达到一定水平,将有利于环境质量的改善和经济发展。"人均收入和环境保护的关系是一个倒U形的曲线。相应的制度、技术和生态创新也许不能改变倒U形曲线,但人类应当尽量减少倒U形曲线的"峰度",最现实的要求就是要控制倒U形曲线的峰顶,使其低于人类生存的生态阈值,使倒U形曲线迟一点经过拐点。

2."脱钩"发展理论

"脱钩"一词起源于物理学领域,在物理学领域中理解为"解耦"。经济发展与环境压力的"脱钩"问题是国外学者于1966首先提出的,"脱钩"的概念第一次被引入经济社会领域。目前,脱钩发展理论的主要作用是分析经济发展与资源消耗的响应关系。简单地说,脱钩发展理论的内涵其实就是阐述事件A和事件B之间依赖关系不是长久如此的,经过时间的演变,A与B之间的依赖关系就会结束。就物质资源消耗和经济增长之间的关系来看,在一个国家或地区的工业发展初期,随着经济总量的增加,物质资源的消耗总量将逐年增加,甚至更高;之后,当经济增长在某一特定阶段发生时,物质资源的消耗并不是同步增长,而是开始下降,倒U

形出现。这就是脱钩发展理论在环境经济学中的基本理解。从脱钩发展理论角度看,低碳经济能极大地改善生态环境和自然资源的生产率,通过消耗较少的水、土地、能源,减少环境污染,实现可持续发展。

3.生态足迹理论

衡量人类对自然资源的利用程度和自然的服务功能为人类提供生命支持的方法称为生态足迹理论。1992年年初,加拿大生态经济学家 W.雷斯(William E. Rees)提出了该理论,1996年 M.魏克内格(Mathis Wackrnagel)完善了该理论。生态足迹将每个人消耗的资源折合成全球统一的、具有生产力的地域面积,可以准确地反映不同区域对于全球生态环境现状的贡献,揭示人类能持续生存的生态价值阈值。该理论的意义在于它可以判断一个国家或地区的发展是否处于生态承载力范围内,是否存在较大的生态安全问题。如果生态足迹大于生态承载力,就会出现生态安全危机,致使生态环境不可持续,必然导致社会经济的不可持续发展;反之,生态安全是稳定的,生态环境是可持续的,社会经济能实现可持续发展。目前,已有近20个国家利用"生态足迹"指标计算各类生态承载力。

4.国际经济学理论

为了不同主权国家政府、企业及国际经济组织之间的共同利益而产生了国际经济合作,在国际相互依赖基础上形成的国际经济合作形式是发展碳汇交易、推进低碳经济的基础。通过完善的碳排放权交易体系,通过国际贸易,可以使碳排放权在国际流动,充分发挥比较优势,实现碳排放权全球内的最优配置,最终推动碳汇经济的发展。

第二章 西藏建设碳汇功能区的基础条件与必要性

第一节 建设西藏碳汇功能区的基础条件

　　西藏作为限制开发区域,其环境极为脆弱,人地关系也极为敏感,如果本地区能够实现高质量发展,对推动我国全面实现高质量发展意义重大。1998 年制定的《全国生态环境建设规划》要求从根本上彻底阻止生态环境恶化蔓延,到 21 世纪中叶的时候,相关区域生态环境要得到明显的改善,从根本上实现中华大地秀美山川的美好目标。在西藏进行生态的修复保护工作,同时把森林和植被作为主体,构建国土生态环境体系,并继续实施退牧还草、退耕还林、建设天然林的工作,这对于我国推进高质量发展战略的进程具有重要意义。对西藏碳汇功能区建设的基础条件,必须从资源系统进行可行性探讨。[①]

一、西藏碳汇功能区的土地子系统

　　构成西藏碳汇功能区土地子系统的内容主要包含以下三个部分。

---

① 　高国力.我国主体功能区划分与政策研究[M].北京:中国计划出版社,2008:174.

（一）湿地

在地球上，湿地作为一种生态系统，其功能非常多。湿地具有丰富的生物多样性，也是重要的生态景观，是海洋、森林以外的另一大生态系统。湿地是由众多纵横的河流、湖泊、雪山以及丰富的沼泽共同孕育成的壮丽景观。依据国际湿地公约（Ramsar 公约）中的划分标准，可将西藏湿地生态系统分成两大系统，即人工湿地和天然湿地，天然湿地又可以划分为湖泊型湿地、河流型湿地和沼泽型湿地三大基本类型。

1.天然湿地

（1）湖泊型湿地。此类湿地以高原的湖泊为主，包括咸水湖和淡水湖两类湖泊。在我国，湖泊分布密度最大的地区要属西藏，而且都属于高原湖区，全世界海拔最高、数量最多、分布面积最大，大小湖泊数以千计。统计资料显示，西藏有面积为 257.49 万公顷的湖泊型湿地，占据西藏自治区湿地总面积的 82.36%。其中，有 197.49 万公顷淡水湖泊型湿地和约 60 万公顷盐碱型湿地。

（2）河流型湿地。这一湿地类型主要以河流为主。流经西藏的国内、国际河流数目最多，据资料显示，西藏河流型湿地面积为 46 万公顷，在全区总湿地面积中占到 14.71%，河流长度达到 91 559.48 公里。[①]

（3）沼泽型湿地。这一类型的湿地主要集中在相对地势较低的宽谷洼地、地下水溢出带、湖滨河边渍水区等地带，由于地表长期或暂时积水，引起土壤的水分饱和，形成湿生、沼生植物的生存环境，于是就形成了沼泽型湿地。西藏全区存在 6.28 万公顷的沼泽型湿地，占到全区湿地总面积的 2.01%。沼泽型湿地最多的地区在那曲，有 5.47 万公顷，占到全区沼泽型湿地面积的 87.18%，以双湖等湖盆渍水区为主要分布地区；阿里地区有 597.3 公顷沼泽型湿地，以措勤、日土、改则县的湖滨渍水区和河谷低凹处扇缘溢出带为主要分布地区。[②]

---

① 刘务林,朱雪林.中国西藏高原湿地[M].北京:中国林业出版社,2013.

② 吴建普,罗红,朱雪林,等.西藏湿地分布特点分析[J].湿地科学,2015,13(5):559-562.

2.人工湿地

西藏以人工水库、沟渠和池塘等为主的人工湿地类型的总面积达到了2.86万公顷,占全区湿地总面积的0.91%,其中,533.33公顷为人工水库湿地,24 800公顷为人工沟渠湿地,3 266.67公顷为池塘水面湿地。[①]

随着全球气候的变化,加上西藏特殊的自然环境、自然灾害的频发,西藏的生态系统十分脆弱。而河流径流量的减少、湖泊的萎缩、沼泽湿地的退化等问题是西藏湿地生态系统脆弱性的集中体现。根据航天遥感图像显示,西藏高原湖泊萎缩现象非常严重,高原湖泊的面积逐渐缩小,水位有明显下降趋势,水质矿化度提高。近几十年,各条大河径流量在西藏都存在不断减少的趋势,最明显的是雅鲁藏布江,在过去的40年中,因升高的气温和加大的蒸散量,雅鲁藏布江的径流量减少了2.3%。因急剧退缩的冰川和蒸发量的加大,相当多的藏北小溪流已经出现断流现象,一些溪流成了季节性河流。[②]

(二)土壤

土壤是供给植物营养和固着植物体的基地,是农牧业生产的基础和最基本的生产资料。土壤的理化性质直接影响栖息于土壤中的昆虫的生活。西藏土壤的成土过程与地理分布,也影响了昆虫的分布。

由于西南季风的影响,世界降水最多的地区之一就是高原东南沿海的喜马拉雅山脉南侧区域,这一区域很明显体现出土壤的铁铝化作用和生物积累作用,黏粒矿物以高岭石和针铁矿为主,进而形成了由黄色赤红壤和黄色砖红壤为基带的土壤垂直分布的系列。

藏东南高山峡谷区域的土壤具有铁铝化的特征,这是因为该区域地势相对较高,温度低,气候属于暖湿型,产生了原生矿物和次生矿物的分解,形成黄棕壤。在相对凉湿的地方,在枯枝落叶聚积和土壤微生物的作用下,加速了腐殖质的积累,这里的土壤呈酸性,发育成酸性棕壤。

在喜马拉雅山北侧和雅鲁藏布江中上游一带,气候干燥且温凉,因

---

① 张建龙.中国林业统计年鉴[M].北京:中国林业出版社,2012:4-6.

② 杜军,胡军,张勇.西藏农业气候资源区划[M].北京:气象出版社,2007:6-9.

此,在成土过程中呈现出钙化作用和腐殖质积累作用,有明显的钙积层,腐殖质层呈灰棕色或淡灰棕色,于是就形成以亚高山草原土为最底层的土壤垂直分布系列。

在西藏东部横断山脉的深切河谷,由于西南季风受阻、气流下沉、谷底干热、有机体强烈的好气分解,造成表层有机质含量低,因而黏化作用较弱,且出现层位较深。同时,出现强烈的蒸发现象,导致碳酸钙的淋溶作用降低,表层游离着大量的碳酸钙,形成了主要以褐土作为底层的垂直的土壤分布系列。

藏北东部的湿度比较大,属冷湿气候,土壤的形成具有明显的腐殖质积累特点。土表根系盘结成片,呈浅灰棕色,有机质分解和腐殖化弱。由于受长达半年的冰层所"封闭"和活性较大的腐殖酸的影响,剖面中部出现"暗色层"。

在高原面上,东南部气候寒冷干燥,土壤的冻结期比较长,在成土期间虽然存在腐殖质积累作用和钙化作用的特点,但由于腐殖质积累低微,因而腐殖层呈淡灰棕色,并以富里酸占优势。而季节性的淋溶,使碳酸钙在剖面中得以相对聚积,发育成为高山草原土。

在高原中部,气候变得干旱而寒冷,土壤融冻频繁,腐殖质积累微弱,呈淡棕色;碳酸钙淋溶极弱,并在表层聚积,表现出荒漠化的特征,形成了高山荒漠草原土。往西北的气候就更加干旱寒冷,腐殖质很少在土壤中积累发挥作用,形成了高山荒漠土。[①]

西藏是世界上高山土壤类型最多的地区,土壤具有鲜明的高原特色,类型繁多,历史演变复杂。根据中国科学院青藏高原综合科学考察队的考察研究,西藏土壤共有 12 个土纲,23 个土类,55 个亚类,33 个土属。土壤面积占全自治区土地总面积的 75.78%。西藏土壤地带性分布十分明显,这种地带性分布规律所呈现的特点,最明显的是以土壤水平地带性为基础呈现土壤垂直地带性的分布规律,并且又以土壤垂直地带性为基础呈现土壤水平地带性的分布规律。西藏土壤的水平地带性变化,大致从东南向西北表现出如下的变化规律:砖红壤、黄壤、黄棕壤地带—褐土、

①　王保海.青藏高原天敌昆虫[M].郑州:河南科技出版社,2011:56-58.

棕壤地带—黑毡土地带—草毡土地带—阿嘎土、巴嘎土地带—莎嘎土地带—冷漠土地带—漠嘎土、寒漠土地带。

西藏土壤根据其风土特点、分布规律和主要利用方向等情况，一般可划分为森林土壤、农业土壤、牧业土壤和难利用土壤四大类。

1.森林土壤

广泛分布于藏东、藏东南和喜马拉雅山南翼的湿润、半湿润气候地区，是在森林植被下发育形成的砖红壤、黄壤、黄棕壤、暗棕壤、棕壤、褐土、灰化土等垂直带谱群，此带谱群集中了西藏几乎全部森林资源。

2.农业土壤

主要分布在雅鲁藏布江中游的谷地内，分布在这一地区的潮土和亚高山灌丛草原土是西藏的重要农业土壤。潮土主要分布在雅鲁藏布江流域的河流低阶地，它是河流冲积物在地下水的直接影响下经耕作熟化形成的土壤，大部分源于草甸土。亚高山灌丛草原土主要分布于雅鲁藏布江中上游流域谷地及其他河流谷地中，是在高原温带半湿润半干旱气候及灌丛草原植被下形成的土壤。两类土壤均存在质地差、有效养分较低的问题。

3.牧业土壤

在全区分布面最大、范围最广，分布于东部林线以上、中西部广大山地和高原面上的亚高山草甸土，以及亚高山草原上（除亚高山灌丛草原亚类）的高山草甸土、高山草原土，历来以放牧利用为主，是发展畜牧业的重要土壤类型，分布于阿里西部的亚高山荒漠土也是以放牧利用为主要方式的土壤。

4.难利用土壤

气候条件较差地区的高山寒漠土和高山荒漠土是西藏主要的难利用土壤。前者分布于西藏雪线以下、牧业土壤或高山荒漠土以上的所有高山上，成土作用以物理风化为主。后者分布于阿里地区北部，气候恶劣、植被稀疏，利用价值很小。

除以上四大类土壤外，西藏还有散见于河流及大小湖泊周围的草甸土、沼泽土、泥炭土、盐土等，藏东南的水稻土则起源于砖红壤、黄壤、草甸土。

（三）农田

人类活动的活跃生态区域是农田生态系统,而农田生态系统受人类生产和生活活动的影响最大,农田土壤有机碳含量发生变化,对周围环境也有一定的影响。西藏地域广阔,但宜农土地资源少,宜农地面积仅 49.32万公顷,占西藏总土地面积的 0.41%,为全国宜农地比例最小的省区之一。从行政区划状况分析,日喀则宜农地面积最大,其面积占全区宜农地总面积的 36.6%;其次是山南,占 19.2%;昌都占 18.2%;拉萨占 13.7%。从宜农地质量看,一等宜农地仅占宜农地总面积的 5.43%,二等宜农地占15.71%,三等宜农地占 30.09%,四等宜农地占 25.87%,五等宜农地占12.45%,六等宜农地占 10.45%。耕种土壤主要分布在冈底斯山—念青唐古拉山以南的河谷和三江流域河谷洪积扇地、洪积台地、冲积阶地以及湖盆阶地。耕种土壤以海拔的垂直高度来分,在 2 500 米以下的面积占5.6%;2 500～3 500 米之间的面积占 11.4%;3 500～4 100 米之间的面积占 60.8%;4 100 米以上的面积占 22.2%。耕种土壤分布的海拔之高、垂直跨度之大(610～4 795 米)乃世界之最[①]。

虽然西藏农田生态系统碳汇占比很小,但它却是碳汇项目重要的组成部分,需要不断地做好农田生态系统的增汇工作。为达到有效地提高农田生态系统碳汇能力的目的,可以通过减少农业活动碳的排放和增加碳吸收的方式来实现。为进一步提高种植业的整体效益,可以因地制宜地发展经济作物和饲草料作物,并深化调整种植业的内部结构,努力推广复种生产和免耕种植技术。还可通过提高大型机械、电力、能源的使用率,改善种植技术等方式和途径实现增加碳汇的目的。

二、西藏碳汇功能区的森林子系统

据西藏自治区第三次全国国土调查数据显示,西藏林地面积 1 789.61

---

① 李宝海.西藏现代农业发展战略研究[M].北京:中国农业科学技术出版社,2007:78-79.

万公顷,占全国林地面积约 6.3%。西藏以 22.83 亿立方米的森林总蓄积量在全国各省区位居首位。西藏森林覆盖率达 12.31%,森林面积达 1 491万公顷以上,居全国各省区森林面积第 5 位。[①] 藏东南高山峡谷地带为西藏林区分布比较集中的地区,行政区划分布属于林芝、昌都两地区及山南和日喀则的一部分地区,这里生长着大片的原始森林、人造防护林、薪炭林等树木。西藏还是一个珍稀树种丰富的天然宝库,作为世界闻名的科研基地和生物宝库,经济、生态和科研价值极大。本地树木种类繁多,有云杉、冷杉、华山松、落叶松、白桦、青冈等数百种,且存在西藏高原地区独有的喜马拉雅冷杉等珍稀树木。

研究结果表明,林木每产生 169 克干物质需吸收 264 克二氧化碳,并释放 192 克氧气。森林的碳汇作用集中表现为三种形式:森林生物固碳、林地固碳、林下植物固碳。作为地球陆地生物圈主体的森林生态系统,是陆地表面最大的碳汇。森林生态系统吸收二氧化碳,并通过同化作用,降低大气中二氧化碳的浓度,在应对全球气候变化的问题上具有积极的作用,而且在全球碳循环的过程中也扮演着十分重要的角色。

西藏的碳汇主要是指森林碳汇,一直处于西藏固碳的主导地位。近年来,西藏森林资源面积和数量成倍增长,生态改善明显。在"十三五"期间,西藏的森林面积为 1 491 万公顷,森林覆盖率由 12.14% 提高至 12.31%,草原综合植被盖度由 42.3% 提高到 47%。"十三五"期间,西藏共整合森林资金约 43 亿元,累计安排林草生态补偿岗位 122.34 万人次,增加农牧民收入约 40 亿元。同时,鼓励贫困农牧民组建营造林专业合作社等参与林草工程项目建设,累计增加农牧民收入约 20 亿元。[②]

(一)森林资源分布

西藏的森林绝大多数分布于深谷激流或是高山陡坡的两侧,主要集中在横断山脉及喜马拉雅山脉的高山峡谷地区,根据行政区域及区域分

---

① 王静. 西藏自治区森林覆盖率提至 12.31%[EB/OL].(2021-04-21)[2022-05-31] http://ttt.tibet.cn/cn/index/ecology/202104/t20210421_6993659.html.

② 西藏自治区第三次全国国土调查主要数据成果发布[N].西藏日报,2021-12-25.

布特征主要划分为以下四类森林区。

1.东北部森林区

覆盖昌都市 11 个县及那曲市的 3 个县,森林分布以芒康、左贡、昌都、江达、类乌齐等县占优势。森林面积为 155 万公顷,蓄积量 3.84 亿立方米,占全区林木总蓄积量的 17.9%。用材林面积 65.7 万公顷,用材林蓄积量为 1.65 亿立方米,可采蓄积量为 240 万立方米,平均每公顷蓄积量为 251 立方米。

2.雅鲁藏布江下游森林区

该区主要集中在雅鲁藏布江的高山峡谷,气候温润、森林茂盛、雨量充沛、树种丰富,不仅有温带、暖温带的针叶林,也有亚热带、热带的阔叶林,以暗针叶林为主,属于西藏林区的主要构成区域和主要的森工采伐区,采伐量约占全区总采伐量的 80%。覆盖林芝市的 7 个县,森林总面积 584 万多公顷,森林活立木总蓄积量 17 亿立方米。其中控制线内森林面积 264 万多公顷,蓄积量 8 亿立方米,用材林面积 250 万公顷,蓄积量 8.4 亿立方米,用材林中可采蓄积量为 1.9 亿立方米。用材林每公顷的蓄积量平均为 336 立方米。控制线内的林木占全区林木总蓄积量的 42%,用材林中森林年生长量为 150 多万立方米。

3.喜马拉雅山脉南坡外流水系森林区

该区主要是以沟系为整体嵌入边境的沿线,与区域不相连。有部分亚热带阔叶林分布,以针叶林为主。根据树种来看,主要有云杉、乔松、冷杉、长叶云杉、西藏白皮松、长叶松等藏区独特珍稀的树种,覆盖山南市的洛扎县、错那县、隆子县以及日喀则的亚东县、定结县、定日县、聂拉木县和吉隆县,阿里地区的札达县。森林面积 11.5 万公顷,林木蓄积量 2 350 万立方米。

4.雅鲁藏布江中部及拉萨河、年楚河宜林区

这是西藏未来重要的速生丰产林发展区域。现有林地面积 1.63 万公顷,林木蓄积量 56 万立方米,有林地面积占林业用地面积的 7.66%,其中人工林面积 0.88 万公顷,蓄积量为 7.3 亿立方米,天然林面积 0.75 万公顷,蓄积量为 48.6 万立方米。疏林地面积 473.13 公顷,占林业用地的 0.22%。灌木林地面积 14.02 万公顷,占林业用地的 65.61%。未成林造林地面积 2 674.4 公顷,占林业用地的 1.25%。苗圃地面积 329.73 公顷,占林业用地的 0.15%。宜林地面积 5.37 万公顷,占林业用地的 25.11%。[①]

(二)森林的特点

青藏高原及其毗邻山地的隆起和不断抬升,创造了独特的自然环境,直接影响到森林的分布组成和生长特点,并成为我国林业区划中一个独立的自然单元。

1.丰富的树种组成

西藏有绚丽多彩的热带、亚热带、温带、寒带森林景观,树种组成极其丰富。有高等植物 5 766 种,隶属 270 多个科、1 500 多个属。其中木本植物 104 科、360 属、1 498 种,是中国木本植物最富集的省区之一;裸子植物 8 科、16 属、40 余种,其中在中国仅分布于西藏的达 15 种以上,裸子植物中又以松柏科植物占优势。在山地亚热带和山地温带森林中,还有一些稀有针叶树种,如穗花杉、红豆杉、粗榧、罗汉松等。阔叶树更为丰富,不仅有山茶科、木兰科、杜鹃花科,还有樟科、壳斗科、五加科以及桦木科等多种科属种类。河谷中则有许多热带性很强的科属,其中包括使君子科、千屈菜科、龙脑香料、五桠果科、大风子科、藤黄科、金缕梅科、天料木科、番荔枝科等。在海拔较高的山地温带和寒带有杨柳科、蔷薇科、茜草科、忍冬科、槭树科、杜鹃花科等多种耐旱树木组成的森林及灌丛。西藏几乎拥有北半球从热带到寒带的各种植物科属和生态类型,在一个局部地区出现如此丰富多彩的植物类型,是极为罕见的。

2.明显的水平与垂直分布特点

(1)植被的水平分布特点

"高原地带"的西藏,其高原植被的水平分布很有独特性,帕隆藏布与易贡河交汇处的通麦谷地位于西藏的东南部,分布着亚热带湿性常绿阔叶林,面积最大的是针阔叶混交林与寒温性针叶林,多种云杉和冷杉、高山松、常绿栎类是其优势树种;藏北东部地区属于寒冷半湿润气候,不适合喜好温湿的乔木的生长,主要适合高山柳、金露梅、嵩草等草本植物的

---

① 张建龙.中国林业统计年鉴[M].北京:中国林业出版社,2012:2.

生长,它们属于高寒灌丛、高寒草甸植被;再向北,就由高寒灌丛草甸进入了羌塘高原,作为青藏高原腹地的羌塘高原全年受西风环流的影响,属于寒冷半干旱气候,该地区长有高寒草原、高寒荒漠草原植被。

(2)森林的垂直分布特点

森林的垂直分布结构为山地森林带、高寒灌丛草甸与高山垫状植被带、高山亚冰雪稀疏植被带和永久积雪带。西藏不同水平地带都有自己独有的垂直分布类型,比如东南部的森林区以森林植被为基带,向西北主要以高寒灌丛或者高原草甸为基带,属于温性草原的藏南谷地的垂直分布类型主要以高寒草原为基带,属于温性山地荒漠的阿里西部山地的垂直分布类型主要以高寒荒漠为基带。而且,西藏植被的海拔梯度在阴、阳坡上有明显的差异,比如,在亚高山针叶林带,阳坡主要是圆柏林和高山栎,阴坡则往往是云冷杉林;在高寒灌丛草甸带,阳坡主要分布的是高寒草甸,而在阴坡主要分布有高寒灌丛[①]。

3.巨大的生物生产力

西藏东南部林区的森林生长迅速,生长持续时间长,单位面积蓄积量高,不少树种能长成巨树,而且病腐率较低,尤以山地温带以上的森林更为突出。西藏森林每公顷年平均生长量达 4.412 立方米,是云南省的 2 倍、黑龙江省的近 3 倍、广东省的 7 倍。西藏森林每公顷平均蓄积量 222 立方米,为云南省的 2.2 倍、黑龙江省的 2.6 倍、广东省的 7.2 倍。以人均占有量计算,西藏自治区人均占有森林面积 3.72 公顷,是全国人均占有量的 32 倍、世界人均占有量的 3.6 倍。全区人均森林蓄积量为 823 立方米,是全国平均水平的 91 倍、世界平均水平的 12.6 倍[②]。

(三)森林资源现状分析

1.资源丰富、数量多、质量好,发展潜力大

西藏森林不仅数量多,而且质量好。从林分的优势树种(组)组成看,材质好,树干圆满通直。用途广泛的针叶林面积与蓄积分别占林分

---

① 吴征镒.中国植被[M].北京:科学出版社,1983:1035-1037.

② 张建龙.中国林业统计年鉴[M].北京:中国林业出版社,2012:2.

面积与蓄积的 94.5％和 97.39％,针叶林与阔叶林的面积、蓄积之比分别为 17∶1 和38∶1,针叶林占绝对优势。从用材林近、成过熟林的径级组成看,大径级、特大径级的蓄积占用材近、成过熟林蓄积的 90.21％,其中特大径材蓄积为总蓄积的 77.01％,特大径材蓄积高于全国平均水平的 30％。从出材率等级看,出材率为第Ⅰ等级的林木蓄积占近、成过熟林蓄积的 94.4％,高于全国平均水平的 12％,而出材等级第Ⅱ、第Ⅲ级的林木蓄积则明显低于全国平均水平。同时在实际控制线以内还有近期可以利用的宜林地资源约 107 万公顷,远期可以利用的为 1 300 万公顷,林业发展的潜力很大。[①]

2.林分单位蓄积高,生长量大

由于高原气温条件独特的生态效应,高原林木的生长受到高原地带性生态条件的有利影响,使西藏各类林木不仅生长速度快,而且寿命长,并且具有世界上罕见的高产特征。如察隅地区 130 年生时的云南松,林分平均直径为 72.3 厘米,平均高达 50 米,每公顷蓄积量最高可达1 000立方米以上,林分单位面积、蓄积约为全国平均值的 3.7 倍,单位面积总生长量为4.98立方米/公顷,净生长量为 4.10 立方米/公顷,比全国平均水平高出 17％。

3.成过熟林多,可采资源丰富,可及度低

西藏森林是我国现存的保护最好的原始森林,成过熟林占绝对优势。在林分的面积和蓄积中,近、成过熟林分别占 88.48％和 96.33％;在用材林的面积和蓄积中,近、成过熟林的面积与蓄积分别占 61.84％和 69.70％。在全国的用材林近、成过熟林蓄积中,西藏用材林中的近、成过熟林占了 32％,接近 1/3,可采资源相当丰富。

与可采资源丰富相反,用材林近、成过熟林可及度很低。由于西藏山高峡谷深,地形起伏大,给木材采伐、集材、运输等都带来了较大的困难。据 1977 年全区第一次森林资源清查,在阶地和山麓裙边地带,比较容易采伐的蓄积只占总蓄积的 15％左右。而到 1991 年,全区第二次森林资源清查表明,面积可及度降至 13.49％。

---

① 张建龙.中国林业统计年鉴[M].北京:中国林业出版社,2012:2.

4.森林分布不均,林种结构不合理

西藏的森林资源中,蕴藏着大量的药用、油料、纤维、鞣料、单宁、树脂树胶、淀粉等经济林木。特别是一些主要树种,是重要的纤维植物原料,如云杉是优良的亚硫酸纤维原料。西藏樟科植物有7属40余种,大部分都可以提取特殊的工业用油,也可以用于国防。人所共知的松属植物,其树脂是制造松香和松节油的重要原料,尤其是松香,国内需要量大,也是我国重要的出口商品之一。

但西藏森林结构不合理,有林地各林种中,用材林和防护林占比达99%以上,与农牧民生活密切相关的经济林和能源林极少。而由于能源林的缺乏,导致大量优质木材被林区的农牧民当作薪炭材,造成了很大的浪费。从林分各龄组的面积来看,成过熟林的占到91.46%,比重过大,可能会导致枯损率和腐朽率都增大,造成资源浪费,甚至导致蓄积量降低。而幼龄林、中龄林比重显著偏少,导致林分更新的速度赶不上过熟林自然腐朽或被砍伐的速度。而防护林内的龄组比例不平衡,会使得最佳防护效益发挥不出来。

5.天然林占绝对优势,人工林几无发展

西藏的绝大部分林区一直没有进行过开发利用,处在原始状态,保存也较为完好。除了墨脱地区有山地热带季雨林,察隅、樟木和定语等地有山地常绿阔叶林外,森林面积以松科云杉、冷杉树种组成的暗针叶林占绝对优势。在森林树种中还有一些古老树种,如木青树和须春木等。自从20世纪50年代西藏森林开发以来,由于多行业采伐,多头管理,重采轻育甚至只采不育的现象比较普遍,再加上林业管理机构的几次反复,使营林工作受到严重影响,单纯靠天然更新,留下大量的采伐迹地,因此人工林发展不快,主要集中在"一江两河"地区。

三、西藏碳汇功能区的草地子系统

作为我国五大牧区之一的西藏,其天然草地的面积有8 200万公顷,占到全区土地面积的67%,大约占我国天然草地面积的26%。西藏天然草地大部分是位于海拔4 500米以上的高寒草地,其面积大约是西藏草地总面积的 75％,天然草地可利用的面积有 5 500 万公顷,现已利用了 77.6％。在自然状态下,西藏草地的产草量较低,而且各地的产草量有较大的差异。比如,在藏东南昌都市,由于降水、温度等条件较好,所以产草量很高;藏西北降雨变少、严重干旱,再往西到达最干旱的阿里地区,这里产草量是最低的。

在西藏,根据总碳汇容量由小到大排序,草原类型可以分为温性草原、高寒荒漠草原、高寒草甸和高寒草原。西藏草原系统总碳汇量为 7 336.86 万吨,其中地上碳汇量为 964.32 万吨,地下碳汇量为 6 372.54 万吨。[①] 这些草原类型中,高寒草甸、高寒草原两种类型是西藏草原碳汇的主要来源,其中,高寒草甸的总碳汇容量是 4 859.24 万吨,占西藏草原总碳汇量的比重为 66.23％[②]。

(一)西藏草地的地理分布

决定草地地理分布的主要因素是热量和水。水分条件的综合影响,使我国草地地理分布具有明显的水平地带性特点:纬向地带性,即沿纬度方向成带状出现有规律的更替;经向地带性,即由沿海向内陆方向成带状发生有规律的改变。在山地由于地形海拔高度的不同而引起水热条件的再分配或改变,进而导致草地分布发生有规律的垂直分布和带状更替,则称作垂直地带性。每一个草地水平分布和垂直分布都必然带有所处地理位置的水平地带和垂直地带的烙印。西藏是青藏高原的主体组成部分,幅员辽阔,地处中低纬度地带,大致位于北纬 27°～36° 的 9 个纬度之间和东经 79°～99° 的 20 个经度之间。夏半年处于暖湿的西南季风,而冬半年处于冷干的西风环流控制,在两大基本气流交替影响控制下,气候表现出明显的地区差异,其草地的地理分布理应呈现出比较清晰的水平地带性分布。但事实上,除了喜马拉雅山脉南侧地区和藏东南高山峡谷区分别表征着热带和亚热带山地的气候与植被(包括草地)外,其余的广大地区,

---

① 李艳梅,赵锐.西藏碳汇资源评估与碳汇产业发展路径分析[J].中国藏学,2015 (2):147-149.

② 杜军,胡军,张勇.西藏农业气候资源区划[M].北京:气象出版社,2007:6-9.

由于地势高亢,基本上处于平均海拔约 4 500 米的高原面上,草地的水平地带分布规律在很大程度上受到了高原地带的遮掩和破坏,使得水平地带性与垂直地带性错综复杂地交织在一起。

西藏草地的分布特征,无论是在水平地带特征上,还是在垂直带谱类型上,由于地理环境和气候特点的影响,均有其独特性。青藏高原的地势是自东南向西北逐渐抬升,其气候也随着地势的变化而发生规律性的变化,即呈现出由暖湿变为寒冷半湿润,再变为寒冷半干旱,最后变为寒冷干旱气候的变化,而草地类型则是在平面方向上呈现出相应的递变分布。但这是在海拔上再加上受到垂直变化的影响,呈现出“高原地带性”的分布特征,即是水平、垂直地带性相结合的特征。此外,由于西藏各地区高山连绵,山体巍峨,因而草地垂直分布特征也很复杂。例如在藏东南地区,地形切割强烈,地势起伏较大,深切峡谷和巍峨高山密集分布,相对高差巨大,气候变化非常显著,以致出现“一山有四季,十里不同天”的区域气候特征。与此相关,草地垂直分布特征明显,带谱结构非常复杂,属于热带、亚热带山地垂直分布类型。然而高原的其他地区,地势较开阔,气候干冷,所以其草地分布很简单,是高原地带性山地垂直分布类型。

1.西藏草地的水平地带特征

西藏草地的水平地带分布,包括喜马拉雅山脉南侧热带地区的热性草丛——灌草丛、藏东南地区亚热带山地河谷的暖性草丛以及高原上各高原地带的典型代表性草地,表现出了某些纬向性变化和经向性变化。但由于受到以水分条件为主导的水热因子的影响,以及地理环境和气候的影响,使得西藏草地的水平地区分布更明显地呈现出由东南往西北规律性递变的特点。

2.西藏草地的垂直地带特征

由于西藏高原经向跨度与纬向跨度都很大,且由南到北地形地貌变化非常显著,藏东南山地峡谷到藏西北高原草场,山体所处位置与隆起高度差异明显,因此草地的垂直带谱呈现出多样性,有喜马拉雅南侧热带山地草地垂直分布、藏东南亚热带山地草地垂直分布、藏南宽谷盆地区山地草地垂直分布、阿里地区中西部山地草地垂直分布、藏东北山地草地宽谷盆地区山地草地垂直分布、羌塘高原山地草地垂直分布等多种类型。

综合上述草地垂直分布系列和结构类型,西藏草地的垂直分布可归纳出两个主要特点。一是呈现复杂多样化类型的垂直带,大多数水平地带具有该特点。东喜马拉雅山南翼垂直分布类型主要以热性灌草丛为基带,藏东南山地的垂直分布类型以暖性灌草丛为基带,藏南山地宽谷的垂直分布类型主要以温性草原为基带。其他地区,还分布着分别以高寒草甸、高寒草原、温性类荒漠和高寒荒漠为基带的诸多种垂直分布类型。二是结构简单复杂不一的垂直带谱结构。以多样类型构成的喜马拉雅山南翼和藏东南分别为热带山地和暖湿山地植物部落,它们的垂直带谱十分复杂,且有阴阳坡差异。带谱结构复杂程度在全区居于首位的喜马拉雅山的南坡,有热性草丛、热性灌丛、暖性灌草丛、山地草甸、亚高山草甸、高寒草甸等类型。在高原面上垂直带谱结构趋于简单,在那曲聂荣一带山地和羌塘阿木岗山垂直带谱中仅为单一的高寒草甸或高寒草原,阴、阳坡也无很大差别。

同一草地垂直带的分布高度由东南(南)向西北(北),随着降水逐渐减少、气候的大陆性增强而有上升趋势。在东喜马拉雅山南翼,高寒草甸的上限是海拔 4 400 米,在横断山地高寒草甸上限则升高到了 4 800 米;在藏东北山地草地宽谷区东部的比如—索县一带,高寒草甸上限升到了 5 000 米,再往西到那曲—聂荣地区,高寒草甸上限可达 5 200 米,但到了羌塘高原,高寒草原上限则升到了 5 300 米。

(二)天然草地的类型与特点

1.天然草地的类型及地区分布

天然草地的类型反映的是天然草地最主要的特征。天然草地的每一种类型都是在一定的温度、降水、土壤、光照等自然条件下形成和发展起来的,有其特有的可区别于其他类型的景观外貌、群落结构、生产性能、营养价值,有其最佳利用方式、利用季节和最适宜采食的家畜,也有其独特的演变、改良和培育方向。总之,不同的天然草地类型有着彼此不同的自然和经济特性。

西藏的天然草地可大致划分为以下五类。

（1）高寒草原类

在高海拔地区，由于长期受寒冷、干旱的大陆性气候影响，发育成的草地类型属于高寒草原。高寒草原主要分布在羌塘高原中南部，即那曲西部的申扎、班戈、安多和阿里地区东部的改则、革吉、措勤县境内，在日喀则、山南高原湖盆地区也有分布。高寒草原是西藏天然草地中面积最大、最主要的类型，有效面积 3 858.38 万公顷，占全自治区天然草地有效面积的 54.45％。此类草地生长的自然条件比较严酷，可以概括为高、寒、平、旱四个特点。

高：草地分布多见于海拔 4 500 米以上，上限可达 5 400 米，与冰缘植被或裸岩相接。

寒：分布区的气候属于高原亚寒带气候，以广泛分布这类草地的改则县为例，其主要气象要素为年平均气温－0.2℃，7 月份平均气温 11.6℃，1 月份平均气温－12.2℃，≥10℃的积温天数为 40 天，积温仅 476.7℃，无绝对无霜期。

平：地势平缓开阔，常占据干旱的山地宽谷、湖盆低山、冰碛平台、高原湖盆外缘及山麓洪（冲）积扇等地形部位。

旱：大气降水、土壤水分产生的降水都很少，远远低于蒸发量，如申扎、班戈等地，年降水量不足 300 毫米，而年蒸发量却高达 2 276.6 毫米。特别是羌塘高原西部，降水更少，如改则县年均降水量仅 189.6 毫米，且 91％集中在 6—9 月，其中 7—8 月降水占全年降水量的 61.2％。

在这种特殊严酷的环境下，中生植物不能生长，只有那些强度抗寒抗旱、适应昼夜温度剧变、短营养期的植物才能生存。因而草地牧草组成简单，草丛稀疏，覆盖度小，一般在 30％～50％，小者仅 10％。主要建群牧草为耐寒旱生的丛生禾草或旱生小半灌木，其中以紫针茅为青藏高原特有区系成分，分布最广，成为主要的草地类型。其次还有莎生针茅、羽柱针茅、羊茅组成的草场。在土壤质地松散、水分含量较好的河滩、湖盆周围，有由根茎禾草、固沙草、白草、三角草组成的草场。由于局部生态环境不同，优势植物类型不同，这一类草地可分为三个亚类：高寒草甸草原亚类、高寒草原亚类、高寒荒漠草原亚类。

(2)高寒草甸类

在高寒气候及土壤水分很适中的条件下形成的草地类型是高寒草甸,在西藏东部昌都、林芝、那曲市东部高山上分布较多。这个区域向北是青海玉树、果洛,向东连接四川甘孜的高寒草甸,是我国最主要的高寒草甸类型区,是天然草地中分布地区广、面积仅次于高寒草原的一类草地。西藏的高寒草甸类草地有效面积 2 418.52 万公顷,占全区天然草地有效面积的 34.14%。

高寒草甸类草地适应寒冷而湿润的自然条件,在各地的分布高度,随水分和气温变化而异,总的规律是东部比西部低。在昌都市分布高度在4 200~4 800 米,西部在仲巴境内的冈底斯山为 4 700~5 200 米,在南部喜马拉雅雨影区,气候干燥,分布高度也比北部高,土壤以高山草甸土、高山灌丛草甸土、盐化草甸土或草甸沼泽土为主,土壤含水率高、有机质含量多,表层根系较密集,易形成坚硬的、有弹性的生草层,可以保护土层免受侵蚀。

高寒草甸分布的气候特点属高原亚寒带半湿润气候类型,冬季和春季寒冷、多风,夏季凉爽,常年没有绝对的无霜期,高大的木本和草本植物不能生存;大面积生长着多年生草本植物,该类植物具有返青晚、枯黄早、生育期短、植株矮、呈垫状、多为根茎繁殖后代的特点。草地群落多为深绿色,覆盖度为 50%~95%,以莎草科的植物为优势种,生长以根茎、丛生莎草层片为主,生态类型以中生植物占主导地位。

高寒草甸类草地产草量是西藏天然草地中较高的一类,产量高低因地而异,大致趋势是东部、北部高,西部、南部低。高寒草甸产草量高,且草质优良。在西藏的天然草场中,高寒草甸类草地的营养成分是最好的,这类草地分布在海拔高的山体中上部,冬春冷风多、雪大,不能利用;夏秋凉爽有水,适宜放牧,是理想的暖季牧场。由于局部的土壤水分条件、水源、土壤理化性状的不同,该类草地群落组成也有所变化,据之可划分为三个亚类:高山高寒草甸亚类、高寒盐化草甸亚类和低地高寒草甸亚类。

(3)温性草原类

温性草原是在温暖半干旱—干旱气候条件下的一种地带性植被类型,主要分布在日喀则、山南、拉萨地区的西部雅鲁藏布江中游干、支流的宽谷和两侧低山及昌都市中部干旱山坡上,在阿里地区孔雀河下游谷地的迎风坡上也有分布,海拔高度一般在 3 500～4 500 米,上连高寒草甸草地,共计 187.77 万公顷,占西藏天然草地总有效面积的 2.65%。该类草地组成草群的牧草种类比较简单,以旱生根茎禾草、丛生禾草和蒿类半灌木为优势品种。草地植被稀疏,草本植物株高 10～30 厘米,灌木高度30～50 厘米,覆盖度变化较大,在 10%～70% 之间,一般为 30%～50%,产草量较低,但随各地地势及植物组成不同而异。这类天然草地分布在气候较为温暖的河谷两侧山坡上,谷地多为农田,是西藏主要农业区,农牧矛盾较为突出。温性草原宜于作为冬春或秋季牧场。

(4)山地草甸类

山地草甸草地是在温凉(温暖)半湿润气候条件下不同时期森林砍伐后形成的比较稳定的次生类型。主要分布在昌都市、林芝市海拔 3 000～4 400 米的亚高山地带或山地阳坡,除阿里地区外其他地区也有分布。该类草地有效面积共 126.99 万公顷,占全区天然草地有效面积的1.79%。该类草地由起景观作用的灌木组成灌木层,灌木高度一般在 30～150 厘米之间,最高可达 300 厘米,覆盖度 10%～40%。灌木饲养价值不大,畜牧业上有价值的是灌丛下的一些草本植物,草本层的牧草一般株高 10～35厘米,覆盖度 15%～40%,其优势品种有早熟禾和矮生蒿草等,营养成分含量高,草质柔软,适口性好,耐牧性强,为优等牧草。该类草地适合做牛和羊的冬季或夏季放牧场。

(5)高寒荒漠类

高寒荒漠类草地位于羌塘北部高原,面积 419.55 万公顷,占西藏总天然草地有效面积的 5.92%。该地区地势起伏和缓,盆地宽达数十公里,盆地中央往往有湖泊或干湖盆分布,海拔高度均在 5 000 米以上,盆地之间有低山相隔,相对高度一般不超过 500 米,地势高,气候干旱、寒冷,是西藏地区自然条件较为严酷的地区之一。

该地区的气候特征为:年平均温度 −8℃～10℃,一年之中没有无霜期,月均温度在 0℃ 以下的月份有 9～10 个月,夏季月均温度也在 10℃ 以下。年降水量 20～54 毫米,均以固态形式降落,7—9 月的降水多占年降水量的 52.4%～89.8%。土壤以砂砾质的高山荒漠土为主,土壤母质以湖相沉积物为主。

2.天然草地的基本特点

(1)面积辽阔,类型多样

西藏草地总面积达 7.49 亿公顷,占总土地面积的 68.1%,其中以那曲市面积最大,占全自治区草地面积的 41.63%,其次是阿里地区为 26.22%。就我国各省区草地资源面积而言,西藏的草地有效面积,远比新疆、内蒙古、青海多,居全国第一位。西藏天然草地有着各种不同的类型,从植物组成和植被性质看,既有干旱草原和荒漠,也有湿润草甸,既有稀疏森林草地,也有灌丛草地。从生物气候特点而言,既有温带草地,也有热带、亚热带草地,但以高寒草地为主,占西藏天然草地的 90% 以上。

(2)产草量低,地区差异大

西藏高寒干旱的气候条件,造成牧草生长低而稀疏,单位面积产量低。西藏现实的天然草地产草量,平均每公顷产鲜草 660~1 590 千克,是青海玉树的 1/6~1/4,是内蒙古一般草地产量的 1/8~1/4。49.49% 的草地产量不到 750 千克/公顷,另有 28.69% 的草地产草量仅 750~1 500 千克/公顷,只有面积很小的草地(0.03%)可达 12 000 千克/公顷,达 6 000 千克/公顷以上的也仅占 0.5%。可见西藏天然草地的产草量很低,天然草地面积虽大于内蒙古,但载畜能力只及其一半。

此外,西藏草地产草量地区间差异较大,而且受降水量、气温等气候条件的影响较为明显。由于东南向西北降水量逐渐减少,气温梯次降低,干旱程度逐渐加重,产草量亦逐渐下降:水热条件相对较好的东部昌都市产草量最高,为 2 644.5 千克/公顷;西北部水热条件相对较差的阿里和那曲市产草量较低,那曲市仅为 613.5 千克/公顷;而位居藏中地区的拉萨市和日喀则市的牧草产草量同样也居中,分别为 2 202 千克/公顷和 1 491 千克/公顷。多数天然草地牧草生长发展不良,草层低矮,缺乏天然割草地。

(3)草质较好,营养成分高

牧草质量的好坏是由牧草的营养成分、适口性和消化率等决定的。西藏天然草地牧草种类较为简单,主要牧草多集中在禾本科、莎草科等几个科内,这些科的牧草叶多枝少,不易消化吸收的纤维素、木质素较少,适口性强,营养价值高。西藏天然草地的营养成分具有"三高一低"的特点,即"粗蛋白含量高、无氮浸出物含量高、粗脂肪含量高、粗纤维含量低",特别是蛋白质和无氮浸出物含量普遍偏高。蛋白质是牲畜生长的物质基础,供给各种氨基酸。无氮浸出物和粗脂肪主要是为牲畜提供能量,沉淀脂肪物质,对家畜的生长发育、屯肥产乳等方面具有重要作用。粗纤维含量低,则适口性好,消化率及采食率高。西藏独特的地理环境决定了其高山牧草具有较高的蛋白质和碳水化合物。西藏地区光能比同纬度的重庆高1倍左右,紫外线强,内部高山地带更是如此,且高山昼夜温差大,对蛋白质、碳水化合物的积累有利。

在不同草地类型中,高寒草甸草地的粗蛋白质和无氮浸出物含量均为最高,其中粗蛋白质含量比高寒草原草地高出26%,比荒漠草地高出30%;无氮浸出物含量比高寒草原草地高4%,比荒漠草地高10%。由于各地区天然草地类型组成不一,草地牧草的质量也表现不一。各地区天然草地牧草质量以林芝市最佳,一等草地占该地区天然草地有效面积的68.44%。质量最差的是阿里地区,一等草地面积仅占该地区天然草地有效面积的1.67%。

(4)利用季节性明显,但不平衡

季节牧场的产生,首先是地形引起气候变化造成的。西藏山高谷深,地形十分复杂,在一个小的水平距离内,地形以它的起伏高度、坡向、坡度变化对气温、降水等因素产生深刻影响。据青藏科考队林业组根据西藏东南部气象资料得出的结果:年平均气温、最冷月均温、最热月均温和绝对最低气温,随海拔高度的增加呈直线递减,海拔高度每升高100米,上述温度下降值分别为0.58℃、0.67℃、0.51℃和0.87℃。高原山地的冬春季节寒冷,不适宜放牧,夏秋季节则多雨,气候凉爽,是非常理想的放牧场,而河谷山坡地段,由于冬春背风雪,相对比较温暖,适宜放牧,从而使西藏草地形成明显的季节性利用的特点。畜牧业在当地具有悠久历史,广大牧民对草场的利用经验丰富,多数地区以冬春、夏秋两季利用为主,也有三季放牧和全年利用的地区。西藏有人区宜用草地中,暖季草地4 840万公顷,其中草地净面积4 320万公顷,占全区可利用草地面积的72.6%;冷季草地面积1 507万公顷,其中草地净面积1 353万公顷,占有人区宜用草地净面积的22.7%;全年放牧草地292万公顷,其中草地净面积 276 万公顷,占有人区宜用草地面积的 4.6%。① 目前存在的主要矛盾是冷暖季节草地不平衡,造成一部分草地利用过度,而另一部分草地利用不足,影响到畜牧业的稳定发展。

(5)缺乏足够的打草场

由于西藏地形起伏不平,加上牧草较低矮,因此可作打草用的草地普遍缺乏,可供机具打草的草地尤为缺乏。根据调查,西藏能作为人工打草场的只有蒿草草场、三角草场、白草草场,但面积小,且都是冬春草地。因此,目前各地每年打草甚少,冬春贮草不足,抗灾能力很差。在气候较为温暖的昌都、林芝、拉萨、山南、日喀则等地,大力发展人工草地,解决牲畜冬春饲草缺乏问题,是发展畜牧业的一个思路。

四、西藏碳汇功能区的沼泽湖泊子系统

(一)湖泊概况

西藏是我国湖泊最多的地区,是世界上最著名的高原湖泊区,湖泊海拔最高、范围最大、数量最多。湖泊总面积为 2.4 万多平方米,约占全国湖泊总面积的 30%,其中在藏北约占 88.5%,藏南约占 10.5%,藏东南仅占 1%。各水系流域总面积 1 201 000 平方米,水力资源总蕴藏量为 198 147.1 千瓦。② 据统计,在大小 1 500 多个湖泊中,湖泊面积超过 1 平方米的有 600 多个,超过 5 平方米的有 345 个,超过 100 平方米的有 47 个。藏北羌塘高原的纳木错、色林错、当惹雍错、扎日南木错、昂拉仁错、格仁错、班公错、鲁玛江冬错、达则错,藏南的羊卓雍错、玛旁雍错、佩枯错、拉昂错、普莫雍错等面积均在 250 平方米以上。其中纳错木(1 920 平方米)、色林错(1 865 平方米)、当惹雍错(1 399 平方米)和扎日南木错(1 000 平

① 西藏自治区特色畜牧业产业化发展规划(2005—2010 年)(精简稿)[EB/OL].(2020-09-04)[2022-08-05]. https://drc. xizang. gov. cn/zwgk _ 1941/fz/zxs/201806/P020200909430376778989.pdf.

② 荀灵.西藏农牧林自然经济概要[M].拉萨:西藏人民出版社,1985:32.

方米)的面积均在 1 000 平方米以上,是西藏四个最大的湖泊。[①] 众多的西藏湖泊蕴藏着大量的水资源和盐类矿产资源,以及湖滨平原上的较多良好草场等,这都为西藏牧农工副各业生产的开发和利用提供了丰富的物质条件。

西藏的湖泊主要分为两类:内流湖、外流湖。其中大部分是内流湖,主要分布在藏北及藏南的内流河地区,多为盐湖或者咸水湖,是由青藏高原历次造山运动、地层断裂所造成的。外流湖的形成原因:一是因泥石流、山体崩坍导致河道堵塞而形成堰塞湖[②];二是由于冰川的作用而造成的冰川湖[③](一般面积较小,并多为淡水湖)。前者多分布在藏东南地区,如位于帕隆藏布上游、八宿县境内的然乌错和位于易贡藏布下游、波密县境内的易贡错等;后者主要分布在藏南、藏东南高山冰川和古冰川活动的地区,如位于工布江达县境内的八松错和丁青县境内的布冲错、布托错穷等。

(二)湖泊类型及其分布特点

西藏湖泊的特征在很大程度上取决于湖水补给条件,同时与湖泊成因密切相关。西藏湖泊类型有明显的区域差异,可分为以下三个湖区。

1.藏北内陆湖区

内陆湖泊区,地处干燥、闭塞的青藏高原腹地,区内湖泊均属内陆湖。东西延伸达 1 100 公里,湖泊面积占总土地面积的 3.54%,成为西藏最主要的湖泊分布区。湖面海拔除少数在 4 500 米以下外,大多数在 4 500 米以上,并有不少超过 5 000 米的,其中喀顺湖湖面海拔 5 556 米,是我国海拔分布最高的湖泊。以黑阿公路为界,该区又可大体分成南北两部分:南部有较多的淡水湖,湖泊分布大多毗连,范围较大;北部有微咸湖和盐湖,并且多为山间孤立湖盆,湖泊面积较小,海拔较高。

该区的湖泊主要靠高山冰雪融水补给,由降水补给的湖泊几乎没有。因此夏季随着冰雪融化,湖水较丰沛;冬季气温低,冰雪融水少,湖泊水位

---

① 本内容有关数字引自中国科学院南京地理研究所资料和青藏湖泊组的报告及地貌组的野外考察报告。

② 堰塞湖是指种釉成因的堆积物堵塞河谷而形成的湖泊。

③ 即冰川(古代冰川和现代冰川)作用所产生的凹地积水而成的湖泊。

亦较低,甚至完全干涸。与湖水补给来源密切相关的湖泊水化学特点,在该区呈现为南、北矿化度稍低,大部分在 100 克/升以内,而中部矿化度常在 300 克/升以上,多为盐湖。许多湖泊整个湖底全部被盐的结晶所覆盖,成为巨大的盐库。但有些湖泊虽处在同一气候条件下,却因补给来源等情况的不同,水化学性质差别甚大。如错鄂湖、色林错、雅个冬错近在咫尺,然而错鄂是淡水湖,色林错为微咸水湖,雅个冬错则是盐湖。

纳木错位于藏北当雄县的西北面,蒙语叫腾格里海,藏语和蒙语意思均为"天湖"。湖面海拔 4 718 米,面积 1 920 平方米,为西藏第一大湖,是全国第二大咸水湖,也是世界上海拔最高的大湖。湖中有 3 个岛屿,湖东南有一个半岛,由石灰岩构成并发育成岩溶地形,形成了石峰、石柱、溶洞、天生桥等奇观,瑰丽奇幻。湖水味道呈微咸,最深处 33 米,盛产高原细鳞鱼和无鳞鱼,是鸟类的繁殖栖息地,湖面上常有野鸭游荡,湖心岛上夏秋季节有大量野鸭生蛋。纳木错周围水草丰美,是牲畜的优良牧场。纳木错是西藏著名的佛教圣地之一。

羊卓雍错位于山南市浪卡子县境内,湖面海拔约 4 441 米,面积 638 平方米。湖内分布着 10 余个小岛,湖水深约 20～40 米,最深处近 60 米。湖中鱼类蕴藏量达 8 亿千克,有"西藏鱼库"之称。湖畔水草丰茂,草场面积达 66.7 万公顷左右,是优良的牧场。羊卓雍错有天鹅、黄鸭、水鹰、鹭鸶和沙鸥等多种水鸟,是藏南最大的水鸟栖息地。羊卓雍错与雅鲁藏布江只有一山之隔,最近距离仅 6 公里,山的南边湖面海拔 4 441 米,山的北边江面海拔只有 3 570 米,两者水面高差达 871 米。羊卓雍错蓄水量 150 多亿立方米,蕴藏着丰富的水能资源。

2.藏东南外流湖区

藏东南具有山高谷深的地貌,大部分湖泊是因为高原强烈抬升、外流水系下切、坡面物质活动增强,致使山崩、泥石流等堵塞河谷而形成堰塞湖,该区的湖泊多为外流湖,面积都很小,且都在海拔 4 000 米之下。湖水的补给主要是冰雪融水和降水,矿化度较低,均为淡水湖,以然乌错、易贡错、八松错等为较大。然乌错在雅鲁藏布江支流帕隆藏布的上游,易贡错是帕隆藏布支流易贡藏布下游的一个长条形湖泊,八松错则位于尼洋曲主要支流巴河的支沟谷地中。

3.藏南外泄、内陆湖区

藏南是内外流水系交错地区,位于喜马拉雅山脉北麓,海拔较高,主要分布有大量的外泄湖,这些外泄湖大部分因直接受到冰川作用而形成了冰川湖,所以湖泊的主要补给水源便是冰雪融水。内陆湖泊点缀在藏南高原面上,自西向东有拉昂错、玛旁雍错、公珠错、森里错、佩枯错、浪强错、昂仁金错、纳马朗错、错姆折林、嘎拉错、多庆错、羊卓雍错、哲古错等十多个较大的湖泊。其中拉昂错、玛旁雍错、森里错为淡水湖,其余均为咸水湖或半咸水湖。该区共有大小湖泊 38 个,总面积 2 300 多平方米。①

五、西藏碳汇功能区的生物多样性保护

(一)西藏碳汇功能区的生物多样性概况

长期以来,西藏由于交通不便,加之其他社会经济因素,让外界对西藏认识不多,自然也就存在一些知识空白和偏见。有的人说到西藏,就大谈起雪山、严寒、荒漠等严酷的自然条件,以及景观的单调和贫乏,忽略了这里挺拔耸立的雪山、芳草如茵的草场和广袤的原始森林,在东南部有着完整而壮观的从热带到寒带的自然景观。早在唐代碑刻中就清楚指出,"沱黎界上,山林参天,岚雾晦日者也",天然森林植被茂密,可见一斑。

号称"世界屋脊"的青藏高原,地理位置和地形的特点是"低纬度、高海拔"。高原在低中纬度的北半球中,不少地方有不足 500 米的低海拔起点,山体则通常为高于 5 000 米的海拔,一些坡面高差大于 3 000 米。有限的水平地段上有类似我国跨越 20 多个纬度带(北纬 18°~42°)的植被代表类型。

至目前为止西藏已记录的植物有 9 600 多种(其中苔藓植物 700 余种,维管束植物 7 504 种),隶属 270 多科、1 510 余属,其中有许多是我国特有或西藏地区特有的植物,包括有许多以西藏某一地名命名的植物种名。

西藏自治区第三次全国国土调查显示,西藏有林地面积 1 789.61 万

---

① 苟灵.西藏农牧林自然经济概要[M].拉萨:西藏人民出版社,1985:32.

公顷。西藏森林总蓄积量与森林面积分别居于全国第 1 位和第 5 位,是祖国西南的一大片原始林带。裸子植物在全世界共有 12 科,我国被称为裸子植物的起源中心,有 11 科,西藏就分布有 7 科,即:松科、柏科、罗汉松科、三尖杉科、红豆杉科、麻黄科、买麻藤科。其中的铁杉、红豆杉、澜沧黄杉和短柄垂子买麻藤为珍稀的孑遗植物,有较高的经济价值。被子植物有 15 科 33 属 120 多种,在植物系统演化方面比较原始而古老,如水青树科、五味子科、木兰科、樟科、番荔枝科、金缕梅科中的许多树种。还有距今 1 亿 3 500 万年白垩纪时就已存在,并在新生代第三纪的潮湿、温暖的气候条件下曾广泛分布过,到渐新世以后由于第四纪冰川的扩展,在世界上很多地方早已绝灭的我国一级保护植物桫椤(树蕨)。许多中外生物学家认为,西藏地区植物种类远不止目前这个数字,还有待进一步考察发现,例如近年来又发现的有露兜树科、木棉树科、领春木科和以前没有列数的龙脑香科等。如果说被子植物的发源地在中印地区,那么西藏东南缘也可称为集中分布区之一。[①]

西藏复杂多样的生态环境为动物繁衍创造了良好的条件。在西藏繁多的动植物资源中,药材最为丰富,驰名中外,誉满天下。据有关部门统计,已知的野生中、藏药用动植物资源达一千多种,其中动物药材中的牛黄、麝香、熊胆、鹿茸、羚羊角、虎骨等久为藏医所认识。

特殊的自然条件形成的独特的生态系统,是建立保护珍稀生物种源和独特自然生态系统的自然保护区非常有利的天然条件。西藏稀少的人口有着相对集中的分布,其原始森林成为高原天然动物园,很少有人类涉足,藏族人民保护"圣地"的习惯、国家关于生态文明建设的重大决策部署,都是西藏建立自然保护区有利的自然条件和社会条件。

(二)西藏碳汇功能区生物多样性资源的开发利用现状

西藏人民在长期的生产实践中,发掘了许多有重要经济价值的动植物及其利用方法,尤其在同疾病作斗争中积累、创造了具有自己独特理论体系和丰富临床经验的民族医学——藏医学。在藏医用药中,除了有大

---

① 刘务林.西藏自然保护区[M].拉萨:西藏人民出版社,1993:7.

量的与其他地区中医常用药物相同的种类外,还发掘了许多为藏医专用的药用新植物,其中多是高原上常见的或特有的种类。近几年在西藏高原生态研究所的牵头主持下,对西藏许多经济植物,如沙棘的生物学特性、果实的营养成分,高山松的树脂含量、成分等进行了深入细致的研究,推动了西藏动植物资源的开发利用。据统计,近几年仅以野生动物为主的群众副业收入就达1亿多元。但是随着人口的增长,加之交通不便、林业经营管理制度不完善,以及受交通与科研水平等因素的影响,西藏野生动植物资源的持续利用存在以下几方面的问题。

1.过度利用,资源枯竭

一些植物资源,尤其是那些有着较高经济价值的植物,长期遭遇乱采滥挖。这种方式显然是浩劫性的利用,培育和保护观念缺乏,致使资源数量大为减少,如一些传统的中药材产品的收购量已逐年下降。

2.动植物生存环境遭到破坏

在居民聚集区与采伐便利的林区,由于过度砍伐森林和过度放牧,破坏了森林、草地群落环境,而工业化的发展污染了水资源,使许多野生动植物丧失了栖息地与繁殖场所,濒危种类日渐增多。因此,从生态环境讲,某个地区濒危种类多并不是什么好事,而恰恰反映了该地区生态环境破坏的严重性。

3.开发潜力未充分发挥

由于西藏社会与经济发展较其他地区滞后,各种自然资源的开发潜力还很大,尤其是在一些偏僻、闭塞的高山峡谷区,各种动植物资源还未被挖掘、开发出来。不仅如此,由于科研人力和物力受限,尚存在不少无法被世人了解和认识的动植物资源,还不能弄清楚其有效成分,也无法进行有效提取,这就使西藏动植物资源利用存在很大的制约性。统计资料表明,目前西藏具有一定采集、狩猎量的经济动物主要是麝、鹿、熊、黄狼、狐狸、野兔和貉等,经济植物主要是红景天、虫草、贝母等,还有大量的经济动植物资源,尤其是珍稀动植物种质资源需要予以科学研究和开发利用。

4.各级领导对开发利用野生生物资源的重要作用缺乏清晰认识

西藏丰富的高原野生生物资源没有得到各级领导的关注,特别是林业管理部门对这些资源的开发没有足够重视,认为林业结构调整仅仅局限在经济林、防护林、薪炭林的种植和林产工业及自然保护区建设这几个有限的项目上,对发挥第三产业的作用和森林多种效益认识不到位,没有把开发野生动植物资源摆到议事日程上来。

(三)西藏自然保护区建设

1.建立自然保护区的必要性

全球森林在整个陆地占据 34% 的面积,在陆地生物总量中,森林生物总量占 80%,占据了整个陆地生态系统的主体。森林生态系统以其多样性的森林植被、植物群落以及生态环境,为其动物种类多样性提供了基础,因而全球 50% 以上的生物种类栖息、繁衍在森林中。[①] 因此,森林不仅为人类提供多种木材与林副产品,而且对人类生活环境的改善和生物多样性的保护具有重大的影响。

生物多样性是人类赖以生存和发展的基础,将生物的多样性保护好,不仅有利于人类环境的保护,有利于持续地利用生物资源,也有利于对原有生态环境下物种的生存能力以及种内的遗传变异度进行保护。保护生物多样性最根本的路径就是对生态系统、物种和遗传多样性三个水平进行维持。具体措施就是在当地建立自然保护区。自然保护区是各种生态系统和生物物种的天然储蓄所,具有多样功效的自然保护区对促进科学研究,发展生产建设、文化教育、卫生保健事业都具有重要意义。同时,利用保护区内丰富的物种与遗传多样性来进行野生动植物的培育繁殖,对人类生产、生活具有重要的实践意义。有效地建设及管理自然保护区,不仅能使生物多样性得到真正的人为保护,并能为生物多样性长期监测提供理想场所。因此,自然保护区建设对生物多样性保护和人类社会的持续发展具有极其重要的意义。

西藏地处世界最高的青藏高原,独特的地理环境和自然条件造就了独具一格的生态景观和自然资源,尤其是许多高原特有的野生动物和森林植物资源,是世界自然遗产的瑰宝,因而西藏自然保护区建设负有保护

---

① 祝列克.西藏的森林资源与林业可持续发展战略[M].哈尔滨:东北林业大学出版社,2000:192.

人类自然遗产,特别是保护唯有西藏才有的自然遗产之历史使命。

2.西藏自然保护区概况

几千年来,西藏各族人民在长期的生产实践中,逐渐认识到野生动植物的价值、利用方法,也逐渐形成了保护野生生物的意识。尤其是 20 世纪 70 年代以来,西藏自治区人民政府以及有关部门采取一系列保护管理措施,如在野生动物资源破坏较严重的地区规定了阶段性禁猎,在资源破坏不严重的地区实行有计划、有组织的捕猎,在珍稀野生动植物集中分布地区划分了若干自然保护区,标志着西藏高原现代自然保护事业的开端。1985 年 9 月,西藏首批自治区级自然保护区的批准建立,将高原的自然保护推到一个新的历史阶段。近年来,经过各族人民的共同努力,西藏已建有多个自治区级以上的珍稀动物、植物、森林、草原、湿地生态系统等多种类型自然保护区(表 2-1),使高原主要珍稀野生动植物资源和独特的生态系统得到较为全面的保护。①

表 2-1 西藏自然保护区概况

名 称	面积/公顷	类型	主要保护对象	成立时间	级别
墨脱自然保护区	63,620	综合	生态系统及珍稀动植物	1985 年	国家级
察隅自然保护区	101,412	综合	扭角羚、虎及常绿阔叶林生态系统	1985 年	自治区级
林芝巴结自然保护区	8	植物	千年古树巨柏林	1985 年	自治区级
波密岗乡自然保护区	4 600	植物	高产云杉林	1985 年	自治区级
吉隆江村自然保护区	34 060	综合	长叶松、长叶云杉及森林生态系统	1985 年	自治区级
聂拉木樟木自然保护区	6 852	综合	成尾叶灰猴及其栖息地	1985 年	自治区级
珠穆朗玛峰自然保护区	3 381 000	综合	原生森林及珍稀动植物	1989 年	国家级

---

① 祝列克.西藏的森林资源与林业可持续发展战略[M].哈尔滨:东北林业大学出版社,2000:194.

续表

名　称	面积/公顷	类型	主要保护对象	成立时间	级别
芒康盐井自然保护区	185 300	动物	滇金丝猴及其栖息地	1993 年	自治区级
林芝东久自然保护区	22 600	动物	赤斑羚等珍稀动物及其生态系统	1993 年	自治区级
申扎自然保护区	4 000 000	动物	野生动物及湿地生态系统	1993 年	自治区级
类乌齐长毛岭自然保护区	63 700	动物	马鹿及其生态环境	1993 年	自治区级
羌塘自然保护区	24 712 000	动物	野牦牛、野驴等及草原生态系统	1993 年	自治区级
林周澎波自然保护区	9 680	动物	黑颈鹤栖息地	1993 年	自治区级

历经 30 多年的建设,西藏自然保护区工作不仅在基础建设方面已经有了良好的发展,而且在国际合作方面成效显著,在野生动物的资源调查与驯养繁殖上也是成绩斐然。如 1987—1990 年的珍稀野生动物考察,在以往考察研究的基础上,比较系统地查清了西藏珍稀野生动物和重要经济动物的种类、数量和分布范围,为西藏自然保护区建设和珍稀野生动物的驯养与繁殖提供了科学依据。

3.西藏自然保护区主要特点及存在的问题

(1)主要特点

西藏自然保护区在面积、类型和国际合作等方面具有如下特点。

一是面积广阔,普及面广。西藏的现代自然保护事业虽然起步较晚,但其发展和建设受到国家高度重视,在相对较短的时间里,建立了各类自然保护区 47 个,其中国家级 11 个,自治区级 12 个,地方县级 24 个。保护区总面积 41.22 万平方米,占全区总面积的 34.35%。建立了国家级森林公园 9 个,国家级湿地公园 22 个,地质公园 3 个。[①] 羌塘自然保护区以其广袤的面积被称为世界陆地第一的自然保护区。

---

① 　西藏自治区生态环境厅.2022 年西藏自治区生态环境状况公报[EB/OL[.(2023-06-06)[2023-07-01].http://ee.xizang.gov.cn/hjzl/hjgb/202306/t20230606_359632.html.

二是类型齐全,生物多样。西藏自然保护区虽然数量不多,但类型较为齐全。在生物多样性方面,西藏已记录的野生植物有 9 600 多种,西藏特有植物1 075种,各类珍稀濒危保护野生植物 383 种,其中国家级重点保护野生植物 157 种。野生脊柱动物 1 072 种,其中国家级重点保护野生动物有 217 种。西藏自然保护区是我国重要的物种基因库,是一个天然的动植物园。①

三是国际合作,成绩显著。西藏自然保护区的环境条件较差,但以其独特的自然景观、丰富的生态类型和深藏的科学奥秘而具有极大的吸引力。因此,西藏的自然保护事业具有国际合作的有利条件,而且这一优势在珠峰自然保护区得到较为充分的发挥。该自然保护区从成立开始,十分重视国际合作,先后同很多国际组织建立了深入持久的合作关系,目前由联合国开发计划署等机构援助的珠峰保护区综合发展项目、乡村福利员培训项目正处在实施阶段。

2022 年 7 月 21 日,*Nature* 第 607 卷发表了由上海师范大学教授高峻与尼泊尔、美国学者共同完成的"Himalayas: create an international peace park"一文,此项成果也标志着珠峰自然保护区在科研领域良好的国际合作前景。②

(2)存在的问题

由于受经济、自然环境等的制约,西藏自然保护区事业仍存在许多问题与不足,尤其表现在经费不足、保护设施较差方面。西藏自然保护区自身缺乏活力,国家和地方财政每年划拨的自然保护区和野生动物保护经费有限,无法开展其他基础设施建设。

第二节　建设西藏碳汇功能区的必要性

自然环境是人类赖以生存所必需的物质条件和综合体,资源不仅能

---

① 西藏自治区保护生物多样性工作成绩斐然[N].西藏日报,2021-10-12.

② 邹佳雯.中尼美三国学者在自然杂志撰文:创建世界最高国际和平公园[EB/OL].(2022-07-28)[2022-08-05].https://www.thepaper.cn/newsDetail_forward_19216523.

为人类带来所需的物质财富,同时也是人类可以在环境中直接利用的各类要素的总和。资源的合理分配利用以及环境的良好保持,是构成人类可持续发展的重要的物质基础。因此,人口、资源和环境三者之间的关系,就成为建设西藏碳汇功能区过程中必须认真研究的重要内容,这一研究具有客观的必要性。

一、有利于农牧民增收,助力西藏走向共同财富

(一)建设碳汇功能区可促进农牧民增收

习近平总书记在中央第七次西藏工作座谈会上强调:保护好青藏高原生态就是对中华民族生存和发展的最大贡献。要把生态文明建设摆在更加突出的位置,守护好高原的生灵草木、万水千山,把青藏高原打造成为全国乃至国际生态文明高地。改善基础设施、加强生态保护、保障和改善民生、发展特色产业,让群众过上更加美好的生活。这为西藏未来的发展指明了崭新起点,也为农牧民增收难题的解决提供了一个全新的思路。草原、森林组成了陆地上一个庞大的生态环境系统,这一物质主体不仅属于西藏区域碳汇功能区,也属于整个高原生态安全屏障。

西藏农牧区是实施人工植树造林种草工程的主要场所,承担工程的主体力量就是农牧民。可以将巩固脱贫成果与乡村振兴有效衔接,为农牧民建设新家园提供帮助,帮助乡村去建设同日常生活息息相关的交通设施、就医就学、养老保险等。当前,还应该继续大力支持和完善牧区草原承包制,为牧民实施网围栏草原建设提供有力的帮助。这就需要高度关注农牧民的根本利益并下大力气给予保障,要将西藏区域碳汇功能区建设完成好,这是基本的前提。

从传统市场体制的角度看来,牛、羊可谓是西藏仅有的草地畜牧业产品,这一产品属于一种有形的经济劳动产品。牧民世代崇尚草原和保护草原,这源自其传统文化。而站在国际国内碳交易市场的角度来看,辽阔的西藏草原就是一个巨大的碳汇宝库,若将这两种要素融合在一起,就可将广大的青藏高原看成一整体的无形生态劳动产品。若再借鉴国际国内

碳交易市场法则，尽快将西藏碳交易体制构建起来，同时接轨于西藏以外的国内国际碳交易市场，就可让这一无形生态劳动产品通过参与交易过程而获得利益，当地的农牧民就可获取区别于传统牛羊产品售卖收益的碳汇交易的更大利益，这就能开辟出农牧民增收的另一个重要渠道。

（二）农牧民增收可推动环境保护建设

众所周知，物质刺激可以为人们从事社会经济活动带来基本的原动力。在《中共中央关于推进农村改革发展若干重大问题的决定》中就强调，要从以人为本的观念出发，做到真正尊重农牧民的意愿，用实际行动去解决与农牧民有直接利益关系并迫切需要解决的问题，同时着重强调和实施城乡一体化、农业产业化等方式来促进这一目标的实现。所以，必须用心实现农牧民的根本利益，只有这样才可能实现农牧民增收与推动环境保护建设两者之间的良性互动。应采取相应的措施，将经济与生态良好发展的势头维护和保持好。首先，应实施规模化的特色产业。特色产业其实就是优势产业，这种产业能够协调劳动生产与自然环境之间的关系，也能获取比较理想的经济效益。[①] 其次，利用城乡合作促进地方生态农业的发展。引入先进的管理技术，进行绿色产品的批量生产，必定会得到良好的销路。例如，尼木县的知名产品藏鸡，就是在自然条件下进行养殖的。继续发扬这种城乡一体化所带来的优势，可以创造更大的生产力，进而为当地农牧民带来经济创收，有效地促进当地经济的快速增长。[②] 再次，在国际市场中为农产品的拓展提供有效支持。西藏的松茸等天然野生菌深受国内外人士的喜爱，但松茸等天然野生菌在贮存方面要求很高，涉及采摘、加工到检验检疫和运输等环节，出口面临的难度很大，而且储运风险极高。在西藏农业、商业和检验检疫部门的合作下，首批新鲜蘑菇2008年8月从林芝机场出发，经过成都和上海之后安全送达日本。这一运输的成功为西藏农牧民开辟了一条向国外出口高原特色劳动密集型产品的新

---

① 王天津.推动碳汇功能建设提高农牧民权益[J].西南民族大学学报（人文社科版），2009,30（2）：35-39,289.

② 兰金山.尼木县产业经济：特色出"风头"[N].西藏日报，2008-09-03（2）.

渠道,为农牧民带来了经济收益。与此同时,要想保证产品出口的安全和有序,必须对农产品出口进行规划、调控,大力引导、支持城乡生产方式的转变,鼓励农牧民用自己的智慧去开拓新市场。①

(三)流转土地产权,培育森林牧场长期管理者

西藏地区有着广阔的林海、一望无际的草场牧场,这些成片成带的森林与草场牧场,拥有不可估量的碳汇效益潜力。在国际碳汇交易市场上,碳汇交易主要发生在为实现《京都议定书》规定目标而购买碳信用额度的市场主体如公司、政府、非政府组织、个人之间。但是在国内,企业为碳汇交易市场购买者,而碳汇交易卖方,通常为森林、牧场的所有者或经营者,比如个体农户、集体林场、国有林场以及其他拥有或经营森林、牧场草场资源的农牧民个人、企业及其他实体。在大多数发达国家基本都是采用公共所有权与私人所有权并存的多元化自然资源所有权模式,对森林和土地的产权,法律有明确规定,可以成为私有财产。在开展碳汇交易项目建设过程中,政府或企业可采取向私有林及土地的所有者直接购买森林碳汇形成的二氧化碳排放权的方式,实施土地合法的流转,进而实现土地资源开发与增值。而那些碳汇交易卖方,也就是原来的森林、牧场的所有者或经营者也可得到培育。西藏由于面积广大,荒地比较多,可以积极探索类似方式。②

(四)以一条龙产业带转移农牧区剩余劳动力

西藏生态资源的分布,决定了西藏人口分散居住的现状。目前,世界各国对绿色产品的需求度都相当高,而西藏又是一个适宜农牧结合的地区,所以极富高原特色的青稞、牦牛等产品在市场中占有绝对的优势,从长远看,极有可能发展成为全国性的产业部门。这就需要政府进行西藏原生农牧产品加工销售一条龙产业带的组织规划,借助种植、加工、销售

---

① 王天津.推动碳汇功能建设提高农牧民权益[J].西南民族大学学报(人文社科版),2009,30(2):35-39,289.

② 王天津.推动碳汇功能建设提高农牧民权益[J].西南民族大学学报(人文社科版),2009,30(2):35-39,299.

各环节吸纳农牧民剩余劳动力,从产业基础和自然的发展环境方面提供人口聚集的条件。从青稞来看,青稞种植于青藏高原的蓝天碧水间,拥有营养高、无污染的天然品质,具有大力发展以青稞为代表的藏区原生农畜产品及其加工的一条龙产业带的天然优势。健康、营养、好吃又易携带的青稞糌粑和牛肉干既可作为牧羊人的午餐,也可以作为宇航员在太空中的方便又营养的地球美食。可通过开发传统农畜产品生产、加工及销售一条龙产业带,为农牧区剩余劳动力的转移创造条件,这就为其"靠山吃山,靠水吃水"生存状况的改变提供了产业基础和社会环境,是建设西藏生态屏障的重要物质基础。[①]

(五)以国际碳排放交易服务于农牧民增收致富

碳汇交易是国际碳排放权交易市场的重要内容之一,以联合国清洁发展机制(Clean Development Mechanism,CDM)和各国的碳排放权交易体系作为背景,其市场正变得日益活跃,交易量逐年攀升,这为西藏农牧民增收致富又创造了一条新途径。根据第二次青藏高原综合科学考察发布的成果,青藏高原生态系统碳汇为 1.2 亿~1.4 亿吨/年,西藏自治区生态系统碳汇 4 800 万吨/年,可见其碳汇量的丰富程度,这些碳汇资源投放到碳排放权交易市场,就意味着丰厚的收益。不仅如此,还可通过水电站项目实施碳交易零突破的尝试。按照 CDM 的要求,水电站项目与其标准最为符合,在这方面我国有很多成功的交易案例。西藏的大江大河众多,地势变幻莫测,适合建设水电站的地方也多。可以从新水电站规划之日开始,就对其是否可成为 CDM 项目的可能性进行认证,从而创造开展碳交易的有利条件。同时,还可积极准备开展其他形式碳交易的条件,西藏的森林、湿地、草原,甚至风能、太阳能电站以及正在建设和规划中的地热能都可以建成清洁发展机制项目。显然,我们需要围绕理论阐述、实地测量、数据计算和前期建设等做好周密而详细的准备工作,才可比较顺利地参与这一新颖的贸易过程。

_____

① 洁安娜姆.西藏人力资本结构与产业结构协同发展对策分析[J].西藏研究,2011(2):96-103.

二、发挥西藏巨大生物资源存量的生态服务价值

受地形和气候的影响,西藏海拔高的地区农作物和牧草等植物的生长期均比较短。农作物和其他植被生长比较缓慢,导致其只能有比较低的单位面积生产量,并且其植被生态环境明显脆弱。而由于受印度洋暖湿气流的影响,低海拔地区的农作物和其他植物产量较高、生长期相对较长,而且生物种类十分丰富,因生物资源存量巨大,所提供的生态服务价值也非常大。

(一)改变固有的生产方式,提高资源利用价值

随着社会经济快速发展,农牧民有着比较迫切的物质文明方面的渴望,现代化的消费方式对农牧民沿用原有的生产方式产生强烈的冲击,牧场上可能会发生牧场退化及过度捕猎的问题,存在过度毁林现象、局部环境恶化现象和原始农业经济滞后现象,可能会严重影响自然环境。

(二)调整好整体利益与局部利益的关系

在保护生态环境的过程中,广大农牧民的最大利益应该得到体现。即为了维护生态平衡,需要付出些许代价。因为牧区受旧生产方式、科学文化知识和个体经济利益等外界环境的影响,在历史上,畜牧业生产的害兽主要体现为狼、熊、豹、鼠等动物。在生产开发和科研过程中发现,这些动物与草原畜牧业增产增收有着千丝万缕的关系,并非全部铲除就能解决问题的。经过政府部门多年的科普教育,绝大多数农牧民对这些常识已有基本的了解。但因野生动物侵害而导致个人经济损失的事件不可避免,需要处理好个人经济损失与整体环境利益之间的平衡。可以在符合整体利益的情况下征收生态补偿金,如果部分受损,则可以赔偿个人损失。牧民可以采取一定的措施保护自己,再加上政府的协调,可以减轻保护生态环境的制约因素带来的影响,使草原畜牧业良性循环发展,使生态环境有可靠的保障。

(三)植树造林是保护农业稳产增收的屏障

森林在调节气候、涵养水源、保护水土、防治风沙、美化环境方面,有着不可替代的作用,该群落生物多样性丰富,并可为人类提供新鲜的水果、饲料、木材等多种产品。目前,国家在资金支持方面加大了资金投入力度,在恢复农区植被、人工造林等方面也做了大量工作,这些行为的最大受益者是农牧民。

(四)变生态资源优势为农牧民增加经济收入的优势

在西藏,依旧比较完整地保持着自然生态景观,非常美丽迷人、奇幻莫测,再加上西藏拥有独具特色的藏民族文化,吸引着国内外的旅游者、探险者,如果将当地原始的自然环境完好地保存下来,发展特色旅游业,可以帮助当地农牧民增收。要使农牧民的可持续增收有可靠的保障,就需要将"靠山吃山,靠水吃水"的新理念树立起来,将自然生态环境保护好、维持好、建设好。

(五)保护野生动物及其环境是农牧民增收的永恒话题

对岩羊的保护就是对雪豹的食源的保护,只要雪豹存在,那么豺狼的发展就可得到抑制,野兽侵害家禽家畜的危险大大减少。由于在清除草原腐烂尸体和遏制病疫蔓延等方面具有极其重要的作用,必须将草原区的狼、熊等猛禽猛兽保护好。西方国家如加拿大等国的农场主就出现引狼入牧场来维持牧场生态平衡的案例。所以在广大牧场区的物质及能量流动态平衡的维持方面,野生动物发挥着相当大的作用,保护野生动物可以减少农牧民的经济损失。面对野生动物种群数量不断增加的现实,对超载的野生动物进行适当淘汰,也有利于促进畜产品质量的提高,奠定农牧民增收的现实基础。在实际牧业中被看成自然环境极度恶劣的地方,却是野生动物的生存天堂,传统观念中人迹罕至的地方,却可能生产出纯净的绿色食品、皮革、绒毛、药材等珍贵产品,将它们输入市场,满足市场的需求。因此,保护野生动物及其生存环境,就成为农牧民增收的现实、潜在的重要因素。

(六)保护野生植物和天然林是保障农牧民增收的基础

西藏目前已记录的野生植物达9 600多种,其中,西藏特有植物1 075种。这里的生态环境始终未遭受到现代工业的污染,生产的绿色食品、药材等,非常受欢迎。还有一些必须依赖较优良的生态环境才能获得丰产的生物,比如松茸、木耳等菌类,天麻、贝母、三七、虫草、红景天等药用和滋补强身的草地、林下植物。不仅如此,丰富的野生植物也为农牧民开发各种生物产品提供了可能,通过对珍贵花卉的培育繁殖,为木质纤维工业提供原料,还可进行野生淀粉提取,以及油脂和芳香油植物的开发等,大大拓宽了农牧民的增收渠道。

(七)国家生态保护建设项目为农牧民提供了增收的机会

我国在西部大开发进程中,优先发展生态环境保护,并将大量资金投向天然林保护工程、荒漠化治理工程、自然保护区建设工程、野生动植物和湿地保护工程、城市周边地区绿化工程等项目。农牧民因这些项目本身的效益可获得优良的生态环境,这是能够可持续增收的可靠保证。而广大农牧民又是这些项目实施和建设的主力军,在参与这些生态项目建设过程中,农牧民能获得不少收益。

三、大力推进西藏生态文明建设

2018年5月全国生态环境保护大会在北京召开,提出了要加大力度推进生态文明建设、解决生态环境问题,坚决打好污染防治攻坚战,推动中国生态文明建设迈上新台阶。西藏是我国一道极其重要的生态安全屏障,在我国生态战略中,其生态建设与环境保护尤其重要。中央第七次西藏工作座谈会指出,保护好青藏高原生态就是对中华民族生存和发展的最大贡献。要把生态文明建设摆在更加突出的位置,守护好高原的生灵草木、万水千山,把青藏高原打造成全国乃至国际生态文明高地。

（一）西藏节能环保产业发展的现状与问题

1.现状分析

目前,理论界对西藏节能环保产业的内涵和特点还没有统一的认识。而三次产业分类法指出,节能环保产业不仅涉及环境治理产品的生产,还涉及环境信息、咨询和服务业等,从某种意义上来说,已经突破了传统的三次产业结构的界限,属于一个综合性新兴产业。[①] 节能环保产业是国家发展和培育的新兴战略性产业之一,主要指的是那些为了保护生态环境、节约能源资源和发展循环经济而提供技术保障与物质保障的产业。节能环保产业的就业吸纳能力较强,同时产业链条较长,关联度大,主要涉及节能环保的产品、技术装备以及服务等方面,对经济的可持续发展有显著的推动作用。发展节能环保产业是转变经济发展方式的必要手段,对于调整经济结构、推进节能减排工作也具有十分重要的推动作用,对于促进绿色循环经济的发展、建设资源节约型和环境友好型社会具有十分重要的指导意义。

西藏独特的自然地理环境导致了西藏的环保产业既具有一般性也有其特殊性,即不仅有一般环保产业的特性,同时又有不同于其他地区的特性。西藏自治区环保产业包含在西藏国民经济结构中,参与生态保障、工业环保、城镇生活环保及环保衍生行业的生产活动,防止环境污染和保护生态环境的技术保障和物质基础。

自"十一五"以来,西藏自治区大力发展绿色循环经济,落实节能减排工作,构建资源节约型、环境友好型社会,为节能减排事业的发展创造了广阔的空间,促进了节能环保产业的发展。关于资源的再生、利用方面,已经广泛推广并使用了风能、沼气、地热能以及太阳能。

2.存在的主要问题

近年来,西藏节能环保产业虽然取得了一定进展,但是总体发展水平仍然相对较低,同其他省区节能环保产业的发展相比较,仍有很大的差

---

① 徐爱燕,安玉琴,王大海.论西藏生态产业体系及发展重点[J].西藏大学学报(社会科学版),2010,25(4):28-31.

距,主要存在以下几个问题。一是节能环保技术不够创新。西藏自治区还没有建立节能环保发展机制,也缺乏专业技术人才,技术开发能力低下,缺少高附加值的节能环保产品和自主知识产权的科学技术。二是节能环保企业规模小,发展不平衡。受市场体制、技术以及产业基础等众多因素的影响,自治区缺乏规模大、综合发展能力突出的环保企业,集群优势不明显,尚未形成完整的产业链。三是市场有待进一步规范。污染治理设施只重建设而轻管理,运行效率较低,同时市场监管不到位。四是节能环保的相关政策机制需进一步完善。目前,与节能环保产业相关的标准体系及政策法规仍不健全,环保收费标准和资源性产品价格改革还没有落实到位,相关的金融及财政政策仍需进一步完善。五是节能环保产业服务体系不健全。环保基础设施、合同能源管理等市场化的服务模式有待提高,再生资源和垃圾分类回收体系尚待建立。

(二)培育中国特色西藏特点的环境保护产业

为全面落实党中央关于加快推动绿色低碳发展的决策部署,推动绿色转型和高质量发展,2021 年 5 月 31 日,生态环境部印发《关于加强高耗能、高排放建设项目生态环境源头防控的指导意见》,其中第(七)条明确指出:将碳排放影响评价纳入环境影响评价体系。各级生态环境部门和行政审批部门应积极推进"两高"项目环评开展试点。[①] 各省(区、市)在其"十四五"规划和二〇三五年远景目标建议中,明确表示要扎实做好碳达峰、碳中和各项工作。西藏自治区党委、政府提出到 2030 年要基本实现经济发展与生态环境和谐发展的美好目标,自治区要加强落实节能减排工作,发展绿色循环经济,构建资源节约型和环境友好型社会,加快培育和发展节能环保产业,把节能环保产业作为经济发展新的增长点,作为新兴的支柱产业。

为加快培育和发展节能环保产业,西藏自治区把节能环保产业作为

---

① 生态环境部.关于加强高耗能、高排放建设项目生态环境源头防控的指导意见 [EB/OL].(2021-06-01)[2022-08-05].https://www.gov.cn/zhengce/zhengceku/2021-06/01/content_5614531.htm

经济发展新的增长点,列入新兴的支柱产业,专门出台了《西藏自治区人民政府关于加快发展节能环保产业的实施意见》,提出如下措施。

1.在重点领域,不断提升节能环保产业的发展能力

(1)鼓励推广、应用节能技术装备,促进重点领域节能。一方面,要鼓励先进节能技术和设备的应用。鼓励和支持企业生产和使用节能、节水、环保的先进技术和装备。鼓励和支持重点用能行业,特别是高耗能企业采用智能控制、变压变频、永磁变频、余热余压回收利用等先进节能技术装备,针对工业锅炉装备陈旧落后、运行效率低下等问题,实施工业锅炉节能改造。重点针对正常到期更新的、扩容更新替换的锅炉,提高新换锅炉的节能水平。另一方面,要积极推广应用非化石能源。大力推进以水电为重点的非化石能源发电,积极发展太阳能、风能及地热能,提高非化石能源比重。提高电力系统效率,优化机组运行方式,加强机组运行经济性分析、设备和燃料管理,降低燃机供电油耗。加快智能电网建设和电网节能技术改造,提高电网传输效率,有效降低线损。鼓励推广应用节能环保的新工艺、新技术、新设备、新材料。加快水泥行业余热发电技术的推广应用。[①]

(2)提升环保技术装备水平,治理突出环境问题。一是提高大气污染控制技术水平和设备水平。加快重点行业脱硫、脱硝、除尘的建设。重点推广低氮燃烧技术在新型干法水泥窑中的应用,并用低碳燃烧技术构建新型干法水泥窑,同时装备烟气脱硝设施。新建燃煤锅炉应配备烟气脱硫设施。按时限时完成加油站、油库的油气回收与控制。支持应用富营养化污水防治、污水回收利用等技术,鼓励创新、引进污水处理成套设备,鼓励引进二氧化硫、氮氧化物控制与治理为主的空气污染防治技术,鼓励应用创新空气污染防治和净化设备。二是开发应用新型污水处理技术。改进和应用城镇生活污水处理技术,以人工湿地净化水质技术为出发点来探寻污水处理的新方法。三是示范以重金属土壤为主的修复技术,着重消除重点工矿区、重点河段上游采选矿区等可能对人民生活生产有影

---

① 西藏自治区人民政府关于加快发展节能环保产业的实施意见(藏政发〔2014〕65号)[Z].2014-06-17.

响的重金属污染隐患。四是加强先进的、性能高的环境监测仪器设备的使用。

（3）推动再生资源综合利用产业化发展。一是加快培育龙头企业。通过企业参与、多元投资等形式引导龙头企业以建设项目为核心，以标准化和规范化为手段，以资源化为目标，参与到再生资源回收利用体系的建设中，充分发挥龙头企业的带动作用和辐射效应，从而提高产业集中度。二是推动再生资源的升级改造。鼓励企业进行技术创新，提高行业科技水平，将粗放型经营方式转变为精细型的经营方式，加强深度加工利用，提高产品附加值。三是保证再生资源能安全健康地发展。完善环保设施建设，避免二次污染，确保生产环节清洁安全，确保再生资源的质量安全，严格执行安全、环保标准。四是加快建设再生资源回收利用体系。落实有关优惠政策，做好报废电器电子产品、报废汽车、废旧轮胎、废旧纺织品的回收，重点做好废铅酸电池、废弃含汞荧光灯、废弃农药包装物等有害废物的回收。

（4）发展节能环保服务业。一方面，落实物质奖励和税收优惠政策等，推动节能服务产业的发展，在重点单位采取合同能源管理方式进行节能环保改造工作。支持区内用能企业与区外节能服务机构的合作与交流，引进区外节能技术来藏开展节能技术服务业务，逐步完善区内节能技术社会化服务体系。另一方面，发展环保服务产业。鼓励发展专业化、社会化的环保服务公司，加快发展绿色餐饮、住宿等服务业。

2.发挥政府带动作用，引领社会资金投入节能环保工程建设

（1）加大节能环保工程的资金支持力度。采取奖励、补助等措施，推动企业进行节能环保装备的改造工作，全面推动电机系统的节能、流通零售领域以及交通运输领域等节能工程，同时提高传统行业节能环保能力，实现节能环保设备的快速推广及应用。

（2）实施污染治理工程。要落实企业污染治理主体责任，鼓励和引导重点企业加大投入力度，积极引进先进技术及装备设备。加强对大气污染的治理力度，加快重点行业除尘改造、脱硝、脱硫工程建设，启动实施安全饮水、地表水保护、地下水保护等清洁水行动，推动重点高耗水行业节水改造，加快重点流域、生活污水处理设施等重点水污染防治工程建设。

同时设立土壤修复和污染治理的示范点。

（3）推进循环化改造。加快开发区（园区）的循环改造速度，推动各种园区建设废物交换利用、水分类利用和循环使用、能量分质阶梯利用以及公共服务平台等基础设施的建设，全面实现园区内企业、项目以及产业间的衔接与有效组合。

3.推广节能环保产品，扩大市场消费需求

（1）推动节能环保产品的市场消费率。鼓励和支持农牧区节能环保产品消费，严格实施节能产品认证及能效标识的相关制度，合理引导消费者进行绿色消费，购买节能环保产品。鼓励和引导运输经营者购买和使用柴油汽车，提高柴油在车用燃油消耗中的比重。推广应用自重轻、载重量大的运输装备，积极使用和推广混合动力、天然气动力、生物质能和电能等节能环保型车辆，逐步提高城市公交、出租汽车中新能源车辆的比重。

（2）加大政府绿色采购。加强政府优先采购及强制采购的力度，扩大政府对节能环保产品采购的范围，提升采购比例，充分发挥带动和示范作用。各级政府机构使用财政性资金进行政府采购活动时，在技术、服务等指标满足采购需求的前提下，应当面向中小企业实施优先采购，执行国家强制采购节能制度的有关规定，优先购置节能环保产品。①

四、建设维护国家生态安全的高原生态屏障

党的二十大报告明确人与自然和谐共生的现代化是中国式现代化的五大特征之一。推进西藏生态环境保护更可持续发展，努力实现高原人与自然和谐共生的现代化，事关中华民族的生存和长远发展，事关西藏长治久安和高质量发展大计。通过对消费资源结构的调整与改善，使资源开发利用给环境带来的负面影响降至最低限度，不断提高生态环境保护与建设的能力，并将生态文明建设体制机制建立健全起来，创造适合广大

---

① 西藏自治区人民政府关于加快发展节能环保产业的实施意见（藏政发〔2014〕65号）[Z].2014-06-17.

农牧民群众生产生活的最适宜的生态环境。这不仅能够适应人类社会文明发展的需要,也是西藏跨越式发展必然实现的一项战略举措。

(一)西藏生态文明建设的战略地位

青藏高原是中国乃至亚洲大江大河的源头,也是亚洲甚至北半球气候变化的感应器和敏感区。

1.青藏高原深刻影响着我国与东亚地区的地理环境格局

高高耸立的青藏高原,将西风环流分为南北两支,北支环流作用于我国西北地区,南支环流将印度洋暖湿气流吹到我国东部地区,形成太平洋季风、印度洋季风并存的格局,这就使我国东部和东亚没有出现类似同一纬度北非和中东的沙漠地带,而是形成湿润的亚热带季风气候区。这就导致我国西北干旱、东部湿润、青藏高原寒冷三大自然区并立的局面。

2.青藏高原成为我国与东亚气候系统一道稳定屏障

隆起的地势必然促进特殊热力作用的发挥,使西藏成为中国东部夏季洪涝对流云系统一个重要的源地。地表植被和冰雪覆盖的条件,显然在很大程度上对我国旱涝分布的气候格局和生态演变产生深刻的影响,并对亚洲乃至北半球大气环流系统的稳定产生很大的影响。

3.西藏为亚洲重要江河源区和我国水资源安全战略基地

西藏拥有 4 482 亿立方米的水资源总量,在全国位居各省(区、市)首位。其 325 亿立方米的冰川年融水径流,在全国冰川融水径流中大约占到53.6%;其 2.5 万平方米的湖泊面积,在全国湖泊面积中大约占到30%;其652.9 万公顷的湿地面积,也在我国居首位,其拥有的高山湿地在全世界也是唯一的。[①]

4.青藏高原是重要的全球物种基因库和生物多样性保护地

除海洋生态系统之外,西藏拥有全部的生态系统类型,以多样性和特殊性为其森林、草地、湿地生态系统的特点。西藏是世界最主要的山地生物物种分化与形成中心,也是全球 25 个生物多样性热点地区。在西藏,

---

① 西藏自治区生态环境厅.2022 年西藏自治区生态环境状况公报[EB/OL].(2023-06-06)[2023-07-01].http://ee.xizang.gov.cn/hjzl/hjgb/202306/t20230606_359632.html.

有国家重点保护野生植物 157 种,国家重点保护野生动物 217 种。

(二)国家将西藏确定为重要的生态安全屏障

党中央、国务院历来高度重视西藏的环境保护工作。在 2001 年胡锦涛同志曾指出,一定要做好西藏生态环境保护与建设工作,只有将西藏生态环境搞好,西藏乃至全国的生态环境才能得到改善。经济的快速发展,要求处理好当前利益和长远利益之间的关系,坚持走可持续发展之路,建设和保护好生态环境。这是国家领导人第一次明确西藏的重要生态战略地位。在 2006 年胡锦涛同志再次强调,必须在执行落实保护环境和节约资源基本国策的基础上,正确处理好经济发展同环境保护、资源节约之间的关系,合理开发和有效利用自然资源,进一步加大环境保护力度,并下大力气保护好、建设好青藏高原这个重要的国家安全屏障。由此,党和国家已经将青藏高原定位为国家的生态安全屏障。

国务院在 2009 年 2 月 18 日召开的第 50 次常务会议上,通过了《西藏生态安全屏障保护与建设规划》,将西藏生态安全屏障的保护与建设工程作为国家重点生态工程,还提出到 2030 年基本建成西藏生态安全屏障的目标。西藏自治区也以重大民生工程来对待西藏生态安全屏障保护与建设工程,郑重出台《西藏生态安全屏障保护与建设规划实施意见》。在 2009 年 3 月 18 日自治区党委常委会议召开时,也将建设生态西藏作为目标正式提出。

在庆祝西藏和平解放 60 周年的大会上,习近平总书记重要讲话也以国家重要的安全屏障、生态安全屏障、战略资源储备基地、高原特色农业成品基地、中华民族特色文化保护地和世界旅游目的地这六个"重要"来凸显西藏的战略地位。

(三)西藏生态环境建设存在的问题和困难

1.生态环境保护是一项重要而艰巨的任务

西藏生态环境的脆弱性和敏感性比较突出。在全球气候变化的影响下,整个西藏的生态环境基本是在中度退化状态徘徊,正面临着异常严峻的生态环境保护任务。

2.面临艰巨的反分裂斗争任务

环境保护工作在西藏始终处于反分裂斗争的最前沿,挑战和考验异常严峻,面临艰巨的反分裂斗争任务。十四世达赖集团及支持他们的国际敌对势力,一直念念不忘借用所谓"西藏环境问题"不断进行分裂祖国的活动。

3.污染减排任务异常繁重

经济迅猛发展,同时也带来了很严重的环境污染问题,尤其是因城镇环保基础设施建设落后,城镇污染物的排放量不断增多,以城镇为中心的污染问题很严重,其面临的污染治理任务很艰巨。

4.亟待解决的民生环境问题

当前,西藏急需改善一些重点区域的环境状况,比如,农牧民聚居地、旅游景区等。可是,仍然面临着投入不足、监管认识不到位等一系列问题。就目前来看,西藏饮水水源地的安全隐患仍可能存在,需要有效地保障好城镇饮水安全,进一步解决好更多与民生相关的环境问题。

5.环境保护监管能力与新形势难适应

西藏系统的环境保护体系、机制还不完善,缺少环保专业技术人员,一定程度上是因为环境保护工程起步较晚。而且现有技术人员的整体素质不高,服务能力不强,环境监察力度不足,环保信息化的建设工程缓慢等问题,导致其与规定的新环保要求之间存在着较大的差距。

(四)推进西藏生态文明建设的主要目标和举措

1.主要目标

2022年,西藏自治区人民政府办公厅印发《西藏自治区"十四五"时期生态环境保护规划》(藏政办发〔2022〕15号)。《规划》[①]按照坚持党的全面领导、坚持生态保护第一、坚持绿色低碳发展、坚持以人民为中心、坚持深化改革创新、坚持系统观念的基本原则,紧密衔接国家"十四五"生态

---

① 西藏自治区生态环境厅.解读:《西藏自治区"十四五"时期生态环境保护规划》印发实施[EB/OL].(2022-05-10)[2022-08-05].https://ee.xizang.gov.cn/ywgz/zhghyst-wmgg/202205/t20220510_297812.html.

环境保护规划、自治区国民经济和社会发展第十四个五年规划和二〇三五年远景目标纲要以及自治区级有关专项规划,紧密结合自治区实际,提出了自治区生态环境保护总体目标:到 2025 年,全区生态环境质量持续保持良好,生态安全屏障更加稳固,生态文明制度体系更加成熟,美丽西藏加快建设,国家生态文明高地建设取得重大进展,生态文明建设走在全国前列。展望 2035 年,建成全国乃至国际生态文明高地,完成美丽西藏建设和国家生态文明示范区创建,生态环境治理体系和治理能力现代化基本实现。并从筑牢生态安全屏障、持续改善生态环境质量、积极应对气候变化、强化环境风险防控、推动绿色低碳发展、提升监测监管能力、构建现代环境治理体系、推进新时代生态文明建设等 8 个方面明确了"十四五"期间的重点工作任务,并以专栏形式突出了重点举措。

同时要加快产业结构、生产生活方式的深入转变,构建西藏经济发展与生态环境相协调的发展格局,确保生态安全屏障建设的成效。要争取实现全区 70% 以上的林草覆盖率、35% 的受保护区域面积比例、50% 以上的退化土地恢复率;保持优良的空气、水环境质量,根据国家标准来规定水耗、单位 GDP 能耗、污染物排放量的标准,努力实现县域以上城镇饮用水水质 100% 达标,城镇污水集中的处理率达到 60% 以上,实现 80% 以上城镇垃圾无公害处理,妥善处置好医疗废物和危险废物,使得废旧放射源收储率达到 100%。要尊重自然变化规律,持续保护自然和生态环境,实现把西藏建设成为经济发达、环境优美、家园舒适、人与自然和谐共处的美丽新西藏的宏伟目标。

2.应采取的主要举措

西藏自治区环保工作的目标是将西藏建设成为生态安全的美丽新西藏。西藏环保工作的切入点和着力点就在于确保生态环境良好,建设美丽西藏,这不仅是西藏环境保护的根本目标,同时也是实现目标的必要途径。要想保证西藏目前与今后的良好生态环境,必须实施有效的生态文明建设措施,落实好下列生态文明建设五大举措。

(1)引导和培养建设美丽新西藏生态文明的理念意识。传统观念时代强调人类征服自然,过重地强化了人类中心主义观念。具体表现在实践中,重视经济发展的速度而忽略民生,重视局部发展而忽略整体,不惜用生态环境作为发展经济的牺牲品,过分地追求经济的快速增长,这就难免在人与自然之间撒下冲突和紧张的种子,不断爆发一些自然灾害。所以,陈旧的观念思想是妨碍社会进步以及经济可持续发展的障碍。要想建设生态文明新西藏,必须尊重自然环境,让人类和大自然和谐共处,建立人与自然和谐平等的关系。摆在我们面前的主要任务,就是要尽快建立生态意识教育和宣传两大体系,全面提高公众生态意识,树立生态文明建设理念。提倡绿色发展,呼吁大家进行适度、公平、绿色的消费活动,减少资源开发对自然生态环境的破坏,实现资源与环境的协调发展。同时,加大对环境友好型的消费方式的倡导,对生产领域进行价格和需求的刺激,尤其是大力推动生产领域清洁工艺技术研发和应用活动,刺激环境友好产品的生产及服务,使其在生产领域起到带头作用。不仅如此,必须全面积极促进生产技术及工艺的改进,降低环境友好型产品的生产成本,呼吁绿色消费,构建绿色生产及绿色消费的供需链条,进而为建设资源节约、环境友好型社会奠定良好的发展基础。

(2)强化落实实施生态文明建设的战略部署和措施。根据党的二十大精神和中央第七次西藏工作座谈会的精神,自治区党委第十次党代会统一部署,规定了保护生态文明和建设美丽西藏的具体目标,这就需要我们进一步强化和推动生态文明建设的战略部署和实施。

首先,推动主体功能区战略的进一步实施,加快对国土空间开发格局的进一步优化。这是解决西藏国土空间开发困难的重要抉择,也是促进城乡区域之间协调发展的重要性战略措施。要对各地市进行主体功能定位,构建科学合理的城市化发展布局,同时搭建生态安全以及农牧业协调发展的格局。

其次,建设西藏生态安全屏障。搞好生态安全屏障建设工作是生态环境保护的一项重要责任。当前的工作重点,一是要编制完善《西藏生态安全屏障保护与建设规划》的具体实施项目及规划方案,为项目的规划和后期发展奠定良好的基础。二是以实施好规划作为基础,对有关民生及生态环境建设的项目工程进行全面的统筹考虑,保证西藏在生态环境保护和建设方面的整体发展。三是建立西藏保护脆弱生态环境及建设生态文明的长效可行的机制,积极与国家有关部门进行协调,进一步拓宽和完善生态建设领域的补偿性措施。四是加强对生态安全屏障建设及监督评估工作的监测，保证及时有效地进行建设评估。五是合理地处理好农牧民增收、生态安全屏障建设以及农牧区生活生产条件改善三者之间的关系，引导和鼓励农牧民积极参加到西藏生态文明建设工作中来，增加农牧民的收入，尽快形成全民参与生态安全屏障构建的良好氛围。

再次，进行资源的节约利用，从根本上改变资源利用开发的方式。并且对资源的开发利用进行全程管理，降低水、土地等资源的消耗程度，全面提高资源的利用率。构建资源节约型的国民经济体系，就是把重点放在大力发展循环经济、低碳经济上，通过对土地等资源的集约利用，使资源综合利用得到全面推进。

（3）大力发展生态经济。进行产业结构的合理化调整，着重培养一批节约资源、污染少、技术高的生态产业，比如，发挥生物资源优势，大力发展高原特色农牧产品，加快绿色无公害食品生产基地的建设。在建材业、矿产业、民族手工业、藏医药业、高原特色食品业等重点生态产业中实施循环经济模式，用最少的投入获得最大的收益，使资源的利用率得到提高。要大力发展西藏生态旅游业，合理保护和开发旅游资源、人文景观、历史遗迹。

（4）大力培育生态文化产业。要建设生态西藏，还需培养、塑造一些西藏生态文化品牌，这就需要将工作的重点锁定在对生态环境的保护方面。要树立人与自然和谐相处的观念，为建设美丽的新西藏提供可靠的文化思想保障，同时充分利用博物馆、科技馆、图书馆等文化载体，围绕文化载体来创办绿色社区、学校等，尽快建立一批环保科普基地，搞好生态文化宣传工作，鼓励开展节约、低碳的生活方式。政府还可建立绿色采购制度，鼓励和倡导公众采购环保产品，并且减少产品的过度包装现象。

（5）以完善制度构建生态文明建设的保障机制。制度是保护生态环境的重要手段，而生态文明建设所面临的重要任务就是健全国土开发、资源节约、生态环境保护的体制机制。同时结合西藏经济社会发展的特点来制定和完善与之相一致的环境政策、法规、技术体系及标准，将资源消耗、生态效益、环境损害等内容纳入经济社会评价体系，将能够体现生态文明要求的目标体系、考核办法和奖惩制度建立起来，尽快形成生态文明建设的长效机制。

习近平同志指出，必须动用最严格的制度和最严密的法治，才能有效保证生态文明建设。而经济社会发展考核评价体系的完善在其中尤其重要，可以从导向和约束方面，积极推进生态文明建设。同时建立责任追究制度，对一切以破坏生态环境为代价的活动进行责任追究并进行终身追究。与此同时，积极倡导和开展生态文明宣传教育活动，提高全民的环保、节约以及生态意识。

美丽新西藏的建设是全西藏人民共同奋斗的理想和目标，为实现这一伟大目标，必须在西藏经济、政治、文化、社会建设的各方面融入和全面贯彻生态文明建设的理念、原则、目标，下大力气推进生态文明建设，由此，才能创造出人民生产生活的良好环境，使西藏的长治久安和高质量发展能更加顺利地实现。

五、发挥西藏在全国主体功能区规划中的作用

西藏自治区是青藏高原的主体，占我国领土总面积的 1/8，这是一个独特的生态环境区，有着广大的地域面积和千差万别的区内各地自然和社会经济条件。

（一）全国主体功能区规划概述

"十一五"规划纲要第一次提出了主体功能区这一概念，即综合区域资源的承载能力、发展潜力、开发强度等因素，按照重点、优化、禁止、限制开发四类主体功能区，对国土空间进行划分，各自的分工定位在各区域的发展布局中均不相同，同时对其差异化实施配套政策制度和绩效考核标准，完善区域经济发展模式，对其产业的发展进行合理布局。西藏地理位置独特，经济社会发展条件独特，同时生态环境相对脆弱，因此必须实行"中国特色，西藏特点"的发展方针，积极探索西藏社会经济发展的新路径，进而实现西藏经济的高质量发展。

(二)西藏地域特点与生态功能

西藏由于其独特的地质构成,有别于其他地域的气候、植被、土壤、地形、人文等方面的特色,而形成了世界上独具特色的地域。"十一五"规划纲要统计显示,西藏自然生态区面积占全区总面积的34.03%,列为全国首个"禁止开发区"。"十三五"期间,西藏大力实施重要湿地保护与恢复、自然保护区建设等重点生态保护修护工程。截至2022年年底,西藏全区已建立各类自然保护区47个,其中国家级11个;保护区总面积41.22万平方米,占全区面积的34.35%;同时,建立了国家级森林公园9个、国家级湿地公园22个、地质公园3个。与此同时,被列入"限制开发"的区域还有藏东南高原边缘森林生态功能区和藏西北羌塘高原荒漠生态功能区这两处区域。由于西藏独特的生态环境,所以在进行资源开发和利用的时候,必须根据当地生态环境的特点,制定和实施有针对性的措施来对西藏的生态资源进行合理的开发和利用。

青藏高原是北半球气候变化的启动区和调节区,被称为生态源和气候源。青藏高原及其大面积森林冰雪资源对调节气候起着主导作用,它不仅控制着高原上的气候和生物进程,并在高原周围辐射形成下沉气流而影响附近地区的气候。研究表明,青藏高原热岛作用的气候辐射气流可以影响到中东与北美的环境与气候。

青藏高原面积约为250万平方公里,拥有丰富的水资源,仅冰川面积就有10万平方公里,大约储存着8万亿立方米的水,平均每年融水量高达350亿立方米,加上多年冻土区的地下冰储量、占全国湖泊总面积52%的大大小小的湖泊,在整个亚洲起到了水源汇聚和分发的功能。因而被称为亚洲水塔、江河之源,是中国和南亚、东南亚地区主要江河的发源地。

在青藏高原,其所拥有的128万平方米天然草地在各类生态系统中的贡献作用是最大的,这些天然的草地在保护生物多样性、维护生态平衡、发展畜牧业、保护水土等方面发挥着重要的作用,贡献率在近万亿的服务中达到48.3%。在高原生态服务价值中,森林的贡献率达到31.7%。

西藏地势呈西高东低的阶梯形,如果生态系统被严重破坏,其危害将会迅速自西向东扩散。特别是黄河上游地区植被遭遇侵害,极有可能对下游的生态环境造成严重破坏,也有可能发生滑坡、湖泊干涸、旱涝、泥石流、水土流失等自然灾害。根据全国主体功能区的划分,我们可以发现在西藏限制开发和禁止开发的区域占了相当大的面积,这必然会面临异常繁重的生态建设和保护任务。而且,我们还应清楚地意识到,西藏经济社会发展中,不可避免地带有滞后性,主要包括自我发展能力不强、产业的低层次和低水平、粗放型的经济增长方式、群众文化水平低、城乡之间不平衡和地区之间不平衡等等这样一些特点。因此,我们需要根据西藏实际情况来对主体功能区进行划分,还需制定好所有功能区的开发方向、开发强度、开发秩序,以科学、和谐的方式,用实际行动去建设有中国特色和西藏特点的科学发展之路。

(三)制定政策,发挥西藏在全国主体功能区规划中的作用

西藏应该在区域生态系统差异化分析及西藏主体功能区划分的基础上,全面考虑在不影响和破坏当地生态系统的前提条件下,以整体保护为基本前提,对西藏主体功能区内部功能进行细化,再制定相应的人口、产业规划和财政政策,发挥好财政政策效应。仅仅依靠西藏自身的力量和努力难以建成西藏主体功能区,这需要得到国家的大力帮助和支持。在此过程中,西藏应紧紧抓住生态环境保护和建设这个中心任务,采取区域经济发展分类指导策略,促进区域经济和谐而科学地发展。要调整产业结构,重点发展特色产业,加快转变经济增长方式;完善公共基础建设,提高公共服务的质量,发展社会性事业,努力缩小城乡间差距、地区间差距;加大改革开放力度,进一步有效增强西藏自我发展能力。

1.深入转变观念,提高认识

国家"十一五"规划纲要提出了建设主体功能区这一任务,不断规范开发秩序,构建合理的开发结构,这体现了主体功能区对高质量发展的落实,代表的是一种大局观念。西藏开展主体功能区规划工作必须达到科学、规范、有序的状态,这是西藏自身生态文明建设的需要,同时是区域协调发展的重要战略措施,这条发展之路既是公共服务均等化的重要体现,也是切实改善民生的重要途径。西藏2023年政府工作报告中提出"加大

重点生态功能区转移支付力度"。党的二十大提出,中国式现代化坚持绿水青山就是金山银山的理念,就是要通过创新实施主体功能区战略。

2.保护与开发并重,促进区域协调发展

主体功能区划分最初要进行主体功能的定位,同时要对欠发达地区继续进行支持和引导,使其能够走上特色经济发展的道路,并且还要对那些生态脆弱、条件较落后地区进行人口转移,将人口转移到条件相对较好的地区,减轻人口负荷量。还要增强财政转移支付能力,提高当地群众的收入,提高他们的生活质量,逐步缩小区域间的差距。

3.积极争取政策支持

必须积极协调相关部门,尽量争取到更加优惠的财政转移支付、基础设施建设、生态环保产业开发的政策,针对主体功能区的级别制定相应的土地、人口、财政等配套政策,并制定政绩考核标准、政绩评价体系。

4.加快特色产业和文化的发展

必须根据当地实际情况,在科学、合理、有序、适度发展的前提下,正确处理好开发与发展的关系,协调好各功能区之间的关系,并努力缩小与发达地区之间的差距,充分认识、理解和利用限制开发政策,从自身环境及区位特征出发,积极努力去发展适宜的生态文化产业项目。

总之,全国主体功能区规划是我国空间开发总体布局与战略开发的重要内容。就西藏来说,需结合西藏主体功能区的定位,对公共资源进行科学、合理的分配,最大限度地发挥市场配置资源的作用,与此同时加强对区域法规政策的完善力度,运用各种有效手段,推进区域经济高质量发展。

第三章　西藏碳汇功能区与碳汇经济发展

碳汇功能区建设意味着区域有明确的功能分工,明确开发方向,规范开发秩序,完善开发政策,逐步形成人口、经济、资源环境相协调的空间开发格局。区域经济的发展,是由区域的要素禀赋所决定的,作为限制开发区范畴的西藏碳汇功能区,其区域经济发展的根本目标不能再仅仅局限于单纯提高区域经济总量,而是建立在区域要素禀赋基础上的可持续性的经济发展。因此,我们有必要对西藏碳汇功能区与碳汇经济之间的关系做一下探讨。

第一节　西藏碳汇功能区的公益性

在经济学上,产品可分成两种,即公共产品和非公共产品。萨缪尔森的公共支出理论认为,公共产品具有非竞争性以及非排他性的特点。非竞争性意味着一个人的消费不能减少其他人的消费,也就是说,当一个人增加了某一产品的消费时,不可能将别人消费这一产品的数量和愿望减少。非排他性,就是无法去影响其他人消费这一产品,或者防止其他人对这一产品的消费,全体社会成员都可以享用纯公共产品,其意思就是无法对某些人享用进行阻止。纯公共产品具有很强的公益性,如国防、灯塔等。

一、属于我国主体功能区规划的限制开发区域类型

事实上,"公益"一词在我国是一个复杂的经济、法律和政治概念。根据《全国主体功能区规划——构建高效、协调、可持续的国土空间开发格局》的划分界定,西藏碳汇功能区应属于我国主体功能区规划的限制开发区域类型。

限制开发区域与国家农产品供给和生态安全有着密切的关系,不适宜进行大规模、高强度的工业化和城镇化。这类区域类型多样,主要涉及五大类地区:草原湿地生态功能区、荒漠化防治区、森林生态功能区、水土严重流失地区和其他特殊功能区域(比如水源补给生态功能区、蓄滞洪区、自然灾害频发地区、水资源严重短缺地区等)。限制开发区域一般都处于偏远地区,自然条件恶劣、生态脆弱、环境承载能力较弱,部分区域甚至由于长期的不合理利用,造成森林减少、草场退化、物种减少、荒漠化和水土流失严重、水系紊乱、干旱缺水、沙尘暴肆虐、自然灾害不断,并且危及其他区域。

限制开发区域属于我国生态环境最为脆弱、人与自然的关系矛盾最为突出的地区。为了解决这类地区的问题,国家和政府也采取了一些有针对性的举措,并取得了一定的成效。然而,还有相当多的地区需要加强规划、保护和建设。另外,由于限制开发区域地域面积广,所涉及的人口数量较大,也需要妥善解决支持和引导人口有序外迁与在资源环境可承载能力的范围内进行适度和有序开发的问题。

二、主体功能区发展和演变中参与者及其行为的公益性

政策是由不同的行为主体单独或联合实施的,这些主体具有不同的行为特征和目标函数。认清不同行为主体的行为特征和目标函数,是设计合理的政策激励和约束结构的前提。大体上说,在主体功能区的发展和演变过程中,有三类参与者,分别是政府、企业和居民,其中政府分为中央政府和地方政府,而地方政府又进一步分为省级的、市地级的、县级的

和乡级的。由于相对于中央政府来说,不同层级的地方政府在行为模式上有着许多共同的特征,因此我们把各级地方政府视作一个主体,并就其一般特征进行分析。中央政府是追求区域协调发展的政策制定者,具体来说,就是形成科学的区域分工,形成有利于人与自然和谐共处的土地开发模式,以实现共同富裕。地方政府是区域政策的落实者之一。根据尼斯坎南(Niskanen)垄断官僚经济理论给予的启示,地方政府的追求可以概括为地方预算的最大化。具体而言,就是追求经济和就业增长,提高公共服务能力,提高地方政府在上级和公众心目中的形象。[①] 企业是区域政策规制的对象,一般来说,企业追求的是短期利润最大化。随着公众对于企业履行社会责任的要求不断提高,企业也越来越多地追求企业社会形象的改善。居民既是区域政策的受益者,又影响着区域政策的执行,他们所追求的,首先是生存,其次是自身及其后代的发展,最后是物质和精神的享受。

上述四类主体的行为目标,有些是一致的,有些是不一致的,如地方利益的最大化往往与国家整体利益最大化冲突,只有通过正确的政策激励和约束,奖惩补相结合,才能避免这种冲突。由于中央政府是区域政策设计者,这里暂不讨论区域政策对中央政府的激励和约束,而只讨论区域政策对地方政府、企业和居民的激励和约束。根据主体功能区政策的期望目标和各行为主体的行为特征,在限制开发区内,主体功能区区域政策的激励和约束结构如下。政府:鼓励当地培育特色优势产业;支持经济增长的公共服务能力;鼓励劳动力培训;支持和组织生态移民;鼓励对环境问题的关注和保护;支持和指导生产和人类活动在适当区域集中;遏制环境污染和生态破坏。企业:鼓励参与生态治理和环境保护,发展以当地资源和环境为重点的工业;鼓励注重发展环境友好型产业;鼓励将生产活动转移至政府规划的区域;严惩破坏环境的行为。居民:鼓励提高自身的劳动技能;鼓励发展区域以外的机会;鼓励参与生态治理和环境保护;制止过度开发自然。

理想的空间分工的形成,涉及区域发展的协调与配合,也与各功能区

---

① 许云霄.公共选择理论[M].北京:北京大学出版社,2006.

的发展路径的选择有关,由此可将与涉及主体功能区发展演变的政策分为两种:一种为综合政策,另一种为分类政策。

(一)综合政策

1.理顺中央与地方财政关系

中央和地方政府要进一步明确财政支出的责任,完善财政转移支付制度,理顺省(区、市)级以下财政管理体制,进一步完善税收制度。

2.促进基本公共服务均等化

应当明确国家基本公共服务的范围、层次和标准,基于主体功能区战略的实施,必须对目前的转移支付的支出标准做出修改,并对一般性转移支付资金分配方法进行调整。①

3.在生产要素(资本和劳动力)的净空间创造更好的条件

阻碍资本要素流动的各项行政规定都应当废止,提高资本回报率;为了打破劳动力市场分割,废止各地(主要是大中城市)限制外地劳动力就业的种种歧视性规定,为劳动者提供公平的就业机会,促使劳动力总量与资源环境承载力相匹配;大力发展职业教育和技能培训,提高劳动者综合就业能力。

4.推进资源价格管理制度的改革,完善资源管理系统

加快建立反映资源稀缺、市场供求和环境成本的资源价格体系;改革资源管理体制,建立资源有偿使用制度,确保对矿藏、水流、森林等自然资源的充分利用;根据可采储量促进资源和采矿费的征收,遏制浪费开采;合理确定资源税征税范围、税率、模式,利用矿产资源补偿费这一工具,建设环境成本内在化的发展环境;充分发挥市场机制作用,集约利用土地资源,通过完善土地征用制度,加强对农民土地产权的保护。

5.制定和实施区域产业政策

遵循产业发展规律,科学定位,修订现行的产业结构调整指导目录,明确各功能区的产业发展方向和产业结构调整目标,配套相关政策,推动

---

① 国务院发展研究中心课题组.主体功能区形成机制和分类管理政策研究[M].北京:中国发展出版社,2008:27.

生产力优化布局。

6.改革户籍制度和相关的社会福利制度等

要进一步改革户籍制度,把户口仅仅作为一种人口登记注册的工具;将包括教育、医疗、社会援助等公共服务的覆盖面扩大到所有居民;要提高社会保障体系的统筹层次。

7.完善农村土地制度

鼓励土地承包经营权的转移和实现,同时提高农民资产的流动性;创造更多的条件为农民工在城市拥有自己的住房、为本人和子女增加人力资本投资提供可能性。

8.加强环境与发展综合决策的系统

全面考虑环境生态发展因素,科学协调发展与环境之间的关系,将环境保护原则落实到区域经济、社会发展和土地利用规划的制定和执行各环节各方面,统筹兼顾环境与发展。

9.实施环境污染控制总量和控制标准体系

要在各功能领域实施严格统一的环境保护标准,注重环境控制政策,控制"源头污染";因地制宜,推进排污权交易制度的建立。

10.建立国家生态补偿制度

建立具有国家协调性质的生态补偿机制,建立生态补偿基金。生态补偿基金的本金可以来自中央政府、发达沿海省份政府、生产者和消费者(如水、电、煤气收费等)。该基金主要用于支持限制开发区、禁止开发区其他合理的开发活动,支持教育、医疗、文化、社会保障、扶贫和技术交流等社会事业的发展,支持限制开发区、禁止开发区对当地居民进行劳动技能培训。

11.以国土规划统领土地利用规划和城乡规划

要从可持续发展和区域协调发展的需要出发,制定《国土空间开发法》和《区域规划法》,全面规划国土开发,严格规范优化开发、重点开发、限制开发和禁止开发的土地利用,并以《国土空间开发法》统领经济社会发展规划、城乡规划和土地利用规划。[1]

---

① 国务院发展研究中心课题组.主体功能区形成机制和分类管理政策研究[M].北京:中国发展出版社,2008:27.

12.改革政绩考核办法

在全面评价各地区社会服务、管理和发展能力等各方面工作绩效的基础上,结合主体功能区的定位,制定不同的考核指标,实行不同的奖惩制度。

(二)分类政策

加强限制开发区生态保护和发展的政策主要包括:(1)加大财政转移支付力度,扩大用于生态移民和扶贫的财政资金规模;(2)加大财政支持力度,开展交通、通信、生态环境工程等基础设施建设;(3)利用财政政策手段,鼓励特色产业的发展,限制不符合要求的产业发展;(4)严格投资审批,限制高污染以及高消耗项目的进入;(5)实行更加严格的土地用途管制政策;(6)随着特殊行业的发展,可以适当放宽相应的标准,积极引导劳动培训、劳务输出;(7)严禁破坏生态、污染环境的开发活动,确保污染物排放总量持续下降;(8)以政府出资为主,社会资金为辅,开发一批自然环境恢复重点工程;(9)重点考核地方生态环境建设、资源有序开发、特色产业发展和农业生产能力建设的成效;(10)制定符合主要功能定位要求的空间发展计划。[①]

由于西藏碳汇功能区属于限制开发区,其目标主要是加强大江大河源头及上游地区的小流域治理和植树造林,减少源头污染,拓宽农民增收渠道,解决农民长远生计,巩固退耕还林、退牧还草成果,拓展深化自然资源的价值转化路径,实现经济、社会和生态效益的共赢。

第二节　碳汇经济的市场性

在联合国 1992(巴西)里约环境与发展大会后,国际社会已经制定了应对全球气候变化的《联合国气候变化框架公约》《京都协议书》和一系列

---

① 国务院发展研究中心课题组.主体功能区形成机制和分类管理政策研究[M].北京:中国发展出版社,2008:27.

的国际法律框架。正式生效于 2005 年的《京都议定书》，以法律的形式第一次要求发达国家完成减排任务，并创新性地引入了排放贸易（ET）、联合实施（JI）和清洁发展机制（CDM）优化这三种灵活机制解决"气候"的公共资源问题。其中，发展中国家只有灵活机制 CDM，发达国家可以通过提供额外资金和先进技术的方式与发展中国家合作，这种机制被认为是发达国家和发展中国家减少温室气体排放方面的合作共赢机制。《京都议定书》制定和实施的三种灵活机制，使温室气体减排等无形商品的经济价值得以实现，并且可以在市场上进行交易，对全球碳市场的发展有重要意义。碳信用交易超越国界和区域界限，扩大到世界范围，形成国际碳市场。第 21 届联合国气候变化大会于 2015 年 11 月 30 日—12 月 11 日在巴黎北郊的布尔歇展览中心举行，近 200 个缔约方一致同意通过《巴黎协定》，协定共 29 条，包括目标、减缓、适应、损失损害、资金、技术、能力建设、透明度、全球盘点等内容，为 2020 年后全球应对气候变化行动做出了安排。协定中特别强调，通过市场和非市场双重手段，进行国际合作，通过适宜地减缓、顺应、融资、技术转让和能力建设等方式，推动所有缔约方共同履行减排贡献。

国际碳交易市场可分为两大类。一类是基于市场的碳排放配额，在参与者之间的整体分布，配额也可以按需购买和出售。欧盟的排放交易系统、新南威尔士排放系统和芝加哥气候交易所都是市场的一部分，其中，欧盟排放交易系统市场份额占 96%，处于绝对领先地位。另一类是以市场为基础的项目，在此类交易中，低于基准排放水平的项目，在经过认证后，可以获得减排单位；受排放配额限制的国家和企业，可以通过购买这种减排单位来调整其所面临的减排约束，主要包括 ET（排放贸易机制）、CDM（清洁发展机制）、JI（联合履行机制）及一些自愿市场交易。其中 CDM 是最主要的交易形式，占交易额的 80%。目前，国际碳市场由京都市场以及非京都市场构成，形成了以非京都市场为主流市场、京都市场为辅助市场的基本格局。京都市场主要包括基于遵循公约及京都议定书一系列规则的京都市场和基于国家或区域性规定而建立的交易市场，如欧盟排放交易计划（EU ETS）等。相对于为完成京都议定书的减排规定形成的京都市场，非京都市场中的交易是以"自愿"为基础的，它是全球碳市场的一个重要组成部分。非京都市场的需求主要来自各类机构、企业和个人的自发减排意愿，这种意愿不具有任何强制性。

世界碳基金的报告显示，国际碳市场正在快速增长：2005 年，国际碳市场的总销售额超过 100 亿美元，2006 年达 250 亿至 300 亿美元，到 2004 年 5 月，国际碳市场成功交易 1 125 个项目，其中，京都市场 128 个，非京都市场 997 个，主要的国际买家有日本、荷兰和世界银行的基金，国际卖家主要分布在拉丁美洲和美国。京都市场的碳交易平均价格为每吨 4.68 美元，相比之下，非京都市场的交易价格较低，每吨仅 1.34 美元。森林趋势生态系统市场 2014 年发布的题为《开启新篇章：2014 森林碳市场状况》的年度报告显示，2013 年，全球森林碳市场交易量再创新高，累计交易额突破 10 亿美元大关。2013 年全球森林碳汇交易量为 3 270 万吨二氧化碳当量，交易额为 1.92 亿美元，较 2012 年下降 11%，碳汇的平均价格也由每吨二氧化碳当量 7.8 美元下降为每吨二氧化碳当量 5.2 美元，呈现量升价跌的趋势。2023 年世界银行发布的年度《碳定价机制发展现状与未来趋势报告》显示，全球碳税和碳排放权交易体系（ETS）收入达到约 950 亿美元，创历史新高。其中，欧盟拥有全球最大的碳交易市场，缘于 2021 年通过的欧洲气候法中，欧盟确立了到 2030 年将温室气体净排放量比 1990 年的水平减少至少 55% 的中期目标，承诺在 2050 年实现净零排放。阿根廷、巴西、印度、土耳其和越南等国正在考虑或实际建设碳市场，加拿大和欧盟等发达经济体也在寻求创建新市场，将碳定价扩展到新行业和排放源。[1]

国内碳汇交易市场也呈现快速发展的态势。截至 2007 年 4 月 2 日，国家发展和改革委员会共批准 383 个项目。伴随着进一步对林业碳汇功能的确认，逐步发展起基于林业碳汇项目的碳交易市场。[2] 2014 年 8 月 18 日，乐安碳汇项目正式在广州碳排放交易所挂牌交易，开盘仅半小时，完

---

[1]　全球碳定价收入近 1 000 亿美元创历史新高[EB/OL].(2023-05-23)[2023-08-07].https://www.shihang.org/zh/news/press-release/2023/05/23/record-high-revenues-from-global-carbon-pricing-near-100-billion.

[2]　State and Trends of the Carbon Market 2006，International Emissions Trang Associa tion,The World Band Evolution Markets and Nalsoue.2006-10.

成 5 笔交易,每吨的交易价格在 60 元左右,上海一家企业当天就签约"购碳"5 000 吨。乐安县碳汇项目面积达 7 733.33 万公顷,有关专家计算,在未来 30 年乐安项目"卖碳"收益至少有 1.56 亿元,林场通过 10% 的收益分成,平均每年可获得数十万元的经济收益。江西省初步确定了 100 多家企业纳入全国碳排放权交易体系,涵盖省内石化、化工、建材、钢铁、有色、造纸、电力、航空八大行业,衡量标准是 2013—2015 年中任意一年综合能源消费总量达到 1 万吨标准煤及以上的企业法人单位或独立核算企业单位。[①] 2018 年 1 月 18 日,内蒙古大兴安岭重点国有林管理局林业碳汇国际核证碳减排标准(简称 VCS)项目碳汇交易签约,向浙江华衍投资管理有限公司出售 VCS 项目中金额为 80 万元的碳汇权益。[②]

生态环境部发布的《全国碳市场发展报告(2024)》显示,全国碳排放权交易市场从发电行业入手,于 2021 年 7 月启动上线交易,纳入重点排放单位 2 257 家,年覆盖二氧化碳排放量约 51 亿吨,占全国二氧化碳排放的 40% 以上,成为全球覆盖温室气体排放量最大的市场。截至第二个履约周期(2023 年 12 月 31 日),配额累计成交 4.42 亿吨,累计成交额 249.19 亿元。其中大宗协议交易量 3.70 亿吨,占比 84%,挂牌协议交易量 0.72 亿吨,占比 16%。[③]

第三节　碳汇经济的方法学约束

方法学就是以唯物辩证法为指导,从宏观与微观两个方面对人类一切方法进行研究的一门独立的新兴学科。唯物辩证法是方法学的理论基础,对方法的理解和应用,不能脱离方法论的指导。方法学属于一种研究方法的科学,而方法论就是关于方法的根本观点,但不可能都是科学的观

---

① 中国江西网,http://www.zglyth.com/html/8060/8060.html.2016-8-9.
② 我国最大国有林区碳汇交易额超百万[EB/OL].(2018-01-19)[2021-08-07]. http://finance.people.com.cn/n1/2018/0119/c1004-29773812.html.
③ 生态环境部.全国碳市场发展报告(2024)[R/OL].(2024-07-22)[2024-07-23]. https://www.mee.gov.cn/ywdt/xwfb/202407/t20240722_1082192.shtml.

点,因此,不能将方法学与方法论两者之间画等号。此外,方法论一般侧重方法、观点的探讨,而方法学偏向于方法的应用性、操作性和功能行为。[1] 方法论隶属于哲学范畴,而方法学则是属于科学范畴。

一、碳源或碳汇测量存在的不确定因素

陆地生态系统碳源与碳汇的不确定性同时影响到未来大气二氧化碳浓度预测和气候变化预测。陆地生态系统至少在两个方面影响着陆地碳源与碳汇:一是土地利用的变化,如将森林改造成为农业用地,就可造成二氧化碳向大气的净释放;二是净生态系统生产量的可能变化及由此引起的碳循环变化。这些变化是由于大气中二氧化碳浓度的变化、其他生物地球化学循环和(或)气候系统的自然变率变化所引起的。

科学家经过几十年的努力得到了初步的结论:陆地碳汇主要发生在北半球中纬度处;大气二氧化碳浓度变化很大,其年际变化的数量几乎与年均矿物燃料释放的二氧化碳一样高;陆地与大气碳交换的年际变异性具有相当大的不确定性,主要由陆地生物圈而不是海洋所决定。碳通量和碳贮量所构成的碳循环是由大气、海洋和陆地水圈的物理过程,陆地生物和生理生态过程,生物地球化学转变过程,陆地生物圈的自然和人类活动引起的扰动(如农业和林地开垦)与矿物燃料释放相联系的过程等一系列过程控制的,是了解碳循环的历史以及认识当前碳循环的关键,也是发展诊断和预测方法以加强未来全球碳循环管理的关键。

目前,全球碳通量缺乏直观数据,尤其是缺乏系统性的观测研究,观测方法与规范也缺乏统一,关于全球碳循环的认识仍存在很大的不确定性,这是出现未知的碳汇现象、预测气候变化及其影响评估不确定性的重要原因。这些不确定性主要表现在:目前的全球模型和观测都不能够以合理的精度在区域、洲际尺度以及年际时间尺度方面确认碳源或碳汇。例如:北半球陆地碳汇不能清楚地确认是在北美还是欧亚大陆;人类活动对碳循环的空间变化和时间变化的作用亦不清楚;对林地开垦引起的陆地

---

[1]　刘蔚华.方法学原理[M].济南:山东人民出版社,1989:11.

碳汇、因矿物燃料燃烧引起二氧化碳排放所造成的碳通量仍然知之甚少。

二、西藏地区森林碳汇可交易量计算存在困难

(一)未择定适当的森林碳汇计算方法

森林碳汇计算的手段主要是三种:一是利用气象技术测定森林吸收二氧化碳的含量;二是抽样测定森林生物量;三是通过森林清查数据,利用相关模型估算森林碳汇量。

不同的方法计算出的碳汇量往往是不同的。除了计算方法之外,在估算森林碳汇时,还有一些不能忽视的其他因素。例如研究显示,林木每生长 1 立方米蓄积量,平均吸收 1.83 吨二氧化碳,放出 1.62 吨氧气。成熟森林的土壤有机碳持续增加,具有较大的碳汇功能。但是森林年龄对其吸收二氧化碳的能力有巨大的影响。西藏乃至全国对碳汇量的计算都存在差异,计算方法不同直接影响到碳汇量计算结果。

(二)森林碳汇核算和盘查还未进行

森林提供了最主要的碳汇资源,对于植被碳汇的计量、监测是营造林建设、森林管护、中幼林抚育等林业工程和项目的重要内容。根据林业行动计划对气候变化的要求和《国家控制温室气体排放的第十二个五年工作计划》,2012 年,国家林业和草原局启动了全国 18 个省(自治区、直辖市)和全国 1 个计划单列市林业碳汇监测试点工作,2013 年全面推广。

西藏森林生物总量和森林总碳储量均居全国第一,但由于专业人才与技术匮乏,导致西藏一直没有开展过碳汇的核算和盘查工作。直到2013 年,根据国家林业和草原局的统一部署,西藏自治区进行 45 个样地的调查,对超过 50 项调查因子开展森林碳汇专项调查、森林碳汇量和碳汇变化量测算等,全面厘清西藏林业碳汇现状、变化、分布、结构及潜力,建立碳汇专项调查数据库及林业碳汇监测系统,为制定应对气候变化、林

业问题的宏观政策和碳汇交易试点提供了科学依据。[1]

第四节　以碳汇交易为视角的西藏林业 经济发展方式转型探讨

　　根据最新资料,西藏森林面积为 1 491 万公顷以上,森林覆盖率 12.31％,全区森林面积居全国第五位。森林积蓄量 22.83 亿立方米,居全国第一位。[2] 田云等人(2012)基于 13 个指标,应用主成分分析法,对 31 个省林业产业综合竞争力进行了分析,研究结果显示,西藏排名全国前三;通过构建林业产业综合竞争力矩阵,对 31 个区域进行了聚类分析,西藏属于低水平高潜力区。[3]

　　近年来,国家加快了退耕还林的步伐和西藏国家生态安全屏障的建设,全球变暖推动了低碳经济发展。党的十八大以来,国家大力推进生态文明建设,西藏如何抓住这一系列发展机遇,改善生态文明建设水平,挖掘林业经济潜力,推进生态产业发展,是西藏各级政府面临的重大问题。

　　以自然条件、社会经济发展状况、对森林生态的需求水平为依据,可将西藏林地划分为四个功能区:首先是藏西北高原荒漠生态修复与保护区,林地定位为遏制高寒草原沙化;其次,西藏西南地区作为水土保持和生态环境的综合性地区,以防止水土流失和荒漠化为基本方向;再次,西藏东北部作为水土保持和特色经济林区,以大树、针林地作为区域林地面积的基本定位;最后,西藏东南部的山地森林生态保护区和生态旅游区,主要为阔叶林、针叶林和灌木林。[4]

---

　　[1]　陈曦.西藏地区森林资源碳汇交易研究[D]北京:中央民族大学,2013.

　　[2]　西藏自治区生态环境厅.2022 年西藏自治区生态环境状况公报[EB/OL].(2023-06-06)[2023-07-01].http://ee.xizang.gov.cn/hjzl/hjgb/202306/t20230606_359632.html.

　　[3]　田云,张俊飚,李波.中国林业产业综合竞争力空间差异分析[J].干旱区资源与环境,2012,26(12):8-13.

　　[4]　曹敏,秦国华.西藏林业经济发展方式转型探讨:基于碳汇交易的视角[J].西藏民族学院学报(哲学社会科学版),2013,34(6):47.

一、西藏传统林业经济发展方式演变的三个阶段

（一）自然经济阶段

自从吐蕃时期开始,藏人的建筑材料与燃料都使用林木资源。新中国成立前,西藏林业资源利用以制香、制碗、造纸、提取紫胶虫胶取漆、创办桑蚕业以及引进种植茶树为主。[①]

（二）农业经济阶段

这个阶段,西藏主要有狩猎林业和火耕林业这两种林业经济。实际生活中的狩猎主要指专业狩猎,就是猎人以狩猎为职业。目前西藏基本不存在狩猎林业经济。火耕林业就是用火去消除森林,获取耕地开展农业生产,人类使用这个技术将森林改变为耕地已经有数千年的历史。例如西藏僜人的刀耕火种,僜人是西藏的少数民族,他们居住在喜马拉雅山南麓的深山老林中,民主改革前仍处在原始社会的末期,生产方式原始落后,生产力十分低下。民主改革后,僜人在人民政府领导下,在藏汉族兄弟的帮助下逐步搬出了深山老林,还学会了修筑梯田种植水稻,固定使用土地,发展水果、茶叶生产,采用先进生产技术和生产工具,兴修水利施用肥料,经济发展,生活得到很大改善。

（三）工业化阶段

西藏森林工业开始于 1955 年,在林芝地区建立了更张林场。西藏森林工业企业的主业为木器制造、家具制造,后来开始生产木地板、无节木、集成材、指接材等木材深加工产品。目前已经有 5 家国有森工企业,全行业拥有约 1.5 亿元的固定资产,可达到 22 万立方米原木年生产能力和 10 多万立方米年加工锯材能力。木器制造、家具制造始终为西藏森林工业企业的主业项目,而木地板、无节木、集成材、指接材等木材深加工产品则

---

① 房建昌.近代西藏林业史钩沉[J].中国边疆史地研究,1994(3):75-87.

是近几年才开始生产的。由于西藏森工企业规模小、交通不便、生产工艺设备相对落后、产品结构相对单一,西藏森林工业企业始终处在重采伐、轻培育的怪圈中,这种掠夺性的林业资源开发方式不可避免地陷入过度采伐—环境破坏—经济效益下降的恶性循环之中。[①]

二、低碳经济阶段西藏林业转型发展林业碳汇经济的可行性分析

(一)低碳经济原理

低碳经济的目标是减少温室气体的排放,建立一个低能耗、低污染的经济系统。低碳技术包括清洁煤技术和二氧化碳捕获和存储技术等,而林业碳汇是目前国际公认的二氧化碳捕捉储存技术之一。

(二)西藏发展林业碳汇经济的可行性

王天津(2008)最早提出将西藏建设成碳汇功能区,希望以此对西藏丰富的森林、草地和湿地进行保护和利用,减少温室气体排放,保护当地生态环境,遏制全球气候变暖,并让自然灾害减少。[②] 仲伟舟等(2012)在中国碳汇造林的省份和自治区具体进行了成本收益分析,结果显示,除云南以外,西藏是固碳成本最低的一个省区。[③] 对温室气体排放问题,国际社会积极采取一些限制性措施,尽量减缓气候对人类产生的不良影响;中国政府发布《中国应对气候变化国家方案》,积极应对全球气候变化问题。那些森林资源丰富的国家或地区,政府通过制定相关法律政策和产业政策,就可以在全球气候变暖的背景下利用挑战和机遇,通过建设碳汇功能区和发展林业碳汇经济,以碳汇交易为中介,拥抱国际清洁发展机制市场

　　① 曹敏,秦国华.西藏林业经济发展方式转型探讨:基于碳汇交易的视角[J].西藏民族学院学报(哲学社会科学版),2013,34(6):48.

　　② 王天津.建立西藏碳汇功能区的若干设想[J].西南民族大学学报(人文社科版),2008(7):137-141.

　　③ 仲伟周,邢治斌.中国各省造林再造林工程的固碳成本收益分析[J].中国人口·资源与环境,2012,22(9):33-41.

和国内约束性减排市场,实现生态文明和林业经济发展双赢。[①]

(三)西藏林业经济发展方式转型的目标

林业经济为林业部门和企业所开展的组织管理以及相应的生产经营活动。在西藏,林业碳汇的经济发展是借助碳汇交易进行的,以期最大限度地提升利益相关者的利益,稳定西藏林业经济,实现可持续发展目标。鉴于此,我们可以提出林业三大效益统筹模型,如图3-1。

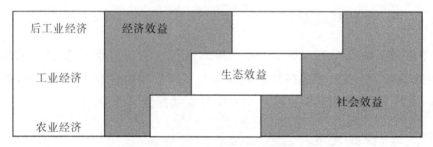

图3-1 林业三大效益统筹模型

农业经济阶段,人们的狩猎林业和火耕林业经济活动极其依赖森林,此时林业的社会效益最大,但经济效益最小,最为突出的是林业公共产品的特性。进入工业经济阶段之后,经济的发展大幅增加了人们对林业产品的需求,人们开发林木资源开始采用那些比较先进的采伐技术。由于人口增加,林业经济效益上升的同时,社会效益逐步下降。后工业经济时代,社会经济结构开始由商品生产经济向服务经济转型,加快了生态文明建设。这就需要林业企业积极适应新潮流,加快林业经济发展方式的转变,而发展林业碳汇经济和进行碳汇交易就是一条切实可行的路径,在林业社会效益小幅度降低的基础上,促使林业经济效益大幅度提高,同时让生态效益保持不变或有一个适当的提高,从而顺利实现人民生活水平和质量提高的目标。

---

① 曹敏,秦国华.西藏林业经济发展方式转型探讨:基于碳汇交易的视角[J].西藏民族学院学报(哲学社会科学版),2013,34(6):49.

三、西藏林业经济发展方式转型的策略

(一)西藏林业碳汇经济的发展主体

《中华人民共和国森林法》第 3 条规定:森林资源属于国家所有,由法律规定属于集体所有的除外。国家所有和集体所有的森林、林木和林地,个人所有的林木和使用的林地,由县级人民政府登记造册,发放证书,确认所有权或者使用权。

西藏平均海拔 4 000 米以上,自然环境非常恶劣,经济落后。要发展林业碳汇经济,就必须通过法律手段确认国家和西藏自治区政府在西藏可持续发展过程中的主体地位。根据科斯定理,不同权利界定会带来不同的资源配置,因此需要优化资源配置和产权制度。因此,必须鼓励各种因素积极投资于西藏林业碳汇经济建设,并使各方利益得到充分保护。

(二)多渠道多元化筹资

1.建立森林生态效益补偿机制,加快资金集中

这是经济发展和转型重要的和必要的步骤,具体有如下几项举措。

(1)征收森林资源税。征收森林资源税有利于森林资源的保护,提高相关企业个别劳动生产率,促进社会劳动生产率的提高,改革经济发展模式,形成良好的循环经济模式。

(2)建立西藏生态屏障建设资金。2007 年,西藏自治区政府把生态安全屏障纳入政府的长远战略之中。2009 年通过的《西藏生态安全屏障保护与建设规划(2008—2030)》明确表明:通过实施 3 大类 10 项工程,到 2030 年,实现"有效保护、成功治理、稳定向好、生态安全"的目标。

(3)建立西藏公益林生态效益补偿资金。2008 年,中央政府将西藏天然林保护工程区以外被列入国家森林,并安排资金 3.2 亿元;2009 年为西藏本地的公益基金 4.4 亿元。到目前为止,西藏生态公益林全部纳入中央财政补偿范围。

(4)对口支援。国家林业和草原局及各对口支援省(自治区、直辖市)

林业部门通过项目支持,集中建设一批西藏林业重点工程。始终以保护建设西藏生态环境和提高林业行业整体素质为重点,为西藏安排各类林业生态保护与建设资金。"十三五"以来,西藏林草系统围绕生态林业和民生林业两条主线,投入林草生态保护与建设资金201.79亿元,重点加强森林防火及林业有害生物防治、防护林、防沙治沙、重要湿地保护与恢复等十大林草重点工程项目建设。"十三五"时期是西藏林业史上投资最多的时期。"十四五"时期,西藏计划统筹安排各类资金220余亿元,大力实施林草生态保护与建设工程,持续推进林草生态保护补偿政策落实。到2025年,使森林覆盖率提高到12.45%以上,森林蓄积量稳定在22.8亿立方米以上,草原综合植被盖度提高到48%以上,湿地保有量稳定在652.9万公顷,林业生态护林员稳定在26万人以上。[①]

2.发展林业碳汇经济

通过发展林业碳汇经济,不仅可以提高西藏林业的资本积累能力,而且可以为森工企业积累足够资金。一是为西藏生态环保企业上市打好基础,提升林业碳汇项目投资能力。二是可发行西藏生态环保债券或信托产品,打包出售西藏的林业碳汇项目。西藏碳汇交易盈利的良好物质基础就在于西藏拥有全国第一的森林总蓄积量和全国第二低的固碳成本比较优势,这可成为西藏林业经济步入良性循环可持续发展的一个重要基础。

3.分类投资

《中华人民共和国森林法》中将森林分为防护林、用材林、经济林、炭薪林和特种用途林五大类,其中,经济林的主要用途是生产水果、食用油、饮料、香料、工业原料和药材。

(1)保护原始森林。在西藏,原始森林占森林总面积的95%以上,总面积约1 300万公顷,主要是针叶树,以藏东南最为集中。原始森林是应对气候变化的一道生态屏障,应该成为中央和西藏财政资金第一投资重点对象。

(2)大力人工造林。西藏人工林主要分布在拉萨、日喀则、山南市和雅鲁藏布江大拐弯。西藏植树造林要将重点放在符合标准的林业碳汇林

---

① 范超.西藏林草生态保护建设投入持续增加[EB/OL].(2021-01-11)[2022-08-05].https://www.forestry.gov.cn/c/www/lcdt/45578.jhtml

木的种植上,不断增加西藏碳汇林蓄积量。

西藏具有巨大的碳汇林种植空间。一是迹地。西藏林业过去重采伐轻培育,大幅增加了迹地的欠账。根据张敏(2001)的分析,西藏全区由于采伐和火灾,待恢复森林面积达 10 万公顷,迹地更新欠账的面积每年增加1 300公顷,亟待改善。① 二是利用率低下的林地。陈彦芹等(2011)分析,西藏1 392万公顷面积为合适发展林业的土地,待开发的宜林土地面积630 万公顷,是该地区现有森林面积 439.86 公顷的 1.43 倍,目前这些土地可利用率只有大约 8% 左右。② 三是依据轮伐期砍伐成熟老化林的迹地。

(3)栽培经济林木。应积极培育适合西藏气候的桑树、茶树、苹果、核桃等,满足市场需要。加大力度植树造林,巩固经济和生态效益,在明晰产权的基础上,分离生态公益林的价值与使用价值。

4.统筹运营

(1)人工造林培育林业后备资源。西藏林业发展的重点,首先是保护现有资源,其次是植树和造林。陈彦芹等(2011)通过分析认为,社会林业在解决西藏林业可持续经营中能够起到积极作用。在西藏林业碳汇经济新时期,要重视农牧民在人工造林和护林中的关键地位,实现好并发展好西藏农牧民的根本利益。

(2)发展工程造林和林产品深加工及贸易。合理采伐林木,适度开发野生动植物资源,应用新技术新方法,提高林产品贸易规模和水平。

(3)健全林业碳汇交易体系。培养和引进碳汇专业人才;培训农牧民现代树苗栽植养护技术;促进地球定位系统(GPS)、地理信息系统(GIS)和遥感技术在西藏林业中的应用,尤其是利用 3S 技术构建西藏林业碳汇监测系统;购置先进的设备用于植树造林、森林防火,保护碳汇交易林;制定林业碳汇交易法律和政策。③ 同时,应加快林业碳汇项目的调查规划、数据验证、报表、报告、验收、技术标准、国内外注册、利益分配等,以便在中国统一的碳交易市场建设的巨大机遇中获得更多机会。

---

① 张敏.西藏林业产业现状及结构调整的建议[J].林业科技,2001(1):61-62,60.

② 陈彦芹,索朗桑姆.社会林业与西藏森林可持续发展研究[J].西藏科技,2011(3):13-17.

③ 白涛.西藏林业经济[M].北京:中国藏学出版社,1996:10-12.

5.权衡分配

西藏现有林业分配制度不合理、规费太高,是林业投资积极性不高的主要原因,因此应加快西藏林业分配制度改革。西藏林业碳汇交易收入,国家和西藏自治区人民政府应占较大比例,西藏林业部门和国有森工企业所得应不低于林业碳汇行业平均利润率。同时在可持续的前提下,提高引进资金的回报率,吸引外资流入。利用碳汇林业推进西藏生态扶贫工作,促进西藏农牧民共同富裕。王天津研究表明,截至 2009 年年底,西藏自治区人民政府通过林业工程建设,增加农牧民 1.6 万人实现就业,提高农牧民现金收入 1.8 亿元。[①]

目前西藏林业经济出现的不合理发展和经济效益低下的局面,体现了林业三大效益的不平衡,林业部门"低水平、高潜力",竞争力受到了极大挑战。低碳经济的发展带来了一系列的林业发展潜力,有助于西藏的经济发展,有助于提高西藏人民生活水平,提升生态文明水平,实现人口、资源、环境可持续发展。

第五节　合理配置碳汇资源

西藏是中国森林资源最丰富的省份之一,同时草原、农田、湿地等生态系统的固碳资源也十分丰富,固碳潜力非常大。西藏应充分利用自身的碳汇资源,大力发展碳汇产业,在完成减排增汇任务的同时,为旅游、能源、工业、交通运输的发展创造条件,提高西藏地区的经济效益、社会效益和生态效益,并为国家气候外交做出应有贡献。[②]

一、西藏碳汇功能区碳汇资源

自然生态系统由森林、草地、湿地、农田和沙漠等组成,其中森林几乎

---

① 王天津.推动碳汇功能建设提高农牧民权益[J].西南民族大学学报(人文社科版),2009,30(2):35-39,289.

② 李艳梅,赵锐.西藏碳汇资源评估与碳汇产业发展路径分析[J].中国藏学,2015(1):147-153.

占陆地生态系统碳汇能力的 39%～40%,而草地、农田和其他类型则分别占到 33%～34%、20%～22% 和 4%～8%。[①] 由于全球气候变化和环境变化可能会产生严重的后果,在一般情况下,自然生态系统固碳有一定的变化,可能产生不确定的生态系统碳收支评估问题。

下面,我们分别对西藏碳汇功能区各类碳汇资源变化情况做一下分析。

(一)森林碳汇

西藏碳汇功能区森林碳汇容量如表 3-1 所示。

表 3-1　西藏碳汇功能区森林碳汇容量

年份	覆盖率/%	面积/万公顷	蓄积量/万立方米	碳汇容量/万吨
2003	3.32	408.15	125 337.41	145 206.57
2007	11.31	1 389.61	226 606.41	262 529.27
2011	11.91	1 462.65	224 550.91	260 147.84
2022	12.31	1 491.00	228 350.91	—

注:根据《全国森林资源清查资料》相关年份数据整理。

与 2003 年相比,2011 年森林覆盖率增加了 8.59 个百分点,森林面积增长了 1 054.5 万公顷,森林蓄积量增长了 99 213.5 万立方米,还增加了 114 941.27 万吨的森林碳汇量,其增幅较明显。但相比较 2011 年,2022 年的森林覆盖率仅增长了 0.4 个百分比,森林面积也仅增加了 28.35 万公顷,森林蓄积量增长了 3 800 万立方米,这说明西藏不仅要追求森林覆盖率和面积的增长,而且要重视林木的质量和种类,才能将森林碳汇能力最大限度地发挥出来。

(二)草原碳汇

草原是另一大碳汇,与地球其他两大碳汇即森林、海洋并列,世界草地土壤的碳总储量基本上与森林相同,高于农田和其他生态系统,占全球

---

① 李长青,苏美玲,杨新吉勒图.内蒙古碳汇资源估算与碳汇产业发展潜力分析[J].干旱区资源与环境,2012,26(5):162-168.

碳总储量的 33.96％～37.10％。西藏有着十分丰富的草原资源,占土地面积的 68％,在西藏这样的高寒和温带地区分布着中国草地 85％以上的有机碳,草地生态系统是西藏陆地植被的重要碳汇。从这个角度看,西藏土地生态系统碳汇功能的发挥,草原草业价值十分重要,其作用也非常大。草原植被碳汇量主要存在于地上植被吸收和固定大气中的碳、地下植物根系转化和转移大气及土壤中的碳。就统计结果来看,西藏草原地区在不同年份会发生变化,西藏草地生态系统碳汇量也会随之发生变化。[①] 西藏草原系统有 964.32 万吨的地上碳汇量和 6 372.54 万吨的地下碳汇量,总碳汇容量达到 7 336.86 万吨。根据总固碳能力,草地类型可分为高寒草甸、高寒荒漠草原、高寒草原、高寒草甸草原以及温性草原。高寒草甸总碳汇容量达到 4 859.24 万吨,占西藏草原总碳汇容量的 66.23％。因此,高寒草甸和高寒草原这两种草原类型为西藏草原碳汇的主要来源。西藏草原植被碳汇容量如图 3-2 所示。

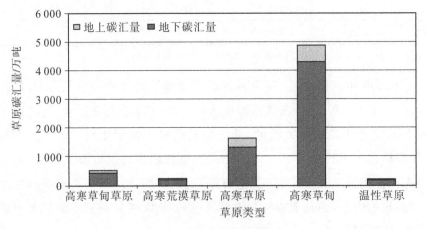

图 3-2　西藏草原植被碳汇量

(三)农田碳汇

农田也是地球陆地四大生态系统之一,农田碳汇构成了陆地生态系

①　李艳梅,赵锐.西藏碳汇资源评估与碳汇产业发展路径分析[J].中国藏学,2015(1):147-153.

统的重要组成部分。农田生态系统也是人类活动最活跃的生态区域之一，人类的干扰非常大。因此，农田土壤有机碳含量在不断变化，而且在很大程度上影响周边地区的环境。对农田管理方式和农田碳汇潜力进行研究，其现实意义巨大。可以以碳的吸收、固定、排放和转移四个部分来划分农田生态系统碳循环的整个过程。[①] 对西藏地区不同农田生态系统植被总生物量和碳汇的数量评价，西藏的水稻、小麦、树木、油菜籽、花生、豆类、蔬菜和其他主要农作物都包含在经济作物中，通过改变经济作物产量、生物量和碳汇工艺之间的关系，最终获得农田生态系统植被固碳能力。[②] 从西藏农田系统农田碳吸收和农田碳排放计算结果看，农田生态系统固碳量可以通过两者之间的差异进一步估算出来。具体计算结果如图 3-3 所示。

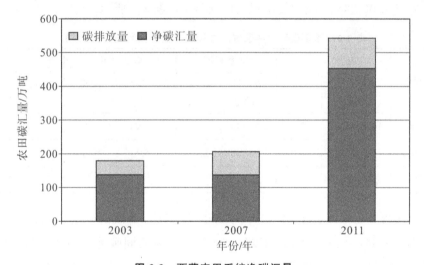

图 3-3　西藏农田系统净碳汇量

在 2003 年、2007 年以及 2011 年这三年里，西藏农田系统净碳汇量依次为 136.95 万吨、136.21 万吨和 451.47 万吨。与 2003 年相比较，2007年吸收二氧化碳和二氧化碳排放有适度增长，净碳汇量却略微降低了。

---

① 刘允芬.农业生态系统碳循环研究[J].自然资源学报,1995(1):1-8.

② 李艳梅,赵锐.西藏碳汇资源评估与碳汇产业发展路径分析[J].中国藏学,2015(1):147-153.

相比于以往,2011 年碳排放量的生长速度相对较慢,碳吸收量大幅度增加,净碳吸收增长显著。相比于森林系统和草原系统,农田系统的整体碳汇能力的差距比较显著,并非西藏地区碳汇的主体部分。

二、西藏碳汇功能区碳汇储量变化及预测

(一)碳汇储量的变化(2003—2024 年)

西藏碳汇总量主要由森林碳汇、草地碳汇和农田碳汇三部分组成,通过计算,得出西藏 2003 年、2007 年以及 2011 年碳汇总量分别为 152 680.38 万吨、270 002.34 万吨和 267 936.17 万吨,如表 3-2 所示。①

表 3-2　西藏碳汇功能区碳汇总量及其构成(2003—2011 年)

年份	森林碳汇		草原碳汇		农田碳汇		碳汇总量/万吨
	碳汇量/万吨	比重/%	碳汇量/万吨	比重/%	碳汇量/万吨	比重/%	
2003	145 206.57	95.10	7 336.86	4.81	136.95	0.09	152 680.38
2007	262 529.27	97.23	7 336.86	2.72	136.21	0.05	270 002.34
2011	260 147.84	97.10	7 336.86	2.74	451.47	0.16	267 936.17

从表 3-2 可以看出,2007 年与 2003 年相比,西藏的碳汇能力的增长是比较大的,为 117 321.96 万吨。近年来,西藏的固碳能力与往年基本相同,有的年份甚至有所下降。就森林生态系统碳汇、草原生态系统碳汇和农田生态系统碳汇三者来看,在西藏总碳汇中,森林碳汇的贡献最大。就森林碳容量占西藏总碳汇量的比例来看,在 2003 年、2007 年和 2011 年分别为 95.10%、97.23% 和 97.10%。西藏独具的高海拔的自然地理条件,较高的森林覆盖率和种类繁多的森林植被,决定了其本身的碳汇能力就非常大。

---

① 李艳梅,赵锐.西藏碳汇资源评估与碳汇产业发展路径分析[J].中国藏学,2015(1):147-153.

2024 年,第二次青藏高原综合科学考察显示:西藏自治区生态系统碳汇 4 800 万吨/年,人为排放 1 150 万吨/年,碳盈余接近 3 700 万吨/年,已整体实现碳中和。

(二)碳汇储量的预测("十四五"期间)

从西藏自治区"十四五"时期环境保护与生态建设规划看,西藏将在"十四五"期间力求森林覆盖率提高到 12.51%,草原综合植被盖度提高至 50%,自然湿地保护率稳定在 68.75%以上,大力开展国土绿化行动,深入实施重点区域生态公益林建设、拉萨及周边地区造林防沙治沙、"两江四河"流域造林绿化等工程,自然保护地面积保持全国第一,生态系统稳定性有效维持。

三、西藏碳汇功能区的碳汇经济发展路径

国际碳汇产业与碳交易市场发展很快,但对中国来说才刚起步,西藏又属于中国西部经济不发达地区,为高原地区、少数民族聚集地区、环境脆弱地区,具体区情相对复杂,因此发展西藏碳汇功能区的碳汇产业,可从增加碳汇储量和促进碳汇的市场交易两方面入手,将西藏碳汇产业做大做强。

(一)扩大西藏碳汇产业的资源供给总量

1.森林碳汇

西藏自治区要实现"十四五"规划的森林覆盖率 12.51%以上的目标,必须做好天然林保护、退耕还林、封山育林等一系列工作,按照《京都议定书》的具体标准和要求,实施植树造林与再造林的碳汇试点项目,来增加森林碳汇。

2.草原碳汇

落实退牧还草、治沙种草措施,同时改良草原品质,进一步增加土壤固碳能力,并加大草原植被密度以及草种的多样性,提升草地生产能力。采取相关措施促使草畜实现基本平衡,从源头上扭转草原生态环境退化

趋势,不断提高牧民增收能力,使牧区经济、社会和生态环境协调发展并得到全面提升,进而从碳源和碳汇两个方面实现西藏草原净碳汇能力显著增强。

3.农田碳汇

西藏地区农田生态系统碳汇是碳汇项目十分重要的有机组成部分,增加农田生态系统碳汇能力,一方面要减少农业活动碳排放,优化种植结构,积极推广先进技术,提高种植业整体效益;另一方面要增加碳吸收,提升大型机械以及能源使用效率。

(二)推动西藏碳汇资源的市场交易

1.积极发展特色农牧产业和高原生物产业

西藏碳汇的重点是森林碳汇,而森林资源集中分布在林芝、昌都和那曲市东三县,这些地区森林种类繁多,生物多样性丰富。建立碳汇功能区可以在这些区域重点实施幼林抚育和低产低效林改造工程,充分利用高原独特的生态资源优势,积极发展特色农牧产业和高原生物产业。积极开展核桃等经济林基地建设,大力开展森林生态旅游和林下资源开发。可以在林芝、昌都、日喀则等地打造精品森林生态旅游线路,使之成为西藏向外界展示森林建设成就、宣传西藏碳汇的主窗口。[①]

2.开展碳汇交易

依据《京都议定书》下的清洁发展机制(CDM)和目前在中国开展的碳汇交易情况,西藏自治区可以根据自身条件、碳汇储量和经济、社会、政治环境等条件寻求一些林业碳汇的合作与交易。由于西藏地域特殊性,可以先在国内进行小规模林业碳汇交易试点,然后逐步向国际范围过渡。在发展好西藏森林碳汇,获取经验技术以及资金支持后,也可以逐步尝试开展草原碳汇项目。要加强碳汇人才建设与碳汇经济政策研究,构建发展碳汇金融的激励机制,适时推动碳指标交易、碳期权期货等一系列金融衍生品在内的碳金融体系的构建。

---

① 张迎春.创建青海碳汇功能区探讨[J].青海金融,2013(7):50-52.

第四章　构建建设西藏碳汇功能区的法律法规体系研究

第一节　国内外建设碳汇功能区的法律法规

一、国内发展碳汇经济、建设碳汇功能区的法律法规

习近平总书记在党的二十大报告中强调要"坚持全面依法治国，推进法治中国建设"。习近平指出，"全面依法治国是国家治理的一场深刻革命，关系党执政兴国，关系人民幸福安康，关系党和国家长治久安。必须更好发挥法治固根本、稳预期、利长远的保障作用，在法治轨道上全面建设社会主义现代化国家"。我国已经颁布了部分重要的碳汇经济立法，虽然还很不完善，但在这些法律的推动下出台的相关实施细则或配套法规与规章，无疑成为我国碳汇经济法律制度的重要组成，这些法律制度也为碳汇功能区建设奠定了重要的基础。

（一）法律

早在 1987 年我国便制定了重要的碳汇经济相关立法《中华人民共和国大气污染防治法》（简称《大气污染防治法》），该法分别于 1995 年以及 2000 年进行了两次修订。这一法律对各级政府提出了明确要求，必须在国民经济和社会发展计划中，纳入大气环境保护工作，对工业布局进行合

理规划,同时采取必要的措施对各地方的主要大气污染物的排放总量进行有计划的控制,或者逐步进行削减。法律鼓励企业采用能源利用效率高、污染物排放量少的清洁生产工艺,以此减少大气污染物的产生。该部法律设专章阐述对燃煤产生的大气污染的防治,在相关领域限制燃煤的使用,鼓励企业采用先进的清洁煤技术等。该法还对交通领域的大气污染防治进行了专章规定,要求机动车船向大气中的排放不得超过相关排放标准,国家鼓励生产和消费使用清洁能源的机动车船,对生产与使用消耗臭氧层物质替代品给予支持和鼓励,而消耗臭氧层物质的生产与使用逐步减少到最后停用,并规定了较为详尽的法律责任。这些规定对我国低碳经济的发展及大气质量改善起到很大的推动作用,该法因此成为我国低碳经济相关立法的重要组成部分。[①] 而根据《大气污染防治法》的规定,1991 年 5 月《中华人民共和国大气污染防治法实施细则》获国务院批准,并于 1991 年 7 月 1 日起开始施行。该细则要求各级地方人民政府对本辖区的大气环境质量负责,防治大气污染,保护和改善大气环境,并要求各级政府以及有关部门采取措施推广成型煤和低污染燃烧技术,逐步限制烧散煤,燃料供应部门应当优先将低污染煤炭供给民用等。细则专门就烟尘污染、废气、粉尘和恶臭污染等的防治作了规定,对我国大气质量的保护起到了促进作用。[②]《大气污染防治法》修订案也在 2015 年 8 月 29 日召开的第十二届全国人大常委会第十六次会议上通过,并于 2016 年 1 月 1 日正式实施[③],这是继新环保法颁布实施以来新修订的第一部环保领域专项法律,这一修正案就目前我国所面临的严峻的大气环境污染形势,把大气环境质量的改善作为目标,在总结近年实践经验的基础上,将大气污染治理所涉及的污染物进行联防联控、源头治理、科技治霾、重典治霾等。不仅有极其严密的监督管理措施,而且处罚力度也非常严厉,一方面充分体现出党中央的态度,即对生态文明建设提出的新要求,另一

---

① 包玉华,胡夷光.关于完善"大气污染防治法"的探讨[J].环境科学与管理,2011,36(2):29-31,45.

② 俞鹦鹦.履职路上越走越精彩[J],江淮法治,2016(7):47-49.

③ 张鸿浩.《环境保护法》修订要点解读[J].内蒙古财经大学学报,2016,14(3):80-83.

方面也是对公众一直以来对蓝天白云的殷切期盼的一种积极回应。

《中华人民共和国环境保护法》(简称《环境保护法》)于 1989 年 12 月 26 日颁布实施,2014 年 4 月 24 日修订出台了新的《环境保护法》,被称为史上最严格的环境保护法律。修订后的《环境保护法》调整了环境保护和经济发展的关系,将"使环境保护工作同经济建设和社会发展相协调"修改为"使经济社会发展与环境保护相协调",彻底改变了环境保护在二者关系中的次要地位,这与党的生态文明建设融入"五位一体"总布局的精神相一致。新法增加了环境保护是国家的基本国策的规定,彰显了国家对环境与发展相协调一致的清醒认识和战略考虑,明确了环境保护坚持保护优先、预防为主、综合治理、公众参与、损害担责的原则。完善了环境管理基本制度,包括建立环境监测制度,严格实施环境影响评价制度,建立跨行政区域联合防治协调机制,实行防治污染设备"三同时"制度,实行重点污染物排放总量控制制度和区域限批制度,实行排污许可管理制度,增加了生态保护红线规定。修订后的《环境保护法》进一步强化了政府的环境保护责任,强调政府对本行政区域的环境质量负责,政府应改善环境质量,加大财政投入,加强环境保护宣传和普及工作,对生活废弃物进行分类处置,推广清洁能源的生产和使用,做好突发环境事件的应急准备,统筹城乡污染设施建设,接受同级人大及其常委会的监督,同时明确了政府不依法履行职责应承担相应的法律责任。

于 1996 年 4 月实施的《中华人民共和国电力法》,在 2009 年 8 月 27 日作了第一次修正,2015 年 4 月 24 日又在第十二届全国人民代表大会常务委员会第十四次会议《关于修改〈中华人民共和国电力法〉等六部法律的决定》中作了第二次修正,这是我国关于碳汇经济的又一部相关立法。在这部法律中明确规定,依法保护环境要贯穿从电力生产到利用的每个环节中,鼓励新技术的采用,尽量减少有害物质排放,对污染和其他公害进行防治。并以法律的形式,对可再生能源和清洁能源发电进行鼓励和支持。法律确立电力供应与使用的安全用电、节约用电、计划用电等管理原则,并且鼓励支持在农村电源结构中,着重加大清洁能源的利用比重,例如风能、地热能、太阳能、生物质能等,显著增加农村等偏远落后地区的电力能源。这些以节约能源、开发利用清洁低碳型能源、在电力生产与利用中注意生态环境的保护等,都体现了碳汇经济的特点,我国的电力立法已经基本具备了碳汇经济立法的特征。

《中华人民共和国煤炭法》于 1996 年 8 月 29 日第八届全国人民代表大会常务委员会第二十一次会议通过,2009 年第一次修正,2011 年 4 月 22 日发布《关于修改〈中华人民共和国煤炭法〉的决定》进行了第二次修正,2013 年 6 月 29 日发布《关于修改〈中华人民共和国文物保护法〉等十二部法律的决定》又作了第三次修正,2016 第四次修正。该法属于我国能源领域的一个重要立法,其中要求在从严遵守与环境保护相关法律法规的前提下对煤炭资源进行开发及利用,从而处理好开发、污染、生态保护三者之间的关系。该法明确要求在煤矿建设的开展过程中必须同时兼顾开发与环境的治理,其环境保护设施必须与主体工程同时设计、同时施工、同时验收、同时投入使用,明确提出国家发展和推广洁净煤技术等。这些内容都体现了在能源开发利用中的碳汇发展理念,也成为我国碳汇经济法制体系的有机组成部分。

1997 年 11 月 1 日第八届全国人民代表大会常务委员会第二十八次会议通过了《中华人民共和国建筑法》,1998 年 3 月实施;2011 年 4 月 22 日第十一届全国人民代表大会常务委员会第二十次会议上进行了修订。该法对建筑业中的节能减排以及环境保护提出了相应的规定,这也属于碳汇经济相关立法的重要内容。该法鼓励建筑企业节约能源、保护环境、运用现代管理方式以及新型建筑材料,并要求建筑施工企业对施工现场的各种废气、粉尘、噪声、振动以及固体废物等对环境造成的危害和污染等进行控制和处理,从法律上对建筑业实施节能减排、防止大气污染进行了明确规定。

《中华人民共和国节约能源法》一直处于不断的完善中,于 1997 年 11 月 1 日在第八届全国人民代表大会常务委员会第二十八次会议通过,2007 年 10 月 28 日进行了修订,而后分别在 2016 年 7 月 2 日、2018 年 10 月 26 日全国人民代表大会常务委员会会议上进行了修正。该法是为了推动全社会节约能源、提高能源利用效率、保护和改善环境、促进经济社会全面协调可持续发展而制定的,提出节约资源是我国的基本国策,国家实施节约与开发并举、把节约放在首位的能源发展战略。要求采取技术上可行、经济上合理以及环境和社会可以承受的措施,从能源生产到消费的各个环节,降低消耗、减少损失和污染物排放、制止浪费,有效、合理地利用能源。并要求各级政府在国民经济和社会规划中,将节能工作纳入其中,用法律形式确立了节能的目标责任制与考核评价制度两项制度,在考评地方人民政府及其负责人工作时将节能工作作为重要参考,并且明确节能的法定任务是所有单位和个人所必须履行的。法律鼓励对新能源、可再生能源的开发利用,对节能技术的开发、应用、推广等工作特别作了强调,要求农村大力发展沼气等可再生能源。上述内容表明,该法属于一部典型的碳汇经济保障性的相关立法,同时也体现了我国发展低碳经济和应对节能减排的一种态度,为低碳经济提供了重要保障支柱,在我国的低碳经济法制体系中是不可或缺的重要一环,是一部标志性的立法,其影响极其深远。

《中华人民共和国清洁生产促进法》(简称《清洁生产促进法》)公布于2002年6月并于2003年1月施行,这是又一部有关碳汇经济的立法,在经济社会可持续发展中发挥着积极作用。在该法中对清洁生产做了界定,以提高资源利用效率、减少或避免污染物的产生与排放为目标,加大相关领域的管理措施力度,将污染的产生从源头上进行削减,逐步降低对人类身体健康及自然环境产生负面的、消极的影响。各级政府在政府采购中应该重点选择那些节能减排,对环境、资源及人体起保护作用的产品,加大对清洁生产技术及环境友好型、健康型产品的研究与开发的支持力度,促进清洁生产技术的示范与推广,为我国生产领域碳汇经济发展建立起又一重要的法律保障。

《中华人民共和国可再生能源法》于2005年2月28日发布,并于2009年12月进行修订。该法规定可再生能源范畴包括风能、太阳能、水能、生物质能、地热能、海洋能等非化石能源,将我国可再生能源列为优先领域并进行了解释说明,制定了一系列法律措施对可再生能源市场的建立、发展及完善保驾护航,对可再生能源的合理利用积极支持鼓励。同时以设立专项资金的形式大力对可再生能源的发展进行扶持,通过可再生能源的规模化开发减少温室气体排放量。这是合理利用能源的一种体现,是努力发展低碳化的一种切实可行的步骤。

《中华人民共和国循环经济促进法》于 2008 年 8 月通过,并于 2009 年 1 月 1 日施行。该法的目的是通过促进循环经济发展,提高资源的利用效率,保护和改善环境等方式,实现我国社会经济的可持续发展。法律要求企事业单位采取措施降低资源消耗,减少废物的产生量和排放量,提高废物的再利用和资源化水平。鼓励公民使用节能、节水、节材和有利于环境保护的产品和再生产品,并且对钢铁、有色金属、煤炭、电力、石油加工、化工、建材、建筑、造纸、印染等高耗能、高污染行业实行能耗、水耗的重点监督管理,并且通过建立健全能源效率标识等产品资源消耗标识制度等方式,引导企业生产高能效、低消耗产品,并鼓励和支持企业使用高效节油产品。燃油消耗大户如电力、石油加工、化工、钢铁、有色金属和建材等企业,则必须在国家规定的范围和期限内,以洁净煤、石油焦、天然气等清洁能源替代燃料油,停止使用不符合国家规定的燃油发电机组和燃油锅炉等。相关行业如建筑业及内燃机制造业等都应当切实履行好产品的节能等方面的设计。法律鼓励在有条件的地区充分利用太阳能、地热能、风能等可再生能源,并且鼓励和支持农业及相关产业利用先进技术,对农作物秸秆、畜禽粪便、农产品加工业副产品、非农用薄膜等进行综合利用,开发利用沼气等生物质能源。尽管循环经济立法并非以控制温室气体排放为目标,但其目的是在生产、流通和消费等领域实现资源的减量化、再利用、资源化,也起到了促进碳汇经济发展的作用,其实质都是提高资源利用效率、减少废弃物的排放从而实现社会经济的可持续发展。循环经济的相关立法也体现了碳汇经济发展理念,其内容也包含碳汇经济的相关内容,它对我国碳汇经济的发展有着明显的促进与保障作用。

(二)法规

除了以上重要的碳汇经济相关立法外,国务院及各部委还根据上述立法出台了部分碳汇经济法规规章,它们也成为我国碳汇经济立法的重要组成部分。例如,依据《节约能源法》等相关法律的规定,1999 年 2 月我国出台《中国节能产品认证管理办法》,通过认证的企业将会获得节能产品认证证书与节能标志,其目的是对相关节能产品的认证工作进行有效的实施,提供公平竞争的市场,为节能产品的健康发展提供良好的保证,以此实现节约能源、保护环境等目的。而根据《节约能源法》,于 1999 年 3 月颁布实施的《重点用能单位节能管理办法》则要求能源利用大户必须遵守《节约能源法》及管理办法的相关规定,实施能源利用状况定期报告制度,重点用能单位须每年向主管经济贸易部门报送上一年度的能源利用状况报告等,以此约束企业的用能行为,提高能源的利用效率,减少环境污染。该办法因此也成为我国相关领域实施节能减排重要的制度性措施,成为我国碳税法制建设的有机组成部分。

2000 年 12 月,由相关部委联合发布的《节约用电管理办法》则是基于《节约能源法》及《电力法》的要求而制定的。这一法律也界定了节约用电,要求逐步减少对电能的直接和间接耗损,并保护环境。这些措施的施行对我国节约用电量以及温室气体排放量的减少等方面起到了有效的规范作用。

国家建设部于 2000 年发布、2005 年 10 月修订的《民用建筑节能管理规定》则是根据《节约能源法》《建筑法》《建设工程质量管理条例》制定的又一部碳汇经济部门规章,该规定的目的是加强民用建筑节能管理,提高能源利用效率等。该规定既强调采取措施提高建筑物的利用效能,降低能量耗损,又鼓励可再生能源在建筑中的应用。该规定对新型节能墙体和屋面的保温和太阳能、地热等可再生能源应用技术以及设备等节能技术与产品的使用给予鼓励。这无疑给我国建筑行业节能降耗提供了新的制度性依据,推进了我国建筑行业内的碳汇法制建设。

2007 年国务院发布《民用建筑节能条例(草案)》,该草案经修订后于 2008 年 7 月以《民用建筑节能条例》之名获得通过,并于 2008 年 10 月起正式施行。该条例要求地方政府及部门采取有效措施,在具备太阳能利用条件的地区,鼓励和扶持太阳能热水、照明、供热、采暖、制冷等太阳能利用系统的安装使用。建设单位则应当在具备可再生能源利用条件的建筑中选择适用于采暖、照明、制冷等合适的可再生能源。该条例无疑强化了在建筑行业内的节能降耗的要求,足见政府对建筑物节能的重视,也为碳汇建筑的普及提供了有力的法律支持。

除了以上主要的碳汇经济法律法规之外,我国还出台了许多间接性的碳汇经济立法,主要涉及农业、森林及自然生态系统、水资源等领域,它们对我国发展碳汇经济、改善生态环境质量、应对气候变化等方面都有积极作用。有些法律随着碳汇经济概念的扩展，已经变得越来越重要，如碳汇制度的成熟使森林、土地、草原等领域的相关立法在发展碳汇经济中发挥着越来越重要的作用。在农业生产领域，我国已经制定并颁布了诸如《农业法》《草原法》《渔业法》《土地管理法》《突发重大动物疫情应急条例》《草原防火条例》等，这些法律法规对加强我国农业基础设施建设、提高碳固化能力等，都起到了良好的促进与保障作用。在森林等自然生态系统的维护方面，我国制定并实施了《森林法》《野生动物保护法》《水土保持法》《防沙治沙法》《退耕还林条例》《森林防火条例》《森林病虫害防治条例》等相关法律法规，以此推进天然林保护，实现退耕还林还草，确保森林碳汇的增加与森林等自然生态系统的维护。在水资源及江河湖海自然生态保护方面，我国已经制定并实施《水法》《防洪法》《水污染防治法》《河道管理条例》《海洋环境保护法》《海域使用管理法》等法律法规。

上述立法的颁布实施，已经对我国相关领域生态环境的保护、增加碳汇等起到了积极作用，为我国碳汇经济发展提供了长效的制度性保障机制，为我国碳汇经济法律制度的完善奠定了基础。

二、国外发展碳汇经济、建设碳汇功能区的法律法规

碳汇经济涉及的领域众多、范围甚广，因此对碳汇经济法律制度建设更需要谨慎地采用科学的方法进行规划。从其他国家相关立法内容的角度来看，有关于碳排放、碳交易的碳汇经济立法，有碳汇能源、碳汇技术、碳汇生产、碳汇消费等方面的碳汇法律，也有如碳金融、碳税收、碳交易等促进各行业经济碳汇发展的专门性立法等。从立法领域来看，涉及建筑、交通、金融、税收、资源、能源、消费等各个领域。从适用范围来看，包括地区间碳汇经济的相关立法、国际碳汇经济的法律条约以及适用于某个地区或国家内部的地方碳汇经济立法和与之相辅相成的其他相关法律法规。节能减排法律制度、传统能源替代法律制度、碳排放控制法律制度构成国外建设碳汇功能区、发展碳汇经济的法律法规基本内容。

（一）节能减排法律制度

各国国情不同,每个国家依据自身国情设立的有关节能减排等环境保护方面的法律甚多,其内容也较为丰富,这些法律法规都是碳汇经济立法相关领域的重要组成部分。

总体上看,可以把用于规范节能减排的碳汇经济立法归纳为三大类。第一类,关于节能减排的基本立法。温室气体减排国际公约是节能减排立法的基础性条约,以各国节能减排和低碳经济的基本法为主,是节能减排法律中的主导立法,同时也是低碳经济立法中覆盖面最广、影响最深、层次最高的立法,如《联合国气候变化框架公约》《京都议定书》,日本的《推进低碳社会建设基本法案》《关于能源使用合理化法》《大气污染防沿法》,英国的《气候变化法案》,德国的《能源节约法》《排放控制法》,美国的《低碳经济法案》等都是节能减排基本立法的重要组成部分。第二类,关于节能减排的综合性立法。其主要以资源环境保护法和综合能源立法为主体,它们不是专为低碳经济或节能减排目的而颁布的,其内容丰富、目标多元化,是区别于低碳经济法和节能减排法的专业性法律。该类立法中也包含了有关节能减排的相关内容,也被列为各国节能减排立法的重要构成部分,如英国的《能源法案》,日本的《循环型社会推进基本法》《资源有效利用促进法》《固体废弃物处理和公共清洁法》,德国的《循环经济与废弃物法》等。第三类,关于节能减排的专门性法律法规。这类立法以某个领域的节能减排为目的,其内容具体、目标明确,也是低碳经济相关立法的重要组成部分,如英国的《消费者排放(气候变化)议案》,日本的《建筑材料再生利用法》《多氯联苯废弃物妥善处理特别措施法》《报废汽车再生利用法》等。[①]

这三类立法基本上涵盖了节能减排立法的内容,通过这些立法,各发达国家构建起较为完备的节能减排法律体系,它们以节能减排基本立法为主体,以综合性立法及专项立法为补充,构成了完整的节能减排法律体系。法律内容涵盖能源节约、能效提高、气候变化、废物管理、空气污染防

---

①　吴丹.国际低碳经济发展经验及对中国的启示[J].绿色科技,2014(12):270-272.

治、自然资源保护、化学物质控制等各个方面。节能减排立法通过促进能源有效利用及减少能源使用量、降低能源利用中的温室气体产生及排放等方式,推动经济的碳汇化发展,减少人类活动中的温室气体的排放。

(二)传统能源替代法律制度

从各国的立法经验看,传统能源替代立法主要包括三类。第一类,新能源开发利用促进法,主要是为清洁低碳新能源的发展提供制度方面的有力支持,例如日本的《石油替代能源促进法》和德国的《可再生能源法》等。第二类,温室气体减排及能源综合性开发立法,包含了发展和促进新能源的有关内容,所以,也成了传统能源替代法律体系中的重要构成部分,例如美国的《能源政策法》《美国复苏与再投资法案》等。第三类,关于推动某些领域清洁、低碳能源开发利用而出台的专门性法律,例如德国的《太阳能电池政府补贴规则》《促进可再生能源生产令》《生物质发电条例》等。各主要发达国家逐渐形成了比较完备的传统能源替代法律制度体系,由此促进了新能源的开发利用,使新能源的发展前景更加明朗,从而也为资金的投入及技术的进步提供了可靠保证。

1.德国

德国是开发利用新能源最为成功的国家,清洁低碳新能源的开发利用走在世界前列。20世纪90年代,德国就已经成为全世界最大的风电生产国,其在全世界保持领先地位的就有风电装机总容量及年新增风机容量。在2005年的时候,德国可再生清洁低碳能源的营业额已经达到了164亿欧元,17万人从事相关领域的工作,太阳能、风能、生物质能、地热能等达到6.4%的总能源消费占比,而电力消费、热力消费和燃料消费中分别占10.2%、5.3%和3.6%则是来自可再生清洁低碳能源。2010年在德国全国电力供应中,可再生清洁低碳能源产生的电力占12.5%。[1] 单纯从风力发电来看,2025—2030年,海上风力发电量将占德国电力需求总

---

① 张庆阳.德国低碳经济走在世界前列[EB/OL].(2010-06-14)[2022-06-08]. http://www.weather.com.cn/climate/qhbhyw/06/573469.shtml.

量的 15%，而风力发电量的总和将占德国电力需求总量的 25%左右。[1]
2005 年德国因其风电共减排二氧化碳近 8 400 万吨，为德国完成《京都议定书》规定的温室气体减排指标做出了重要贡献。[2]

能够取得如此的新能源发展成果，这与德国完备的传统能源替代法律制度体系的建立有着很大的关系。自从 2000 年，德国颁布实施《可再生能源法》这一具备里程碑意义的清洁低碳能源促进法案，将清洁低碳能源的开发利用作为国家战略以法制形式予以确立后，德国的一系列规范和发展清洁低碳新能源的法律法规开始陆续修订和颁布。例如，颁布《可再生能源发电并网法》来保护可再生能源发电的并网及价格，对沼气能源的发展及完善也给予了鼓励。为保护热电联产技术而制定的《热电联产法》，政府为了响应号召，采用政府补贴对热电联产技术生产进行支持。

不仅如此，德国还出台了一系列促进新能源生产与发展的法律法规，例如《生物质发电条例》《能源供应电网接入法》《能源投资补贴清单》《太阳能电池政府补贴规则》《能源行业法》《促进可再生能源生产令》《建筑节能法》等，逐步形成较为完备的传统能源替代法律制度，在法律上强有力地支持了德国碳汇经济的发展。正是因为德国形成了完善的低碳经济法律制度体系，所以德国在该领域独领风骚，成为各国在这方面的榜样。[3]

2.英国

英国在 2003 年，最早将低碳经济概念提出后，就以低碳经济战略国策与相关保障性立法为基础，构建了一套比较完善的体系化的低碳经济制度。英国政府《新能源白皮书》于 2007 年 5 月发布，确立了符合碳汇经济发展要求的能源发展战略，进一步强调碳汇技术的研发及新能源的开发利用。英国在 2008 年公布《气候变化法案》，这对英国顺利地履行《京都议定书》提供了具体制度性的支持。《能源政策法》是于 2005 年通过的关于清洁碳汇新能源开发应用的法律，该法明确提出采取减税方式支持可再生能源的开发利用，提出在 10 年之内为能源企业提供高达 146 亿美

① 张剑波.低碳经济法律制度研究[D].重庆：重庆大学,2012.
② 桑东莉.德国可再生能源立法新取向及其对中国的启示[J].河南省政法管理干部学院学报,2010,25(2):131-138.
③ 蒋懿.德国可再生能源法对我国立法的启示[J].时代法学,2009,7(6):117-120.

元的减税。除了对企业扶持外,对个人使用清洁能源也进行鼓励,提供13亿美元资金对居民使用清洁低碳能源进行补贴。《能源政策法》还提出大力扶持清洁燃料的生产的计划目标。[①]

3.美国

迄今为止,在美国20多个州都相继出台了鼓励可再生能源开发利用的相关法律法规。通过立法确定可再生能源发电配额的州有10多个,对全部电力零售商实施根据年电力销量比例进行可再生能源购买指标的分摊,如若违反就会罚款。使发展清洁能源的制度性措施得到明确的是美国众议院在2009年6月所通过的《美国清洁能源与安全法案》,该法案提出将1 900亿美元的资金投入到提高清洁能源技术以及提升能效技术中,并且在该资金中专门安排900亿用于研究可再生能源和提高能源效率,还将温室气体排放权交易机制、建立新型碳汇金融市场等同时引入,确立美国在碳汇能源发展方面的优势,同时争取到未来能源技术的制高点,保证美国自身的能源安全,保持美国的经济活力,保证美国经济发展的动力。[②]

"美国复兴与再投资计划"的出台时间是2009年1月,这与当时的全球经济不景气和美国国内的经济严重衰退有很大的联系。2009年2月,为了响应复兴与投资计划,《美国复苏与再投资法案》也专门出台,这就从法制方面为政府的投资计划顺利实施提供了保证,政府投资总额高达7 870亿美元,这么大的投资力度主要是为清洁能源项目提供充足的资金,包括风能、高能效电池、智能电网以及碳捕获与封存等新项目。按照美国投资计划的安排,美国将花费3年的时间,让其可再生能源利用量翻一番,同时建立"清洁能源研发基金"进行专门投资,资金主要用于清洁能源项目的开发及推广,像太阳能、风能、生物质能及其他低碳可替代能源等都是重点支持对象。此外对传统石油消费率也提出了严格要求,要求

---

① 吕江.《低碳转型计划》与英国能源战略的转向[J].中国矿业大学学报,2010,12(3):26-33.

② 杨泽伟.《2009年美国清洁能源与安全法》及其对中国的启示[J].中国石油大学学报(社会科学版),2010,26(1):1-6.

到 2030 年,降低 35％～50％。[①] 有了这些法律,美国依赖传统能源的局面得到了极大的改善,相关法律制度体系逐步健全,为美国低碳经济的发展保驾护航。

4.澳大利亚

2000 年,澳大利亚出台《2000 年可再生能源(电力)法》,之后又修订多次。这一法律规定 2001 年 4 月 1 日开始,必须实施可再生能源发展,并要将可再生能源发电比例从原有的 10％提高到 12％的明确目标。并且规定,2001 年后如果不使用传统热水器转而安装太阳能热水器的居民,可以获得能得到政府补贴的可再生能源证书,这是政府激励使用清洁低碳能源的奖励措施的体现。2008 年时,澳大利亚政府向众议院提交了《2008 年可再生能源(电力)修正议案(强制上网电价)》,提出了实施有关可再生能源电力强制上网电价制度的相关建议,同时提出要开发出更为科学地向可再生能源生产企业提供支付的平台系统设计等。[②]

(三)碳排放控制法律制度

碳排放控制法律制度的构成,主要包含以下内容。

1.碳捕获与封存法律制度

澳大利亚关于碳捕获与封存的法制保障在世界上比较超前,有着最完善、最成熟的开展碳捕获与封存的立法政策。澳大利亚严重依赖传统化石能源,政府认为,尽快实现碳捕捉及封存技术的商业化,能够让到 2050 年温室气体排放在 2000 年基础上削减 60％的目标的实现有可靠保障。澳大利亚政府于 2005 年 11 月发布《碳捕获与地质封存规章性指导原则》,希望以此进行国内"碳捕获与封存"法制框架的构建,还在 2008 年 9 月宣布实施"全球碳捕获与封存行动",同时还将这一技术的推广应用看成属于温室气体减排的一项重要的落实措施。澳大利亚还对自身四面环海而且近海石油开发项目众多、技术成熟的实际情况进行了充分考虑,

---

① 科技部.美国恢复和再投资法案使清洁能源增长迅速[EB/OL](2009-05-13)[2022-06-30].http://www.most.gov.cn/gnwkjdt/200905/t20090512_69134.htm.

② 钱伯章.国际可再生资源新闻[J].太阳能,2009(9).

把近海石油开发商作为推广碳捕获与封存项目的一个重点,通过立法使近海石油开采项目能够推进碳捕获与封存技术的应用,基本上形成了以碳捕获与封存为核心的完整的碳排放控制方法。虽然相当多的国家都在大力开展碳捕获与封存项目,然而在相关立法方面,显得还是比较滞后,欧盟在 2009 年 4 月发布《碳捕获与封存指令》,为碳捕获与封存技术的推广应用提供了法律框架。

2.生态碳汇法律制度

针对"生态碳汇"法律制度来说,《联合国气候变化框架公约》《京都议定书》《巴黎协定》为其中最重要的法律文件。《联合国气候变化框架公约》是联合国政府间谈判委员会针对全球气候变化问题所达成的国际公约。而《京都议定书》则为国际碳汇交易的法律基础,《京都议定书》确立了清洁发展机制、联合履约机制和排放贸易机制这三种碳减排国际合作机制,建立起碳交易国际合作。不仅如此,《京都议定书》在对 41 个工业化国家的碳减排额度与时间表进行规定的同时,提出了生态碳汇概念。可以说,《京都议定书》既是一部重要的国际碳减排法,同时也是一部国际碳汇法,奠定了国际碳汇交易制度基础。[①]

虽然《京都议定书》重视森林对于改善气候的作用,然而就《京都议定书》签署早期来看,碳汇并未纳入清洁发展机制中。在之后颁布的《波恩政治协议》与《马拉喀什协定》等国际法律协议,对碳汇交易的法律运行机制起到了进一步的推动作用。

2001 年 7 月《联合国气候变化框架公约》第六次缔约方大会(COP6)在德国波恩召开,2001 年 11 月《联合国气候变化框架公约》第七次缔约方大会(COP7)在摩洛哥马拉喀什召开[②],分别达成了《波恩政治协议》和《马拉喀什协定》,约定将毁林、造林以及再造林活动引发的温室气体排放和碳汇变化统一计算在相关国家碳排放量中。与此同时,《京都议定书》已经确立了生态碳汇交易的法律运行机制,并从法律上对生态碳汇建设

---

① 李挚萍.《京都议定书》与温室气体国际减排交易制度[J].环境保护,2004(2):58-60.

② 吕景辉,任天忠,闫德仁.国内森林碳汇研究概述[J].内蒙古林业科技,2008(2):43-47.

提供了保障。换句话来说,《京都议定书》确立起的清洁发展机制是允许发达国家采取把资金和技术提供给发展中国家,并实施植树造林等森林碳汇项目,对其国内的减排指标进行冲抵。显然,发达国家已经形成了一套温室气体排放抵销机制,在该机制下,开始逐步形成了碳汇交易的国际市场。在各国国内,也逐步开始实施森林碳汇基金项目,逐渐形成了生态碳汇国内法的机制。[①]

2015 年 12 月 12 日在巴黎气候变化大会上通过了《巴黎协定》,这是继《京都议定书》后第二份有法律约束力的气候协议,为 2020 年后全球应对气候变化行动做出安排。中国全国人大常委会于 2016 年 9 月 3 日批准中国加入《巴黎协定》,成为第 23 个完成批准协定的缔约方。《巴黎协定》要求建立针对国家自定贡献(INDC)机制、资金机制、可持续性机制(市场机制)等的完整、透明的运作和公开透明机制以促进其执行。所有国家(包括欧美、中印)都将遵循“衡量、报告和核实”的统一体系,但会根据发展中国家的能力提供灵活性。

3.碳排放控制税、金融及市场交易法律制度

(1)碳税制度

就目前来看,虽然碳税作为一种税收制度尚且不能普及,但有些国家在碳税的开设方面走到了世界前列。如丹麦、芬兰、荷兰、挪威、意大利和瑞典等国已经开征碳税,奥地利、德国则引入了能源税,瑞士和英国则提出碳税或能源税相关议案,日本、新西兰、美国等则正积极酝酿碳税立法。具体而言,芬兰于 1990 年开征碳税,挪威和瑞典于 1991 年开征碳税,丹麦从 1992 年起对家庭和企业同时征收碳税,德国则在 1999 年发起含碳税在内的生态税改革,意大利于 1999 年引入碳税,英国于 2001 年开征带有碳税性质的气候变化税,加拿大魁北克省和不列颠哥伦比亚省则先后于 2007 年 10 月与 2008 年 7 月开征碳税。

各国以碳税为基础的绿色税收制度利用能源税及碳税等手段,追求能源节约与传统能源替代,对二氧化碳排放量的降低有明显作用。以丹麦为例,丹麦是第一个对家庭和企业同时征收碳税的国家,从开始就对本

---

① 王雪红.林业碳汇项目及其在中国发展潜力浅析[J].世界林业研究,2003(4):7-12.

国的碳排放法律税制进行了完善,例如,1995年颁布的《绿色税收框架》将二氧化碳税、二氧化硫税和能源税等新税种引入,通过让企业及家庭承担能源与碳税负担等方式,推进企业与家庭积极开展节能减排,对碳排放进行控制,从而使本国的国际温室气体减排目标的实现有可靠保证。[①]对于英国来说,在开征碳税之前,就颁布了《2000财政法》和《2001气候变化税收规定》,确定征收气候变化税,主要针对除家庭与交通以外的企业征收能源产品使用税,以电力、天然气、液化石油气和煤炭等能源耗损大户及碳排放大户作为征收的主要对象,而可再生能源电力、经认证的热电联产电力不包括在征税范围之内,这就是要将促进能源的节约以及提高企业能源利用效率作为目的,从而使节能减排能够真正实现。测算结果显示,到2010年,通过气候变化税可为英国带来的二氧化碳减排量每年大约350万吨。同时,由于相关财税立法的支持,英国不仅实施气候变化税,而且还推行了"气候变化协议",制定了行之有效的相关措施。在2011年11月8日,澳大利亚议会通过碳税法案并成为正式立法,该法案于2012年7月1日正式生效,其实施使澳大利亚成为继欧洲国家之后控制碳排放力度最大的国家之一。美国早在能源部发布的《清洁能源未来》研究报告中就专门分析了碳税对美国经济的影响,认为碳税的施行有利于经济发展,而且还不会因此增加能源服务成本。美国众议院于2009年通过的《清洁能源与安全法案》中,就对碳税征收条款做了专门规定,同时还在法律中提出了"碳关税"概念。

发达国家累积的碳税立法经验及征收经验,对温室气体减排取得了显著效果,有力提高了能源利用效率,也从实践上为各国立法推进碳税制度的建立提供了可靠的参考依据。世界各国包括一部分发展中的国家,都开始尝试性地建立碳税制度,开启了碳税立法新一轮的活动序幕,同时推进了各国低碳经济法律的建设。

(2)碳金融与碳交易法律制度

《京都议定书》是全球碳交易与碳金融的重要法律基础,其对相关国家的温室气体排放额度以法律形式进行规定的同时,还通过创设相关机制,

---

① 汪曾涛.碳税征收的国际比较与经验借鉴[J].理论探索,2009(4):68-71.

开创出一个以二氧化碳排放权为交易标的的碳市场,也促进了碳金融的产生与繁荣。在《京都议定书》相关约束下,关于碳金融及碳交易的立法得到欧盟以及英国、日本、美国等发达国家的高度重视。欧盟于 2003 年发布《温室气体排放配额交易指令》,并建立起世界上第一个具有公法约束力的温室气体总量控制的欧盟排放配额交易机制。2004 年欧盟对"指令"进行了修改,增加了欧盟排放权交易机制与《京都议定书》的灵活机制连接的内容,因此,该修改指令被形象地称为"连接指令"。2009 年 4 月颁布了《2009年交易指令》,确定了碳排放上限的规则,设计了公开拍卖排放份额的基本分配原则,并将一些新兴产业(如铝和氨等)及氧化亚氮和全氟化碳两种气体涵盖在排放权交易体制之内,从而确保碳交易的有效推进。[1]

美国虽然没有加入《京都议定书》,但也加强了相应的立法工作。美国《清洁能源与安全法案》就对碳排放交易进行了规范。目前美国各州先于联邦政府各自出台了相关立法,虽然这些法案属于区域性的,但是有力推动了碳交易及碳金融的发展,成为全球排放权交易立法的重要组成部分,目前主要有伊利诺伊州的《1997 减排市场体制》。[2] 目前为止,在上述国际法和各国各地区相关立法的推动下,全球碳排放交易及碳金融市场正逐步走向繁荣,形成了 20 多个交易所。

第二节 西藏现有相关法律法规

一、相关法律概况

西藏自治区人民代表大会具有双重立法权:首先,作为地方政府机关,它具有地方法律法规的立法权(包括政府规章);其次,作为民族地区

---

① 李义松,冉晓璇.低碳经济背景下的碳排放权交易制度框架研究[J].商业时代,2013(13):103-105.

② 凌楼凤.构筑我国碳金融发展体系[J].中国商界,2010(7):185,222.

的自治机关,具有自治法律法规(自治条例、单行条例、变通规则和补充规定)的立法权。西藏自治区自 1965 年 9 月 1 日正式成立以来,其西藏地方法制建设取得了令人瞩目的成就,自治区人民代表大会及其常委会先后制定了 290 多部地方性法规和具有法规性质的决议、决定,对多项全国性法律制定了适合西藏特点的实施办法。[①]

与保护生态环境、发展碳汇经济、建设碳汇功能区相关的法律法规,主要有《西藏自治区森林保护条例》《西藏自治区环境保护条例》《西藏自治区地质环境管理条例》《西藏自治区饮用水水源环境保护管理办法》《西藏自治区气象条例》《西藏自治区冬虫夏草采集管理暂行办法》《西藏自治区野生植物保护办法》《西藏自治区取水许可和水资源费征收管理办法》《西藏自治区气象探测环境和设施保护办法》《西藏自治区生态环境保护监督管理办法》《西藏自治区矿产资源勘查开发监督管理办法》《西藏自治区林业有害生物防治检疫办法》《西藏自治区水污染防治条例》等西藏自治区颁布实施的地方性法规,和《西藏自治区〈中华人民共和国野生动物保护法〉实施办法》《西藏自治区实施〈中华人民共和国土地管理法〉办法》《西藏自治区实施〈中华人民共和国草原法〉细则》《西藏自治区实施〈中华人民共和国水土保持法〉办法》等遵循国家法律法规的授权所制定的实施细则。上述西藏的现有法律法规都是依据本地情况制定的,其地方特色非常明显。

二、具体法律法规分析

(一)西藏环境保护的法律法规

自 1982 年以来,西藏自治区人大常委会、政府及职能部门为保护西藏生态环境和自然资源,相继制定了一些系列地方性的环境保护法律和部门规章制度,包括直接以环境保护为主题的《西藏自治区森林保护条

[①] 姚俊开.西藏地方立法刍议[J].西藏民族学院学报(哲学社会科学版),2007(1):87-90.

例》《西藏自治区环境保护条例》《西藏自治区生态环境保护监督管理办法》《西藏自治区国家生态文明高地建设条例》等地方性法规,条文中涉及环境保护的《西藏自治区气象条例》《西藏自治区矿产资源管理条例》《西藏自治区地质灾害防治管理暂行办法》《西藏自治区旅游管理条例》《西藏自治区水文管理办法》《西藏自治区登山条例》《西藏自治区气象灾害防御办法》等法规,《西藏自治区实施〈中华人民共和国土地管理法〉办法》《西藏自治区实施〈中华人民共和国野生动物保护法〉办法》《西藏自治区实施〈中华人民共和国草原法〉细则》《西藏自治区实施〈中华人民共和国水法〉办法》《西藏自治区实施〈中华人民共和国水土保持法〉办法》《西藏自治区实施〈中华人民共和国自然保护区条例〉办法》等贯彻落实国家立法的实施办法和细则,以及《西藏自治区生态环境建设规划》《西藏自治区水土保持规划(2015—2030)》《西藏自治区自然保护区发展规划(1996—2010)》《西藏自治区国家生态文明高地建设规划(2021—2035 年)》《拉萨南北山绿化工程总体规划(2021—2030 年)》等一系列生态环境保护与建设规划,形成了系统的地方性环境保护法规体系,内容涵盖了生态与环境保护的各个领域,做到了有法可依。

2009 年国务院通过了《西藏生态安全屏障保护与建设规划(2008—2030 年)》,2021 年国家发展改革委、自然资源部、水利部、国家林草局四部门联合发布了《青藏高原生态屏障区生态保护和修复重大工程建设规划(2021—2035 年)》,2023 年 4 月第十四届全国人民代表大会常务委员会第二次会议通过了《中华人民共和国青藏高原生态保护法》,把西藏的生态建设和环境保护工作上升到国家战略,体现出党和国家对保障国家生态安全、加强生态风险防控的高度重视,有力地推动了西藏生态建设和环境保护事业的快速发展并取得举世瞩目的成就。

(二)西藏生物多样性保护的法律法规

我国不断完善生物多样性保护法律法规体系,以严格制度保护生物多样性,充分体现了习近平生态文明思想的严密法治观。2024 年 1 月 18 日生态环境部发布《中国生物多样性保护战略与行动计划(2023—2030 年)》,明确我国新时期生物多样性保护战略部署、优先领域和优先行动,为各部门各地区推进生物多样性保护提供指引。

西藏自治区出台的贯彻落实国家有关生物多样性保护的法律法规的办法和细则有《西藏自治区〈中华人民共和国野生动物保护法〉实施办法》《西藏自治区实施〈中华人民共和国草原法〉细则》《西藏自治区实施〈中华人民共和国动物防疫法〉办法》《西藏自治区实施〈中华人民共和国渔业法〉办法》《西藏自治区实施〈中华人民共和国森林法〉办法》《西藏自治区实施〈中华人民共和国种子法〉办法》《西藏自治区实施〈中华人民共和国自然保护区条例〉办法》等。

西藏自治区较早关注到森林保护等相关问题,1979 年发布了《西藏自治区林业厅护林防火八项规定》,1982 年颁布实施了《西藏自治区森林保护条例》。为不断加强对天然林资源的有效保护和植树造林,先后制定了《西藏自治区造林绿化规划》和《关于加快造林绿化步伐的意见》。作为我国天然草原面积最大的省区,西藏自治区对草原生态也极为关注,先后出台了《西藏自治区实施〈中华人民共和国草原法〉细则》《西藏自治区草畜平衡管理办法(试行)》《西藏自治区关于加强草原保护修复的实施意见》等法规。《拉萨南北山绿化工程总体规划(2021—2030 年)》《西藏自治区山南市雅江两岸面山造林绿化工程规划(2020—2035 年)》《西藏自治区草原保护修复和草业发展规划(2021—2035 年)》等规划的实施,为西藏加强森林和草原生态保护提出了明确的目标。

在动植物资源保护方面,陆续出台了《西藏自治区农作物种子管理办法》《西藏自治区冬虫夏草采集管理暂行办法》《西藏自治区重点陆生野生动物造成公民人身伤害和财产损失补偿暂行办法》《西藏自治区野生植物保护办法》等法规。

在西藏自治区颁布实施的《西藏自治区环境保护条例》《拉萨市拉鲁湿地国家级自然保护区管理条例》《西藏自治区湿地保护条例》《西藏自治区国家生态文明高地建设条例》《西藏自治区生态环境保护监督管理办法》等地方性法规中也均有涉及生物多样性保护的内容。

(三)西藏湿地保护的法律法规

西藏湿地保护的地方性立法体系主要以综合法律规范、专门法律规范以及保护湿地各方面要素的专门性法规构成,内容全面的包含了湿地保护的各个领域。

综合立法方面,自 1992 年起,西藏自治区陆续通过了《西藏自治区环境保护条例》《西藏自治区实施〈中华人民共和国土地管理法〉办法》《西藏自治区实施〈中华人民共和国野生动物保护法〉办法》《西藏自治区实施〈中华人民共和国草原法〉细则》《西藏自治区实施〈中华人民共和国水土保持法〉办法》从宏观环境保护和管理方面,推进了湿地保护。其中 2001 年通过的《西藏自治区实施〈中华人民共和国自然保护区条例〉办法》第十条中明确指出,保护湿地自然保护区具有特殊的价值,这是西藏自治区法律法规中第一次使用"湿地"的概念。

在专门立法方面,2006 年拉萨市政府首先通过《拉萨市湿地保护管理办法》。2010 年又专门为加强国内最大的城市湿地——拉鲁湿地国家级自然保护区的保护和管理,出台了《拉萨市拉鲁湿地自然保护区管理条例》。2010 年,西藏自治区借鉴其他省市经验,结合西藏湿地实际,制定首部保护湿地的专门性法律,全面指导西藏湿地保护工作,即《西藏自治区湿地保护条例》。2021 年 12 月 24 日,中华人民共和国第十三届全国人民代表大会常务委员会第三十二次会议通过的《中华人民共和国湿地保护法》,为加强湿地保护、维护湿地生态功能及生物多样性、保障生态安全、促进生态文明建设,提供就更加完备的法律保障。

其他涉及湿地保护各方面要素的专门性法规,包括《西藏自治区饮用水水源环境保护管理办法》《西藏自治区水污染防治行动计划工作方案》等。

第三节　构建建设西藏碳汇功能区的法律法规体系

构建西藏碳汇功能区的法律法规体系,要站在全球温室气体排放控制和我国能源安全的高度上,还需要结合西藏碳汇功能区实际制定实施的具体措施和步骤,以宏观的视野确定西藏碳汇功能区长期发展碳汇经济的战略方向,微观方面要细化对中长期温室气体减排目标的设定与落实,确保法律能够重视碳汇经济发展的宏观统领作用,成为真正既具有立法高度又有实践性的切实可行的碳汇经济统领法。

在立法理念上,必须将碳汇经济相关原则贯穿其中。在具体制度上,既要包含节能减排、传统能源替代等低碳经济常规领域的相关制度方面的设计,同时应当包含碳汇建设、碳金融制度、碳税收制度、碳交易市场设计等碳排放控制制度,并且立法明确以发展低碳经济为目的的产业转型、绿色技术发展、低碳产业促进、绿色岗位供给、绿色能源利用等方面的具体目标,依法确立起西藏碳汇功能区的法律法规体系。

一、制定西藏碳汇功能区规划法

建议立法机关制定西藏碳汇功能区规划法,西藏碳汇功能区规划法可以选择"独立型""嵌入型""整合型""交互型"模式。"独立型"模式是指单独制定功能区规划法,该法与《城乡规划法》《土地管理法》《环境保护法》保持相同立法位阶。"嵌入型"模式是指先在发展规划法中明确碳汇功能区规划的地位,待时机成熟再单独制定碳汇功能区规划法或主体功能区规划条例。"整合型"模式是指制定空间规划法或国土空间开发法,与发展规划法构成二元规划立法体系。"交互型"模式是指制定区域开发法或区域发展基本法,与空间规划法协同调整国土空间开发。相较而言,"独立型"模式最易确立西藏碳汇功能区规划的基础地位,但需平衡发展规划、国土资源、城乡建设、环境保护等部门的空间管理权,协调各类区域政策。由于难度较大,故采用这种模式的功能区规划立法在短期内恐难出台。"嵌入型"模式最能突出总体规划的统帅地位,但需解决发展规划与空间规划孰主孰从的问题。

西藏碳汇功能区规划法应当兼顾规划实体制度与规划程序制度,规划实体制度安排规划主体的权力、义务和责任,涵盖功能区规划的目标与地位、规划管理体制、不同规划之间的关系、规划文本设计、规划实施措施、法律责任等。规划程序制度明确规划编制与实施的流程,规划编制流程包括立项、调研、编制、论证、公众参与、审批、备案等,规划实施流程包括任务下达、目标分解、中期检查以及规划的调整、评估、绩效考核等。

二、制定碳汇经济专门领域法律法规

西藏碳汇相关立法不够完善,不利于西藏碳汇功能区碳汇经济的发展,更不利于其碳汇经济法制体系的完善。例如,在消费、交通、财税、贸易、计划、就业等重要领域,碳汇经济法律规制几乎处于缺位状态,而依据发达国家的经验,碳汇经济立法渗透到社会生活的各个角落,上至政府部门的碳排放控制,下到社区、家庭的节能减排机制,法律的全方位规制使得碳汇经济不仅是能源等少数领域的事情,并非单纯的环境保护问题,而是一种生活方式、生产模式、消费模式,由此带动社会上下达成转变传统生产生活方式、迈向碳汇经济的共识。例如,在生产领域,标志着高碳生产方式向着低碳、绿色方向的转变;在消费领域,则意味着改变传统奢侈消费、炫耀式消费等高碳消费意识;在金融领域,则意味着更多的金融资源投入绿色低碳行业,支持实体经济向着低碳化方向的转型,鼓励个人低碳消费观念的形成;在交通领域,则意味着出行方式的改变、交通工具的低碳化、交通燃料的清洁化、交通排放的减量化等,确立起节能、高效、绿色、低碳的交通模式,如低碳交通出行方式的推广、电动交通工具的使用、清洁能源的推广利用等;在诸如贸易、财税、计划、就业等领域,则意味着以低碳绿色为代表的各种机制的确立等,如碳交易、碳税、碳排放额度分配、绿色岗位等。而只有西藏碳汇功能区各领域皆确立起碳汇经济发展理念并且引入相关制度,全社会的碳汇经济转型才能成为现实,碳汇社会建设才会有制度保障基础。而碳汇转型以及碳汇社会建设将是一个庞大的社会系统工程,必将经历一个长期而艰难的过程,仅仅依靠碳汇政策难以实现,必须在适当的时候,确立起稳定、可靠的制度性措施,方能保障其实现。而这需要在充分论证的基础上,依靠法律制度的力量逐步介入,法律规范的稳定性、强制力、权威性、社会普适性等特征将是全社会改变传统高碳化生产生活模式,迈向绿色低碳未来的可靠保证,将能确保碳汇经济转型的顺利进行。要将重点区域选好,在论证充分的基础上,要分重点、有先后,在专门领域有针对性地立法修法,以此形成符合我国实际的高效率、低成本的碳汇经济法律制度体系。

三、修订完善现有法律法规，建立"多规合一"制度

目前西藏现有的碳汇相关的法律法规还不够完善，对建设西藏碳汇功能区明显不利。因此，对现有碳汇经济相关法律法规进行梳理和修订便成为构建建设西藏碳汇功能区的法律法规体系的重要内容，其修订的目的是将碳汇经济相关理念融入相关立法，将碳汇经济概念植入相关立法，增加立法的碳汇特征，并将不符合时代发展要求的条款从中剔除，从立法技术上对现有立法进行重新设计，使其更具有可操作性。对前述的碳汇化色彩不足的相关立法，通过修订强化其碳汇特征，加强碳汇经济理念、概念的引入，使其名副其实地成为碳汇经济立法。并通过立法技术的合理运用，消除现行立法过于原则化、抽象化，行政化色彩太强，计划经济色彩太浓等普遍缺陷，从制度上引入市场机制，使政府之手与市场之手真正能够协同发挥作用，推进西藏碳汇功能区建设和碳汇经济的发展。

具体来说有以下措施。一是围绕我国既有的法律框架，完善大气污染防治法，从而构建促进低碳经济发展的外部动力和内在利益机制；二是统筹已出台的能源单行法，制定综合性能源基本法，将能源战略、能源政策、能源安全保障措施、能源管制等以法律形式固定下来，重点调整能源立法低碳化价值位移，使低碳能源宏观调控有法可依；三是建立碳排放控制和交易机制，以生产能力、生产水平等因素作为依据，合理分配各个部门或企业的排放配额，对高碳产业发展进行抑制；四是将"绿色证书"制度尽快建立起来，用认证调整能源消费结构；五是建立碳制品市场准入门槛，依据产品性质，分别进行排放标准的设置，严格限制非环保型产品入市；六是通过立法强化资源综合利用，促进提高资源利用率，降低废物污染[①]；七是西藏碳汇功能区内部各地市可根据本地实际情况，建立地方性低碳经济法规体系，通过立法将节能减排纳入地方政府监管范畴，强化政府职责。

---

① 张童.西部地区低碳经济发展模式研究[D].成都：西南财经大学,2011.

西藏碳汇功能区规划与现行各类空间规划、法律法规是合作而非替代关系,其部分目标应通过各类法律、法规、规划予以落实,这涉及规划衔接问题。规划衔接表面上看,要求相关规划之间在内容上不矛盾,实质上要求规划编制部门之间协同履职。在立法时可以修订相关法律法规,在其中增加与碳汇功能区规划衔接的要求,将"多规合一"的政策目标转化为法律原则,强化法律法规之间的衔接关系。

四、加强减排监管力度

加强西藏碳汇功能区的减排监管力度,应从下列一些方面开展工作。一是对保障碳汇发展的行政法体系进行完善,做好政府职能的转变工作,进行清晰而稳定的政策框架的创建,并对西藏碳汇功能区各政府部门行政职权进行一系列合理配置,强化节能减排行政监督执法能力建设。二是进一步加大环境侵权惩罚力度。应采取无过错责任原则,提高惩罚性赔偿标准,建立公益诉讼制度,对受害者合法权益切实进行维护。三是将司法机关、行政机关外以外的社会组织调动起来,发展西藏碳汇功能区社会多元节能减排监督,强化过程监督,促使全社会共同参与到碳汇经济发展建设的过程中去。

国务院在《关于印发节能减排综合性工作方案的通知》中,要求各地建立节能监察、检测机构,并把机构建设与资金支持作为节能指标考核的主要内容。节能降耗是一项长期性的工作,应尽快建立健全节能减排行政监管、行政执法队伍和检测、监测机构。

第五章　建设西藏碳汇功能区的产业发展政策

　　产业发展政策是一国政府根据经济和社会发展的需要,通过法律、经济和行政手段,基于市场机制的产业技术、产业结构、产业布局和产业组织的定向控制,为了实现经济和社会目标而制定的一系列政策整合。[①]西藏碳汇功能区产业发展政策主要原则应该是合理处理生态保护和产业发展两者之间的关系,在对主体功能发挥不造成影响的基础上,充分发挥当地的比较优势,更好更快地发展特色产业,引领产业向发展条件较好的区域集聚,限制那些与主体功能不符合的产业和企业发展,要求其加强技术改造或有序退出该地区。

　　《全国主体功能区规划》(国发[2010]46 号)、《国家发展改革委贯彻落实主体功能区战略 推进主体功能区建设若干政策的意见》(发改规划[2013]1154 号)和《关于加强国家重点生态功能区环境保护和管理的意见》(环发[2013]16 号)等文件,从产业政策角度对如何更好地发展保护国家重点生态功能区进行了部署。

　　《国家发展改革委贯彻落实主体功能区战略推进主体功能区建设若干政策的意见》中,针对重点生态功能区,提出要把增强提供生态产品能力作为首要任务,保护和修复生态环境,增强生态服务功能,保障国家生态安全。因地制宜地发展适宜产业、绿色经济,引导超载人口有序转移。

　　[①]　国务院发展研究中心课题组.主体功能区形成机制和分类管理政策研究[M].北京:中国发展出版社,2008:211-283.

第一节　建立西藏碳汇功能区经营管理政策

碳汇经营管理政策是西藏碳汇功能区固碳工作的核心，对具体碳汇工作的开展起到指导作用。

一、碳汇功能区经营管理概述

（一）碳汇功能区经营管理的意义

1.生态与经济的协调发展

党的二十大报告强调，"推动绿色发展，促进人与自然和谐共生"。报告指出，大自然是人类赖以生存发展的基本条件。当前社会文明已步入经济与生态协调发展的时代，国际社会大力开展清洁发展活动，主张采取市场手段解决生态问题，以此减缓气候变化，进而有助于生态与经济的协调发展。

2.发展权关系

碳排放权的分配是以公平和平衡这两个基本原则为基础确定的，然而，就前一个基本原则来看，国际社会还没有在国家利益方面达成一定的共识，因此，有助于我国的发展权关系的提前建立。

3.碳汇产业地位的重新界定

森林属于地球上最大的碳库，当前所使用的退耕还林、还牧及植树造林的办法，不仅成本最低，而且能有效阻止大气变暖。由此可见，碳汇产业发展前景广阔，其地位有待提高。

4.碳汇产业发展融资的新平台

就公开资料来看，碳汇管理经营活动的蓬勃开展，为很多发展中国家和地区引进了大量碳汇产业资金，从而给碳汇融资带来新机遇与新平台。

(二)碳汇经营管理实践

碳汇经营管理政策必须来自碳汇经营管理实践,加以总结提炼,而政策制定又可以指导碳汇经营管理实践。

1.成立管理机构

党的二十大报告指出,"提升生态系统碳汇能力,积极参与应对气候变化全球治理"。面对日益严重的气候问题,2003 年 12 月,国家林业和草原局成立了碳汇管理办公室,负责林业碳汇活动的管理及协调工作。2005 年 10 月,国家发展和改革委员会、财政部以及外交部共同颁布了《清洁发展机制项目运行管理办法》,这是第一次对清洁发展机制项目进行规定。2007 年 6 月 12 日国务院决定成立国家应对气候变化及节能减排工作领导小组,主要任务是研究制定国家应对气候变化的重大战略、方针和对策,统一部署应对气候变化工作,研究审议国际合作和谈判方案,协调解决应对气候变化工作中的重大问题;组织贯彻落实国务院有关节能减排工作的方针政策,统一部署节能减排工作,研究审议重大政策建议,协调解决工作中的重大问题。

2.搭建信息平台

网络信息平台由相关单位结合其自身业务搭建并运行起来,比如国家林业和草原局、气象局、国家应对气候变化战略研究和国际合作中心等机构建立和运行的网络信息平台,主要有中国碳汇网、中国气候变化信息网、中国清洁发展机制网等。

3.研究优先发展区域

京都协议生效后,中国的清洁发展机制项目也逐步开始实施,我国气候主管部门发布了一系列重点发展领域,提倡和鼓励林业碳汇项目,并开展了项目试点工作。

4.设立专项基金

经国务院批准,中国绿色碳汇基金会(China Green Carbon Foundation)于 2010 年 7 月 19 日注册成立,业务主管单位是国家林业和草原局,宗旨是推进以应对气候变化为目的的植树造林、森林经营、减少毁林和其他相关的增汇减排活动,普及有关知识,提高公众应对气候变化的意识和能力,支持和完善中国森林生态补偿机制。中国绿色碳汇基金会成立至今,累计筹集公益资金近 10 亿元,2012 年成为联合国气候变化框架公约缔约方大会观察员组织,2015 年成为世界自然保护联盟成员单位,在服务"双碳"目标、服务国家应对气候变化战略方面发挥了重要作用。

二、碳汇经营管理政策体系的建立

碳汇这种环境产品由于自身的特殊性,很难用经典的林业管理理论和经济理论来分析。碳汇经营管理理论可以从碳汇生产、计量、评价和整个价值链的交易和管理环节来探讨(见图 5-1)。

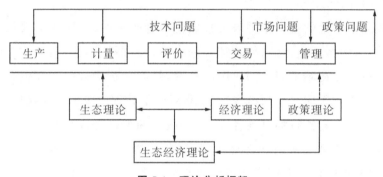

图 5-1　理论分析框架

政策、市场和技术是碳汇理论研究主要集中的领域。就实质来看,政策决定着碳汇市场运行的本质,理论指导是政策建立的基本前提,再通过具体实施过程中的调整和完善,依托理论发展和创新、固碳技术与管理、构建起碳汇管理政策框架。

碳汇理论主要涉及生态学、经济学和政策学三个领域。生态学理论从自然生产的角度对碳汇问题进行分析,经济学理论从经济生产的角度对碳汇问题进行解剖,生态学和经济学的结合形成了生态经济学的思想。由于在以碳汇为具体对象践行生态经济理论的过程中存在一些具体的问题,因此必须对存在的具体问题提出可能的解释,形成有效作用于碳汇管理实践的政策体系。

在碳汇技术部分,主要从碳汇功能区的功能、实现途径,以及碳汇活动的监测与评价等方面进行考察。这实际上就是碳汇的生产、计量和评价，是研究碳汇价值链的重要环节。碳汇功能的阐述以森林生态系统生产力方面的生长机理为基础，加快碳汇增加的实现途径主要源自可持续森林经营的思想，对碳汇活动的监测和评估以项目管理和评价理论为依据。

三、碳汇经营管理政策研究

（一）系统论的设计思想

系统论思想在 1952 年由美籍奥地利人、理论生物学家贝塔朗菲（L.Von Bertalanffy）所创立。

按照系统论的基本原理来考察碳汇管理政策的设计、碳汇政策体系的构建，需要体现整体性、结构性和动态性。所谓整体性，就是首先明确碳汇政策研究在碳汇问题探讨中的位置，然后分析管理政策在整个碳汇政策体系中的作用。所谓结构性，就是对碳汇管理政策的具体探讨，根据现实的可行性和执行的灵活性，将政策体系的设计分成京都市场和非京都市场两种类型。所谓动态性，就是按照发展性、变化性和阶段性的要求，探讨在现阶段针对两类市场设计的两类管理政策的相互关系，以及未来相互转化和融合的可能性。

（二）优先战略

1.优先战略的理论依据

优先理论也称先进入者理论，所阐述的思想是：对于市场而言，首先进入的企业或产品，在经营中因具备技术、资源、成本等方面的优势，会逐步形成垄断，进而获得超额利润。因此，优先进入和优先发展的思想对企业或厂商获取产业内的优先位置和主导性影响，不断推进产品升级和企业进步有着重要指导作用。企业优先战略的实现需要依托优先的策略，包括成本优先、技术优先、人才优先、质量优先、资金优先、学习优先等策略。通过对具体宏观经营环境的客观分析，结合企业自身的内部资源和能力，这些优先的策略可以单独采用，也可以结合使用。

2.优先战略思想对碳汇管理政策设计的启发

研究《京都协定书》规则下碳汇发展的优先区域布局,在此基础上设计我国清洁发展机制碳汇活动管理政策,其理论依据是优先战略思想。实际上,尽管很多国家和组织都对碳汇的发展持积极乐观态度,但国际社会严格意义上的清洁发展机制碳汇市场还没有完全建立,真正的交易也非常有限。这种情况下,哪个国家首先进入这个领域,并在这一领域做出较大的成绩,很有可能获得话语权和规则权。通过率先实施项目并制定相关政策,就可以取得清洁发展机制碳汇项目实施理论和实践的优势地位,而优势的利用和发挥就是影响力和竞争力。因此,开拓性地进行京都规则下碳汇项目优先发展区域研究,以期达到占领清洁发展机制碳汇功能区领域理论研究和项目实施的制高点,可以为我国清洁发展机制碳汇产业的发展和相关管理政策的制定提供决策依据,为清洁发展机制碳汇项目的国际竞争和国家的气候外交提供相关的决策依据。

(三)赶超战略

1.比较优势与赶超战略的关系

比较优势是一种传统的经济贸易理论,对经济理论的沿革和经济生活的发展产生了重要的指导和支撑作用。很多经济学家提出,对发展中国家来讲,应积极采取赶超战略。赶超作为发展经济的一个战略,指的是落后国家要实现经济的腾飞时,要采取非平衡的经济跳跃性发展方式作为基本特征的经济超常规增长的过程,并以产业结构转换高级化、经济增长速度超常规及产出增长率高效益等作为具体表现。按照比较优势战略观点,高科技产业的进一步提升由政府采取的产业政策进行引导和支持,本国经济可以由具有更高层次的比较优势来促进。由此来看,比较优势理论为赶超战略的提出提供了理论铺垫,赶超战略的发展则是对比较优势理论的丰富和拓展。

2.赶超战略思想对碳汇经营管理政策设计的启发

为了培育非《京都协定书》规则下中国林业碳汇市场(自愿碳市场),首先应建立一支碳汇功能区碳汇基金用于生产碳汇,在此基础上设计中国碳汇市场运行框架和政策措施,其理论依据是赶超战略的思想。现实中,包括碳汇市场在内的国际碳市场已经形成,而且现在发展很快。国际经验显示,在国际碳市场起步乃至发展初期,国际碳基金起到了十分重要的基础平台作用。正是在碳基金的资助和推动下,国际碳交易自愿市场日益活跃。要在中国培育和推动国内碳汇交易市场,需要借鉴国际碳基金的经验和做法,结合中国实际,有计划、有步骤地建立一支中国的碳汇功能区碳汇基金,在汲取国外成功经验的同时,注重发挥后发优势,通过接近、模仿和学习,达到创新和超越,最终使中国碳汇交易市场在世界上产生积极的影响。

(四)碳汇经营管理政策总体思路的构建

根据系统论的指导思想,科学构建碳汇管理的政策体系,需要从京都规则和非京都规则两个角度进行全面性、整体性分析(见图5-2)。

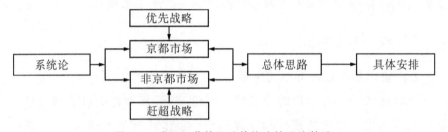

图5-2 碳汇经营管理政策构建的理论基础

考虑到碳汇经营管理政策的内容和结构的层次性、关联性、平衡性和时序性,碳汇功能区碳汇问题的系统考察可以从碳汇功能区建设整体框架、碳汇技术、碳汇项目、碳汇市场交易以及碳汇的政策探讨几方面入手。由于真正意义上的京都市场刚刚起步,对京都市场的政策设计带有前沿性和开创性,运用的理论思想是优先战略。相对而言,国际碳汇市场非京都规则交易由来已久,政策设计更多的思想来自对国际碳基金运作模式的学习和借鉴,以及结合中国情况的本土政策的补充和完善,因此,体现的思路可以归结为赶超战略的思想。

碳汇问题是个系统工程,涉及面非常大,碳汇功能区碳汇经营管理政策无疑是其中的重要内容,但必须首先构建碳汇研究的整个体系和研究框架,确立整个研究内容的各个主要元素,以及每个组成部分的作用和角

色,进而从碳汇工作全局的角度来看待碳汇经营管理政策的位置和影响,
才能保证碳汇经营管理政策的制定是科学的、具有可操作性的。我国当
前主要是从碳汇技术、项目、市场、政策这四个方面逐步展开我国的碳汇
功能区的碳汇工作。其中,技术是碳汇工作的基础,项目是碳汇工作的载
体,市场是碳汇工作的关键,政策则是碳汇工作的保障(见图5-3)。

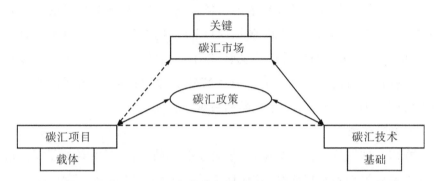

图 5-3 碳汇功能区管理碳汇工作的主要内容

注:实线表示包含关系;虚线表示关联关系。

由于作为保障的碳汇管理政策包含了对技术的把握,对项目管理的
要求和对市场的引导,综合反映了政策对实践的指导作用,因此它应该成
为碳汇管理工作的重点和核心。

1.碳汇技术

技术层面的分析在研究碳汇问题当中充当着重要的支撑和依据。当
前,碳汇技术的研究内容主要包括:适用于碳汇功能区碳汇项目的界定、
碳汇功能区生态系统的固碳能力及其动态变化、自然灾害对碳汇功能区
碳库变化的影响、碳汇计量与监测方法和模型、不同区域和不同植物种类
碳吸收速率的比较、碳汇功能区碳汇产品的储碳能力、碳汇功能区经营管
理及采伐作业对碳汇功能的影响、提高碳汇功能区固碳能力的途径、碳汇
功能区与其他陆地生态系统碳汇功能比较。这些问题虽然属于自然科学
的范畴,看似与碳汇政策关系不大,其实不然,只有对这些问题有了比较
清楚的了解,明白内在机理,掌握基本数据,才能从碳汇功能区管理经营
的角度出发,制定符合实际的科学政策,指导碳汇功能区碳汇的实践
活动。

2.碳汇项目

项目是研究碳汇功能区碳汇问题的架构中重要的载体。项目的实施可以使我们正确地认识和了解碳汇造林的运行模式,发现其中可能存在的问题,从而汲取宝贵的经验,进而提高我们开展碳汇工作的效率。现阶段进行碳汇项目的研究内容主要有:在国际上碳汇项目的发展历程和阶段、碳汇项目在清洁发展机制中的份额及地位影响、碳汇项目的申报程序、项目实施主体和运作模式、碳汇项目基线和监测方法学的建立与计入期的确定、碳汇项目与促进社区发展、碳汇项目的优先发展区域等。碳汇功能区碳汇项目的提出和发展都有其特殊的时代背景,充分了解碳汇项目的实施规程和政策要求,才能顺利组织项目实施。

3.碳汇市场

在研究碳汇问题的构架中,市场处于关键的地位,只有认知了碳汇市场才能使碳汇项目得以实现,从而使得碳汇工作开展的初衷得以实现,碳汇功能区生态效益价值市场化。管理政策在市场中扮演着调控和指导的角色,特别是对于碳信用指标这一特殊的生态产品,碳汇市场的发展状态显然受到并反映碳汇政策的调控和影响。此外,生态效益市场化本身就是政策问题,同时也是为碳汇功能区生态工程后续政策服务的。因此,了解碳汇市场的运行过程,是研究碳汇政策的有效途径。

当前碳汇市场的研究主要集中在:国际碳汇市场的格局,碳汇市场的运行模式,碳汇市场的风险分析,碳汇市场消费以及碳汇市场的交易程序、类型、数量、价格、成本、交易主体、发展趋势等。

4.碳汇政策

管理经营政策在进行碳汇功能区的研究进程中发挥着重要的作用,没有政策要求,碳汇活动可能就不会兴起和活跃;没有政策规范,碳汇活动可能会无序和混乱;没有政策指引,碳汇活动就没有目标和方向;同时碳汇技术的研究成果为碳汇政策的制定提供了基础和依据,碳汇市场的研究为碳汇政策的执行提供土壤和实践机会,碳汇项目的实施为碳汇政策的检验提供评价载体和案例。碳汇政策的形成过程就是从政策的制定、执行、评价到政策修订的周期活动,而政策的监控发生在碳汇政策过程的每一个环节中。

四、制定西藏碳汇功能区管理经营政策的建议

(一)创新西藏碳汇功能区碳汇管理经营政策管理机制

就目前看,西藏碳汇功能区所面临的碳汇管理经营政策主要涉及财政、环境和金融政策的具体意见、建议、决定和管理措施,有关职能部门就其职权的一部分提出基本政策和意见,但体系性的有效管理经营政策比较缺乏。在具体实施期间,因各部门有不同的条件,执行政策过程就比较复杂且烦琐,这就在很大程度上削弱了行政效能。当前的森林碳汇的发展对西藏碳汇功能区建设提出了很多需要研究的新课题,其中不乏一些难题。因此,在实施碳汇政策的过程中,西藏碳汇功能区必然要处理好地方政府利益的选择问题,也就难免出现以会议落实会议、以文件落实文件的形式主义弊病,只是通过一般性的宣传号召来贯彻碳汇政策,就不可避免地让碳汇政策的执行表面化和形式化。加之各地区存在发展不平衡与利益差异等问题,这可能导致整个碳汇政策设计缺乏必要的协调和沟通,制度的形成与完善较为困难。另外还需要完善政策制定、政策执行、政策评估、政策监督和政策退出的全过程,难度很大。西藏碳汇功能区碳汇项目处于刚刚起步的阶段,必须得到财政部和发改委等部门的坚强有力的支持。

可是,目前国家对西藏碳汇功能区建设的支持力度还不够,缺乏能够成系统的政策,需要对西藏碳汇功能碳汇项目的发展给予更多支持。

碳汇管理经营在我国发展的时间非常短,而西藏碳汇功能区建设更属于我国的一个全新的课题,尚且没有比较好的政策和监管机构支持碳汇功能的发展。我们看到,全球气候变化在国际社会引起了相当大的关注,有不少关于清洁发展机制碳汇项目的国际法律法规和相关要求相继出台,对碳汇的发展起到了促进作用。这些法律法规对西藏碳功能区碳汇的生态效益也会产生一定的影响,需要国家和西藏自治区政府相关部门尽快把配套的制度和碳汇项目实施管理办法制定好,围绕国际化、法治化和规范化来加快西藏碳汇功能区建设步伐,让西藏碳汇交易能够尽快

形成并获得发展,并促使西藏碳汇功能区生态效益外在价值的内部化能够逐步得到实现。

(二)建立健全西藏碳汇功能区的碳汇法律体系

建设西藏碳汇功能区能够有效控制温室气体的排放,为我国碳汇市场的不断发展壮大起到有力的促进作用,显然离不开国家法律法规保驾护航。没有法律作保证,那么效果就无从谈起。只有完善法制管理,采取法律和必要的管理措施,才能使西藏碳汇功能区碳汇项目保持正常运行。要尽快建立西藏碳汇功能区专门的碳汇法律体系,并与国际法联系起来,在对西藏碳汇功能区建设进行科学思考和规划的基础上,在严格准入和公平执法的原则之下,健全碳汇法律法规体系。在转变政府职能和经济体制改革的过程中,无论是国家还是西藏自治区各级政府,都应将自身的职责重心放在强化实施西藏碳汇功能区碳汇项目的相关方面。要认真进行西藏碳汇功能区碳汇发展规划的制定与监督实施,建立科学的绩效评价体系,摈弃那些单单只是依靠 GDP 增长指标对行政官员政绩进行考核这一传统的模式,建立起一套以节能减排为目标的新体系。

国家应在我国《环境保护法》《森林法》等相关的法律法规中,增加发展我国碳汇以及鼓励公民参与等内容,并增加一些相关的约束条款,由此才能提高和完善西藏碳汇功能区有关法规的强制性和可操作性。要对西藏碳汇功能区的碳汇交易、具体交易对象、交易规则和理事机构的法律责任以法律形式加以明确,为成功实施西藏碳汇功能区碳汇政策奠定基础,做到有法可依,这是西藏碳汇功能区碳汇有效管理和经营的基本保证。以法律法规和宏观经济政策的调整,来更好地控制企业的排放行为,并将部门规章、区域约束以及国家立法进行有步骤、有阶段的推进,保证西藏碳汇功能区碳汇事业步入法治化。这对于提高全社会的生态保护意识、清洁生产和节能意识十分重要。

(三)建立西藏碳汇功能区碳汇政策的监控机制

逐步建立西藏碳汇功能区固碳综合决策机制和碳汇政策动态监测机制,应科学合理地监测政策的制定、执行、评价、退出等各方面。要开展现行西藏碳汇功能区碳汇的综合决策机制和碳汇政策动态监控机制、碳汇政策法规各方面的综合评价,对现行政策与实际需要进行详细的比较分析,可以采用课题研究和招投标的方法,调动起全社会的智力资源,对西藏碳汇功能区碳汇政策方案优中选优,对于所涉及的西藏碳汇功能区碳汇的一些具体问题在政策规划中做出明确界定,同时一步步确立起明确的政策目标、关于政策效果的预测以及选择子方案的标准等。对政策执行,要建立相应的职责和权利,建立良好的政策监督体系,同时进一步加强各部门之间的沟通与协调,推动形成科学的政策体系。建立西藏碳汇的法律政策体系,做好这些政策法规与经济社会活动之间的衔接与联系,要在法律约束、政策引导和调控三个方面的综合作用下,大力推进西藏碳汇功能区碳汇的科学发展。

同时,必须尽快建立一个比较完备的政策主体监测体系,并制定好衡量绩效的标准,调整当前政府部门的职能,加强部门之间的协调与配合,对碳汇政策执行建立一个完整的前、中、后的监督机制。通过协调管理,逐步建立运行机制和反馈机制,逐步形成自我监控、逐级监控、越级监控的整体体系,进而有助于协调各部门的工作。

另外,应充分发挥企业、非营利组织和社会舆论等政策监督者的监督作用,使得政策反馈渠道更加科学合理,让监控调整政策可以动态全面地实施。

第二节　建立西藏碳汇产业发展政策

一、产业发展政策基本理论

一个产生、成长和进化的产业过程就是产业发展。这个过程不仅有某一具体产业发展、兴盛、转变、衰退的过程,而且也可以成为产业总体的成长、壮大和持续现代化的整个过程。可以通过产业规模的大小、产业链是否完善、产业竞争力是否提高、产业比重是否增加、产品结构是否合理、产业内企业数量的多少、消费需求的大小等,对产业的进一步提升进行有效的衡量。[①]

(一)产业政策的概念界定

1.产业政策的含义

在第二次世界大战之后,日本出现了产业政策一词,全世界逐渐开始广泛地使用。在当今时代,产业政策包含在产业经济学研究当中,不同的国家、不同的时期,不同学者对产业政策的界定不尽相同。日本期盼可以借助政府干预经济之手赶超欧美发达国家,他们认为产业政策就是当本国产业发展水平比其他国家落后时,可采取的缩小差距并能实现赶超的全部政策的总和。欧美学者主要是从产业组织合理化和增强国际竞争力的角度出发来定义产业政策的。在贝恩(Bain,1948)看来,产业政策是一种公共政策,它是从市场结构、行为和绩效当中产生的。刘家顺等(2006)认为产业政策是国家想要让经济目标和社会目标更好地得以实现,从而对产业活动进行干预所制定的相应的政策之和。杨治(1985)认为,产业结构政策构成了产业政策的核心,而且伴随着其他与之相适应的各种各样的政策共同组成经济发展的目标和手段体系。

由日本学者下河边醇和营家茂编著的《现代日本事典》对产业政策的定义为:产业政策是指国家或政府为了实现某种经济和社会目的,以全产业为直接对象,通过对全产业的保护、扶植、调整和完善,积极或消极参与某个产业或企业的生产、经营、交易活动,以及直接或间接干预商品、服务、金融等的市场形成和市场机制的政策的总称。

2.产业政策的分类

产业促进提升、产业组成架构、产业组织政策共同组成了产业政策。其中,产业组成架构包含产业结构政策、产业关联政策、产业布局政策等具体内容。而依据市场组成架构、市场行为、市场业绩效益而制定的产业政策等具体内容构成了产业组织政策。

---

① 苏强.产业经济对城市土地利用形态布局的影响[J].城乡建设,2014(10):41-42.

（二）产业发展政策的含义和内容

1.产业发展政策的含义

广义的产业发展政策可直接理解为产业政策，因为促进某一产业的发展和升级就是制定产业政策的目的。

狭义的产业发展政策的含义是指在产业发展理论和资源配置理论基础上建构起的，针对形成、发展和变更主导产业，进行一系列的财税、融资、技术、外贸扶持和人才投入等政策的制定和实施，从而更好地促进产业的发展，实现产业可持续发展，提升国际竞争力的一系列政策的总称。

2.产业发展政策的内容

产业发展政策由产业财税政策、产业融资政策、产业技术政策、产业人才政策和国际竞争政策组成。

产业财税政策是财政政策和税收政策的合称，构成了产业发展政策的主要内容。其主要采取控制财政收入与支出、增加和减少企业的相关税收来对企业行为进行调节，并为产业发展进行引导。其主要由财政补贴政策、政府采购政策和税收政策所构成。

产业融资政策是国家围绕市场经济活动中的资金供求双方融资方式、融资规模和利率高低等制定出的一系列规章、制度和规范，以保证企业生产、流通等环节正常运转所进行的货币供给和利率的控制与调配。融资政策经常和财税政策搭配使用，主要是对基础产业、战略性新兴产业的发展进行扶持，体现出对有高消耗、高污染、高排放特征的产业发展进行抑制的倾向。

产业技术政策就是立足于技术发展规划、技术引进、技术开发等内容所制定的一系列促进产业技术进步的政策。产业技术政策主要由产业技术发展的路线、主攻方向与重点领域以及相应的策略、措施所构成。

产业人才政策指的是针对培育、引进和使用产业发展急需的专业性和复合型人才而制定出的一系列用人制度和优惠措施。

国际竞争政策是指，当产业发展到了一定的阶段，就会涉及国际竞争与合作，就需要研究怎样才能促进产业参与国际竞争与交流，提高产业的国际竞争力，有效地避免国际贸易争端，并有效规避国际风险。

（三）国外发展碳汇产业政策借鉴

1.准备工作符合相关规则

随着《京都议定书》的正式生效,中国政治经济和碳汇产业发展环境良好,在开展碳汇项目上具有一定优势。为确保项目获得真实的碳信用,并保证项目所在国的可持续发展,项目在准备阶段的工作显得尤为重要。因为一旦该项目由于某些方面不符合规则而无法得到联合国清洁发展机制执行理事会的承认,那么项目参与方在前期准备阶段所耗费的大量资金和时间将会白费,而对于整个项目的实施而言,这些费用都将属于沉没成本。鉴于碳汇产业项目已作为今后一个时期内缓解气候变化的重要措施之一,中国碳汇产业主管部门应该努力争取更多的碳汇项目到中国来实施。

2.加强与非政府组织的合作

在国际上,大量的专门人才被非政府机构聚集起来,这些人才的视野超前,并且还能在企业与政府之间发挥桥梁和纽带作用。不仅如此,非政府组织还有广泛的信息渠道,无论对实施项目还是开展管理都是积极有益的,能为开展碳汇和其他项目寻找更多机会。巴西大西洋森林恢复项目就是典型的例子,其弥补了巴西政府在大西洋森林保护和恢复方面的资金和力量的不足。

3.重视宣传教育,鼓励群众参与

在开展大西洋森林恢复和保护项目中,政府安排了部分资金建立培训学校,对社区居民进行实地培训,让当地居民能够更好地掌握森林碳汇方面的相关知识和技能。通过技能培训,提高了当地居民开展有机农业、饲养水牛和从事生态旅游服务的技能,使得项目和当地社区发展很好地融合起来,保证了项目顺利实施。联合国清洁发展机制森林碳汇项目往往与乡村社区联系紧密,因此,获得乡村社区的理解和参与对项目的成功至关重要。我国进行项目准备和设计时,也需要对项目区的社会、经济、文化和习俗制度状况进行充分的调查和分析,积极引导当地居民参与到项目中,更好地帮助当地居民脱贫致富。

二、建立西藏碳汇产业发展政策

（一）资金扶持政策

由于碳汇产业培育周期长，遭受火灾和病虫害的风险大，在与其他行业相同的利息水平下，银行并不愿意将资金贷给碳汇产业经营者，造成碳汇产业贷款渠道不畅，政府须进一步采取措施解决这个问题。可以从以下几个方面开展工作。一是政府对碳汇产业实施长期贷款政策。由于生产经营的特殊性，碳汇产业具有周期长、投资收益率低和市场竞争力弱等产业特点，因此必须更快地建立中长期低息贷款体系，对碳汇产业实施长期的低息贷款。二是进一步加大贷款贴息力度，让西藏碳汇产业政策性和商业性贷款财政贴息政策持续稳定下来，让财政贴息资金的杠杆作用得到充分发挥，更好地让社会各界都参与到碳汇产业的建设和发展当中来。第三，有关金融机构对参与西藏碳汇的企业适当放宽贷款条件。银行要适当放宽担保和抵押限制，使碳汇产业企业有能力获得贷款。农村金融机构应该把碳汇产业作为西藏加快农村经济发展的主要服务对象，进行重点扶持。

（二）建立碳税制度

我们可以从含碳量的角度出发向排污者征税。这样做主要是由于二氧化碳的排放量与燃料的含碳量是正相关关系，制定合适的西藏碳税税收政策，综合运用各种政策工具，促使排污企业购买碳汇，可以为西藏碳汇产业提供资金保障。

（三）建立西藏绿色碳基金

目前，种草造林是最容易、成本最低的碳减排方法。因此西藏自治区政府应成立西藏绿色碳基金，帮助最需要发展的领域推进生物多样性保护、支持社区发展和减轻气候变化多重利益的项目。企业参与西藏绿色碳基金，不仅可以减少温室气体排放，达到为气候变化减缓做贡献的目的,而且也对中国植树造林和生态建设工作起到促进作用,并为企业赢得一定的社会效益,同时企业对西藏绿色碳基金的贡献也是对企业未来发展的潜在投资。

(四)重视人才培养和基础建设

目前,无论是全社会还是农林学界,森林碳汇项目都是一项新的事物,由于在世界各地开展时间较短,许多理论、方法、政策尚在探索和研究中。因此,提高认识、加强宣传和汲取国内外已有项目试点经验显得尤其重要。另外,由于熟悉清洁发展机制项目规则、了解碳汇及相关项目管理的人才匮乏,此方面的人才培养亟待加强。第一,要抓好碳汇人才政策的落实,鼓励和促进西藏农林业积极学习国内外经验,并加大人才引进,尤其是高级管理和农林业专业技术人才的引进力度,发展和完善人才培养机制;第二,设立专项资金,用以组织及开展对参与碳汇的企业管理者和专业技术人员的培训教育;第三,开展多渠道培训活动,积极拓展区外培训渠道,拓展和探索国际培训合作[①];第四,鼓励参与西藏碳汇产业的企业要有长远发展目光,并有计划地选派一些有前途的优秀管理人员去国外进修经营管理知识、参与对口培训并进行实践考察,培养一批具备农业科技理论知识、了解碳汇产业发展政策、懂管理善经营、富有创新精神的企业家或职业经理人。

(五)扩大西藏碳汇产业碳汇科研人才的储备

任何国家的发展,都离不开人才,人才的地位一直是最重要的。人才不仅是研发、项目管理的主力军,而且还主要承担着传承各项关键技术的使命。发挥人才的作用,自然也是发展西藏碳汇产业发展之关键。

1.要坚持将"走出去"与"引进来"的政策相结合

不仅要加大人才吸引力度,也要加快培养本土化科研人才。

2.大力发展教育,强化人才引进与培养工作

要通过科技进步,大力培育专业对口人才,尽快建成高水平的西藏碳

---

① 邵珍,文冰.我国森林碳汇项目激励模型研究[J].中国林业经济,2008(4):1-4,22.

汇产业人才队伍。

3.加强科研步伐,积极创新西藏碳汇产业科研体系

首先,借鉴目前国际上已经研发成功的科技成果,强化国际合作,学习国外先进技术;其次,在现有知识技术水平基础上,制定西藏碳汇产业、技术和碳汇产品长期科研计划,整合智力资源;再次,进一步提高资金扶持和政策扶持力度,形成产学研一体化的知识产权、科技人才流动体制机制。

(六)建立和完善扶持西藏碳汇产业发展的服务体系

要上升到政策层面来认识西藏碳汇产业服务体系建设的重要性。当前碳市场的大多数人,甚至包括一些政府管理者,对碳汇项目和碳交易还不甚了解。关于碳汇项目的申请程序、碳汇的具体管理政策方面的知识,相当多的购买碳汇的企业都缺乏足够的了解,至于其能带来什么样的经济效益和生态效益更无从知晓,这就导致很多企业对碳汇的潜在效益不够重视,即使有的企业具备能力但止步不前。

碳汇项目的实施面临着严峻的技术问题。虽然实施碳汇项目只需要很短的几年时间,但碳汇项目的经营者对有关造林技术方面的知识缺乏深入了解,难以在较短时间内寻找到具有资深工作经验的员工,也无法在很短的时间培训新员工,专门研究碳汇的专家和研究人员相对稀少,影响到碳汇项目在我国开展的质量和进度。

要建立并健全集体林权的流转制度。在不损害农民的承包林地的权益、不改变林地的集体所有的性质和用途的前提下,林农可以依法转包、出租、转让经营权和林木的所有权,可以入股、抵押互换,并且可以作为合作、出资条件。

要建立健全西藏碳汇产业的服务体系。大力发展西藏碳汇产业合作组织如农民专业合作社、家庭合作林场和股份制林场等;鼓励发展专业的林业协会,规范并引导各种西藏碳汇产业中介的发展,同时国家也要支持农民以林业合作方式承担林业和山区经济发展建设项目。

第三节 西藏林业碳汇交易市场体系构建研究

在《联合国气候变化框架公约》《京都议定书》《巴黎协定》中,对各国分配碳汇指标有一些规定,国际碳汇交易是建立在此基础上的、通过法律创设的一种虚拟交易。开展碳汇交易,就是一些国家通过二氧化碳吸收或减排,把多余出来的碳汇指标转卖给需要的国家,抵消这些国家的减排任务,而并不是真正要向国外运送打包的空气。根据《京都议定书》相关规定,在 2008—2012 年,基于 1990 年的温室气体排放量要在世界主要发达国家平均下降 5.2%。调查资料表明,每年全球碳汇交易市场的规模大约在 600 亿美元。2012 年,碳汇交易的全球市场容量达到 1 500 亿美元。联合国最新统计数据显示,印度、中国和巴西占据了 CDM(清洁发展机制)项目的主导力量,注册项目总数的 32% 在印度,中国和巴西分别为19% 和 13%。但仅从减排额来看,中国遥遥领先,占 53%。作为跨国交易的碳汇交易,必须得到国际经济法律制度的支持及国际条约的指引,这就需要国际经济法律制度为碳汇交易提供法律保障。[①]

一、碳汇交易的基本内涵与发展前景

碳汇交易是指根据有关法律规定,发达国家(地区)通过碳汇交易平台向发展中国家(欠发达地区)出资购买碳汇指标的行为。这是借助于市场机制促进现生态价值补偿实现的一种有效方式。美国早在 1990 年就颁布了《清洁空气法修正案》,在该法案中,提出公开拍卖、价格固定、免费分配三种方案进行配额分配,最后美国采取了免费分配的方式。欧盟也是如此。

分配的配额在《京都议定书》的清洁发展机制中被称为"核证减排量"

---

① 中国碳排放交易网.目前国内外碳汇交易市场状况如何?[EB/OL].(2016-03-06)[2020-10-20]http://www.tanpaifang.com/tanhui/2016/0306/51210.html.

(certifi ed emission reductions,CERs)，在欧盟的碳汇交易中被称为"欧盟排放许可"(European union allowances,EUAs)。按照《京都议定书》，全球强制减排市场由基于配额的排放权交易(cap and trade)和基于项目(project-based)的碳信用交易(carbon credit)两种交易类型组成。CDM碳市场，指的是用基于项目的碳信用交易市场。在 CDM 碳市场中唯一经过 CDM 执行董事会注册项目产生的碳信用方才可以交易。这属于虚拟性质的一种交易，区别于实物交易的成分比较多，它受 CDM 国际制度和各缔约国的气候政策、经济结构的变化、公众的环保意识等的制约。世界各国参与程度不同，日本、欧盟及受海平面上升影响的岛屿国家参与意识最强。

2009 年年底，在哥本哈根召开的联合国气候变化大会上，中国政府向世界做出了到 2020 年单位国内生产总值二氧化碳排放比 2005 年下降 40%～45%，节能提高能效的贡献率达到 85% 以上的郑重承诺，并作为约束性指标纳入国民经济和社会发展中长期规划。2010 年 7 月，国家发展和改革委员会下发了《关于开展低碳省区和低碳城市试点工作的通知》，包括丝绸之路上的陕西等五省八个市列入国家低碳试点范围。到 2012 年，我国在提交 CDM 项目数量、预期的温室气体减排量以及已产生的碳信用数量等方面，所占的市场份额占联合国发放的全部碳排放交易的 41%，已经成为最重要的 CDM 项目东道国。

长期看来，节能减排及碳汇交易是一种发展趋势，其发展前景巨大。正如芝加哥气候交易所创始人、首席执行官理查德·桑德尔说的，国际碳交易市场将最终成为超过 10 万亿美元的超大型市场，有望超过石油市场，成为世界第一大市场。碳贸易市场如此大的市场潜力，充分显示了生态效益补偿市场化的必然性，从某种程度上也显示了市场化手段的有效性，减排手段突破了传统的行政强制减排而走向更具灵活的碳汇交易制度。2010 年 8 月，中国成立了绿色碳汇基金会，获得社会各界捐资近 3 亿元，企业捐资在全国十多个省(自治区、直辖市)完成造林约 6.67 万公顷。截至 2011 年 5 月，中国在联合国注册的 CDM 项目数排在第一位，粗略测算，CDM 项目已为中国累计带来资金约 20 亿美元，通过项目的开发、建设和运行等,间接撬动的融资资金达数百亿美元。[①] 随着低碳环保理念的深入人心和缔约国的不断增加、资源聚集、科技含量不断提高、碳汇的计算更加科学合理、市场交易规则逐步规范、风险逐渐降低,交易规模呈现逐步扩大的趋势。碳交易将金融资本和实体经济连通起来,通过金融资本的力量引导实体经济的发展,将有力推动目前主要以森林碳汇为主的湿地、草原等丝绸之路中国西部生态环境产业的健康发展。

二、碳汇交易的国内外现状

(一)全球碳交易市场概况

《京都协议书》规定,国际碳交易市场分为两类。一类是强制减排市场(管制市场)。在其中又分成基于配额的交易和基于项目的交易。所谓配额制交易,一般是"总量控制与交易"(cap and trade)体系下的国家(地区)或企业开展碳汇配额的交易,这是全球碳市场的主体,这类的排放交易体系主要有欧盟的 EU ETS、美国的 RCCI、澳大利亚新威尔士的 NSW OCAS 等等。而基于项目的交易,指的是履约的发达国家在清洁发展机制(CDM)与联合履约机制(JI)下,同其他发达和发展中国家就减排项目合作,这样就分别产生了减排单位(ERU)和经核证的减排量(CER)。

另一类是自愿减排(VER)市场。这类市场相对宽松,没有统一的国际标准,一些比较大的企业或机构为目前的主要参与者。这种类型以新加坡亚洲碳交易所等为有代表性的交易平台,其市场规模较小。

按照金融属性对国际碳交易市场进行分类,主要分为期货市场、期指市场和现货市场三类。根据碳交易的种类,大多数品种并不是一般意义上的有形产品,其中包括清洁发展机制(CDM)、强制市场上的联合履约(JI)、减排单位(ERUS)、自愿减排交易单位(VER)、国家分配的配额单位(AAU)、经核证的减排单位(CER)、欧盟排放交易单位(EUA)。

---

① 尕丹才让,李忠民.碳汇交易机制在西部生态补偿中的借鉴与启示[J].工业技术经济,2012,31(3):140.

　　全球碳交易市场建设目前还处于一个成长阶段,还在不断制定和完善规则,全球统一市场也没有完全形成,其特点为区域竞争发展,每个国家和地区均在推进自己区域性的碳交易市场的发展。而世界上的主要碳交易市场发展很快,世界最大的区域碳市场为欧盟排放交易体系(European union emission trading scheme,EU ETS),涉及欧盟 27 个成员国以及列支敦士登和挪威共 29 个国家,近 1.2 万个工业温室气体排放实体。其中包括巴黎 Bluenext 碳交易市场、荷兰 Climex 交易所、奥地利能源交易所(EXAA)、欧洲气候交易所(ECX)、欧洲能源交易所(EEX)、意大利电力交易所(IPEX)、伦敦能源经纪协会(LEBA)和北欧电力交易所(Nord Pool)等 8 个交易中心,于 2005 年 4 月推出碳排放权期货、期权交易,碳交易被演绎为金融衍生品。英国建立了碳排放权交易体系(UK emissions trading group,UKETG)。美国虽然没有批准《京都议定书》,但在 2003 年美国成立了芝加哥气候交易所(Chicago climate exchange,CCX)。美国、加拿大和墨西哥 44 个州或省政府都已经建立了温室气体减排目标和可再生能源组合标准目标,并且积极参与 3 个新兴的北美温室气体排放交易体系。澳大利亚建立了澳大利亚国家信托(national trust of australia,NSW)减排体系,2003 年建立了新南威尔士温室气体减排体系(NSWGGAS),这是针对该地区电力行业的减排市场建立的。日本和新加坡先后建立了二氧化碳排放权的交易机制。

　　从碳市场市值来看,近年来全球碳交易市场增长迅速。2005 年 2 月 16 日,《京都议定书》正式生效后,年交易额呈现裂变式增长,碳交易市场迎来新的发展机遇。根据世界银行报告,2007 年碳交易量从 2006 年的 17.26 亿吨跃升到 29.84 亿吨,上升 73%,2008 年达到 48.11 亿吨,比 2007 年上升了 61%,2009 年达到 87 亿吨,比 2008 年上升 81%。同样,成交额增长也速度惊人,全球碳交易市场价值在 2006 年和 2007 年分别为 312 亿美元和 630 亿美元,2007 年比 2006 年增长了 102%,2008 年全球碳交易市场价值为 1 263.45 亿美元,比上年增长了 101%,2009 年全球碳市场交易价值达到 1 440 亿美元,比上年增长了 14%。2009 年的成交量高达 87 亿吨,较 2005 年增长了 11 倍,年平均增长达 87%,2010 年的碳市场总值更是达到了 1 420 亿美元。其中,欧盟配额市场在全球碳市场中仍然占据主要地位。2010年,欧洲碳排放交易体系(EU ETS)的配额占全球碳市场价值的84%,如果再加上CDM二级市场的交易额,EU ETS驱动的市场额占全球97%的份额。[①]

从碳交易市场的发展趋势看,随着人类对气候变化和环境保护的重视程度越来越高,全球参与碳交易的国家越来越多,促进碳交易市场渐趋成熟,市场结构向多层次、多样化方向发展。开始有日益增多的应对气候变化的碳交易体系,其中以2012年开始运行的美国加州限额交易体系比较突出,在巴西、中国、印度等新兴经济体中也积极孕育着其他的碳交易体系。全球碳交易总额到2020年达到3.5万亿美元,在国际贸易中碳交易市场的作用将举足轻重。可见碳交易市场发展潜力巨大,正在融入国际贸易市场,其产品正在被市场接受,会逐渐成为大宗的交易品种。从目前的交易市场来看,配额市场是国际碳交易市场的主力军,交易额占整个交易量的73%,而项目交易只占其中的20%左右,但近几年呈明显的上升趋势。碳交易不仅仅存在于发达国家之间,而且在发展中国家的重要性也越来越突出,这主要是由于发展中国家日益增长的碳排放量。截至2009年12月12日,全球共有1946个CDM项目成功获得了在《联合国气候变化框架公约》(UNFCCC)执行理事会注册,其中印度、巴西、中国和墨西哥是全球CDM注册最多的四个国家。

从国际碳交易市场发展的情况看,其规模越来越大,影响越来越明显,为降低碳排放、改善人类生存环境产生了积极作用,通过碳交易已经让日本和欧美等发达国家及地区获取了非常显著的环境和经济效益。欧盟宣布自2012年1月1日起,针对航空运输业实施碳交易,所有在欧洲起降的航班,都要支付碳交易费。欧盟强征航空碳排放税的行为遭到印度、俄罗斯、中国和美国等20多个国家一致反对,欧盟单方面的做法将会搅乱国际航空市场,损害他国利益。可见,国际碳交易市场发展是不同利益主体的博弈过程,站在不同的立场上所持态度是不同的,既要保护环境,又要满足发展,需要协调不同主体之间的利益关系,所以解决国际碳

① 宋海云,蔡涛.碳交易:市场现状、国外经验及中国借鉴[J].生态经济,2013(1):74-77.

排放、碳交易,需要建立相应的国际规则和国际协调机制,平衡不同主体之间的发展机会和利益分享。

(二)中国碳交易市场发展现状

建设资源节约型、环境友好型社会是一项长期的发展战略,节能减排任务迫在眉睫,全国各地企业减排势在必行,推动了中国碳市场的发展。目前,中国是全球第一大温室气体排放国,《京都议定书》虽然没有对中国的减排做出约束性规定,但中国被许多国家看作最具潜力的减排市场。为应对全球气候变化,作为一个发展中的大国为减排承担起与自身发展相适应的国际责任,中国政府积极采取措施减少温室气体排放,于 2007年 6 月发布了《中国应对气候变化国家方案》,2011 年发布了《"十二五"节能减排综合性工作方案》《"十二五"控制温室气体排放工作方案》。在2009 年 11 月 25 日,时任国务院总理的温家宝主持召开国务院常务会议,关于应对气候变化工作做了研究部署,提出了到 2020 年我国控制温室气体排放的行动目标以及相应的政策措施和行动方案。在这次会议上,还提出 2020 年我国单位国内生产总值二氧化碳排放要比 2005 年降低 40%~45%,还将其作为约束指标,写进国民经济和社会发展的长远规划,并制定了相应的国内统计、监测和评估方法。2020 年 9 月 22 日,国家主席习近平在第七十五届联合国大会上宣布,中国力争在 2030 年前二氧化碳排放达到峰值,努力争取 2060 年前实现碳中和目标。2021 年10 月 24 日,中共中央、国务院印发的《关于完整准确全面贯彻新发展理念做好碳达峰碳中和工作的意见》发布,作为碳达峰碳中和"1+N"政策体系中的"1",意为对碳达峰碳中和这项重大工作进行系统谋划、总体部署。

就目前来看,中国的国内碳市场交易是以 CDM 项目为主,还没有形成一个标准化和商品化碳商品市场及证券化和金融化碳金融市场。在中国经济快速发展导致高能耗的背景下,存在巨大的碳减排潜力,而中国是CDM 项目碳交易的最大卖方,其获准签发量在全球的地位也举足轻重。中国企业积极参与碳交易数量日益增多,并以碳交易市场加快自身发展。从联合国开发计划署的统计数据来看,2008 年中国的二氧化碳减排量就已经占到 1/3 的全球市场。综合 EB(联合国 CDM 执行理事会)网站数据,截至 2011 年 3 月 15 日,全球有 2 911 个 CDM 项目通过 EB 注册,增幅达到 49.5%,其中中国有 1 273 个 CDM 项目通过 EB 注册,增幅达到 81.6%。从新增的注册项目来看,中国的占比上升至 59%。

在中国碳交易市场规模不断扩大的过程中,国家发改委决定于 2008 年 7 月 16 日成立碳交易所,加快了各地碳交易所建设的步伐。位于深圳的排放权交易所于 2010 年 9 月 30 号正式挂牌成立。中国碳交易市场的发展也强烈地吸引了海外金融机构,自 2006 年 10 月 19 日开始,一个由 15 家英国碳基金公司和服务机构组建的有史以来最大的求购二氧化碳排放权的英国气候经济代表团,到中国开展碳交易活动,要购买中国二氧化碳减排权,他们的到来受到众多中国企业的高度关注。

三、碳汇估算

(一)森林碳汇估算

当前,常见的碳汇价值确定方法主要有人工固定二氧化碳成本法、造林成本法(它是根据所造林分吸收大气中的二氧化碳与造林费用之间的关系来推算森林固定二氧化碳的价值)、碳税率法(环境经济学家们通常使用瑞典的碳税率)、变化的碳税法、损失估算法以及意愿支付法。[①] 还有一种是依据《京都协议书》的清洁发展机制(CDM),是发达国家缔约方为实现部分温室气体减排义务,与发展中国家缔约方进行项目合作的机制。CDM 是一种最省钱的获取排放权的途径。王冬至等学者利用林分生物量,通过化学反应机理来计算林分碳汇量。[②] 郄婷婷等采用森林蓄积量扩展法计算碳汇量,以森林蓄积(树干材积)为计算基础,通过蓄积扩大系数计算树木(包括枝木、树根)生物量,然后通过容积密度(干重系数)

① 吕景辉,任天忠,闫德仁.国内森林碳汇研究概述[J].内蒙古林业科技,2008(2):43-47.

② 王冬至,等.大青山生态林固碳释氧效益计量[J].内蒙古农业大学学报(自然科学版),2011,32(2):56-59.

计算生物量干重,再通过含碳率计算其固碳量,这种方法计算出来的是以立木为主体的森林生物量碳汇量。[①] 国内外应用最广泛的森林碳汇估算方法还有样地清查法、涡度相关法和应用遥感技术的模型模拟法。样地清查法是指通过设立典型样地,准确测定森林生态系统中的植被、枯落物或土壤等碳库的碳储量,并可通过连续观测来获知一定时期内碳量变化情况的推算方法。党晓宏等选择设置标准样地,对每个样地内所有活立木的直径、树高、树冠进行详细调查,然后选择 5、10、15 和 20 年这 4 个年龄阶段的标准木各 3 株并伐倒,分别对枝条、根系、叶子等器官采用烘干称量法测定其生物量,计算各器官生物量的同时,测定各器官的含碳率估算其固碳量,最后根据固碳量、造林面积及林分密度,推算各造林区相同年龄时固定的碳储量。[②]

(二)土壤碳汇计算

森林土壤碳贮量,是贮存在一定土壤深度内的土壤有机碳的总和,碳密度、数量与土壤碳汇息息相关。肖英等学者研究了一些森林类型土壤有机碳储量,其中包含杉木、马尾松、樟树和枫香等树种,按照其大小进行排序依次为杉木、马尾松、樟树、枫香。[③]

(三)岩石-流域碳汇估算

以流域为单位的岩石化学风化固碳量的估算方法迈出了很大的一步,它的估算方法主要包括动力学方法、溶蚀测量法、水化学法。动力学方法主要从反应物或产物的浓度与时间关系出发,获得反应动力学参数。溶蚀测量法是直接对溶蚀量测量,进而得出溶蚀速率的模型,再对不同自然条件下的溶蚀速率进行测算,进而对大气二氧化碳进行估算,这些二氧化碳通过岩溶作用得以耗用。水化学方法是通过测量泉口或流域出口处

① 郗婷婷,李顺龙.黑龙江省森林碳汇潜力分析[J].林业经济问题,2006(6):519-522,526.

② 党晓宏,等.沙棘经济林碳汇计量研究[J].水土保持通报,2011(12):134-138.

③ 肖英,刘思华,王光军.湖南 4 种森林生态系统碳汇功能研究[J].湖南师范大学自然科学学报,2010,33(1):124-128.

流水所携带的溶质浓度、泉域或流域的径流量,计算河流所携带的各种离子总量,进而根据流域内的岩石分布情况推算其风化速度,估算风化消耗的碳量。每一种计算碳汇率的方法与侧重点也不完全相同,生物呼吸作用、风化作用等这些因素都可能导致其估计不准确。

为了不再有碳汇黑箱这个谜底,找寻及估算巨大碳汇及其通量,相关研究不断推进。关于地球各圈层碳汇估算结果的差异比较大,受很多因素的影响,包括碳汇估算方法的选定、对量化指标缺乏统一、计算模型过于理论化、没有可信的实测数据和实测数据的误差比较大等。

四、碳汇交易市场发展的理论依据

(一)碳汇交易市场发展的理论依据

1.理论依据

碳汇交易的理论依据包括:生态学和环境学理论——森林因其光合作用等生态功能吸收、固定的二氧化碳等温室气体经过核证以后,可以用于抵减碳排放人的减排义务,是对森林生态功能的一种利用;产业经济学理论——运用产权制度降低交易成本,进而进行环境成本的内部化,进行资源的高效配置。实际上是通过运用生态学、环境科学以及经济学中的相关内容,利用减排补偿项目方式,对环境问题进行解决。

2.碳汇交易市场运行的法律和政策环境

碳汇交易的依据是《京都议定书》第 6 条的规定:可通过包括林业活动在内的项目活动获得的碳汇来抵消减限排额度。欧盟就是以《联合国气候变化框架公约》(简称 UNFCCC)和《京都议定书》为指导,以国际碳排放交易的法律为前提条件,构建一种对其总量进行控制的管理体制。目前,《京都议定书》上并没有明确我国法定减排义务,并且不存在同欧盟排放交易体系(EU ETS)下类似的严格控制总量和配额交易的制度,缺乏把林业碳汇交易纳入强制碳交易市场的法律保障条件,而是以《中国绿色碳基金管理暂行办法》与《清洁发展机制项目运行管理办法》为主要依据设立的林业碳汇交易法规制度。

我国将建设资源节约型、环境友好型社会作为发展目标,并在"十二五"发展规划中开始明确提出具体的目标要求以及温室气体减排方式。"十四五"发展中重点指出要积极应对气候变化。落实 2030 年应对气候变化国家自主贡献目标,制定 2023 年前碳排放达峰行动方案。加大甲烷、氢氟碳化物、全氟化碳等其他温室气体控制力度。提升城乡建设、农业生产、基础设施适应气候变化能力。加强青藏高原综合科学考察研究。坚持公平、共同但有区别的责任及各自能力原则,建设性参与和引领应对气候变化国际合作,推动落实联合国气候变化框架公约及巴黎协定,积极开展气候变化南南合作。我国先后出台了《中国应对气候变化的政策与行动白皮书》《中国应对气候变化国家方案》,在应对气候变化的政策与行动上,在相关领域国际合作以及与此相联系的体制机制建设等方面,做出了原则性的说明。2009 年国家林业和草原局发布了对构建我国林业碳汇市场做出战略性引导的《应对气候变化林业行动计划》。2020 年 9 月22 日,中国在第七十五届联合国大会一般性辩论上庄严宣布:中国将提高国家自主贡献力度,采取更加有力的政策和措施,二氧化碳排放力争于2030 年前达到峰值,努力争取 2060 年前实现碳中和。虽然在促进林业碳汇交易体系建设上的政策框架已基本明确,但是由于林业碳汇交易市场刚刚开始建设发展,所以我们对相关的林业碳汇交易方面的政策和法律方面的建设和完善的需求特别急迫。①

(二)环境交易市场对碳汇交易市场的借鉴

环境交易市场与待构建的碳汇市场同属于排放权交易市场,建设和完善碳汇交易市场可以参照环境市场的结构状况进行构建。碳汇市场的基本形式可以分为一级市场和二级市场,这是依照碳汇所有权交易的性质对其进行划分的。将实施双方都认同的碳标准的大型碳汇项目的所有权直接进行交易的市场为一级市场;对在集中交易市场上施行的碳汇所有权经营转让市场,同时它们也可以以碳汇资产金融市场,包括远期、期

① 吕景辉,任天忠,闫德仁.国内森林碳汇研究概述[J].内蒙古林业科技,2008(2):43-47.

货交易、抵押市场的形式出现,称之为二级市场。一级市场以从事碳汇所有权即期或远期转让交易为主,碳汇项目所有者把一定年限的碳汇权在市场上售出,购买方可以是国内外自愿或强制减排商。在二级市场上,以从事碳汇经营权及所有权的转让交易为主,根据开发协议对森林做出相应开发的碳汇所有权人把一定时期内的碳汇所有权进行转让,转让给碳汇交易集成商,并由他们进行经营代管。在碳汇资产金融市场中,具备碳汇所有权的所有者把碳汇当作担保物进行抵押贷款或进行远期交易。通过在一级市场对大型碳汇项目所有权转让环节的政府管制垄断,可以实现调整林业结构、用好林地的管理目标;通过二级市场碳汇所有权在集成商间的流转、转让,可以实现碳汇资产有效利用的资源配置目标。[1]

五、西藏林业碳汇交易市场体系构建

(一)明确交易主体、客体及其碳汇权属

1.确定交易主体的买方和卖方

在交易市场上,对买卖双方及其权利进行确定是必须的。其中的购买方,就是那些企业、基金、保护组织或一般公众,他们为了满足自愿或强制性减排需求等而购买碳汇;其中的碳汇交易提供者,则通常为碳汇的所有者或经营者或他们的集成商。如果想要碳汇权交易没有障碍而更好地开展,就应该在法学上给碳汇权更加明确的定义、更加清楚的边界,而且要给予碳汇许可一定的法律地位。经碳汇管理部门派出的专业机构依法核证并许可的减排项目抵减权则为碳汇权交易的标的物,应由碳汇管理部门统一规定和解释交易客体及相关技术标准。

2.对主客体交易行为进行中介或认证的第三方加以确定

碳汇交易第三方的构成,分别为碳汇交易的经纪人、测量和监控机构以及认证机构。碳汇经纪人的作用是积极寻找相应的碳汇供给方和购买

---

① 张晓静,曾以禹.构建我国林业碳汇交易市场管理机制几点思考[J].林业经济,2012(8):66-71.

者,促进碳汇交易完成。测量和监控机构是由交易市场管理委员会指定的审议核查机构,承担分析林业碳汇项目和基线设计可行性的责任。认证机构主要负责核实颁发碳汇证。

3.确定碳汇权交易制度中碳汇主体与客体的权利和义务

在碳汇权交易制度中,碳汇权人既包括通过碳汇权初始认证的碳汇所有权人,也包括通过碳汇权二次转让而取得碳汇权的碳汇所有权人。

关于碳汇权人的法律权利和义务主要分成以下两方面:一是碳汇权人以从主管部门获得行政许可而取得的减排项目的抵减权为目的的取得碳汇权,从而与市场主管部门之间存在了一种行政法律关系。如果碳汇权人违反了碳汇权行使的相关法律规定,比如转让碳汇权未经许可等,就应当承担法律所规定的相关行政法律责任或财产性惩罚。二是与《中华人民共和国合同法》等法律法规所做出的调整相适应,在碳汇权人之间因进行碳汇交易形成的民事法律关系。如果碳汇权人违反碳汇法律或者合同约定,碳汇权人必须承担相应的法律责任。

碳汇权交易中的第三方如认证、计量、审核等机构,以其自身所具有的技术、计量、政策、法律等方面的特长为碳汇权交易提供相关领域的服务。为维护辅助机构的科学性、公正性,对因违反法律事由而承担的法律责任,重新审核自愿减排量的成本应由经营实体承担。碳汇管理委员会每 3～5 年根据对经营实体的复审或现场审核的结果,对每个经营实体重新进行认证,如发现经营实体不再满足认证标准或相关条款,那么执行理事会可以暂停或撤销相关辅助机构的资质,以规范市场环境。

(二)规范碳汇交易的程序和步骤

我们可以对西藏碳汇交易设计一些基本环节,包括主体签订合同、入市申请、第三方审核、变更登记等,这些都可以依据国际碳汇交易市场流程进行。

(三)制定并完善林业碳汇交易的法律体系

在西藏,应建立一套法律法规体系,与全国统一碳市场的促进提升相联系。同时建立一整套适应国内标准且简洁化的核算体系,推算出具体的数据对照表。此外,为了最大限度地降低决策、监测、批准、强制实施以及保险成本,必须制定出一套统一、完整的法律体系,使得市场的交易程序更加规范。

(四)明确西藏林业碳汇交易的主体机构

虽然碳汇交易主要是一种市场行为,但是碳汇交易与西藏的生态建设和将来的发展空间相联系,会在一定程度上对全区的经济社会发展造成影响,碳汇交易最大的直接受益者应该是西藏人民和地方政府。尤其处于碳汇交易的摸索阶段,为了实施和规范市场行为,有效预防碳汇资源被外来机构操控,引导当地政府机关发挥其统领全局的作用,应在自治区政府有关部门设立碳交易主体机构,并加大引导和监管自愿市场机构的力度。

(五)进一步加强碳交易框架及体系研究

要结合碳交易框架理论,加强对全区尤其是在江源区的湿地、草地的碳蓄积量、碳汇潜力等核算方面的社会科学及自然科学理论研究,更好地奠定碳交易方法学的基础。2022年7月24日,水利部长江水利委员会长江科学院牵头组织的2022年江源综合科学考察启动,科考内容包括冰川、河流水文、水环境、水生态等,并重点关注冰和碳。

还应加快建立防止碳汇泄露和转移机制,坚持工程治理与自然修复相结合的方针,提高生态系统的稳定性和安全性,继续实施退耕还林、退牧还草、植树造林工程,坚持以草定畜,控制草原载畜量,扩大森林覆盖率,遏制生态环境退化,不断提高全区草原、湿地和森林的碳汇储备。

(六)积极开展碳交易的探索试点

西藏林业碳汇由于其独特性和复杂性,不宜大范围直接开展碳交易。在小区域开展碳交易项目试点示范上应给予大力的支持,同时借鉴和总结国内外碳贸易试点工作经验,与一些碳汇有偿服务试点有机结合。通过碳交易试点,一方面获得有利于气候、有利于生物多样性、有利于社区农牧民共同受益的多重效益,另一方面探索建立增汇减排适应性管理技术及模式,使农牧业生产和生态效益达到双赢,为探索符合高原的碳交易规律奠定良好的基础。

（七）制定碳交易发展的配套政策

1.构建法律体系

依据西藏实际构建碳交易的地方立法,不仅为政府调控提供法律支持与保障,也促进碳交易的规范性。

2.建立市场交易平台服务体系

建立和排污权交易、二氧化碳配额交易以及节能量交易利益相联系的环境权益交易平台、碳咨询机构、第三方核证机构、碳信用评级机构、注册和结算平台、专业的方法学研究机构等平台。

3.制定财政金融支持政策

要采取一些直接投入方式,如财政补贴和支持等,来引领和指导企业在技术上的创新和个人的消费。增强对循环经济、低能耗低排放低污染企业的信贷支持力度,政府对绿色产品、低碳产品的采购要进一步增加。

（八）发挥政府与非政府组织在林业碳汇交易市场管理中的作用

1.确定职责

要确定好市场主管部门在碳汇权交易制度中的职责。在碳排放权交易活动中,市场主管部门要扮演碳汇权认证分配的管理者角色,这就需要其在碳汇权认证分配进程中,对出现不遵守法律规定的情况必须担负起相应的责任。

2.确定市场主管部门的法律责任

市场主管部门在碳汇权的二次转移过程中扮演着监管者的角色,因此应界定好主管部门对碳汇权二次转移过程中的违法行为所应当承担的法律责任。在此基础上规定市场主管部门承担法律责任的具体形式,保证法律责任的实现。

3.参与国际谈判

制定相应的法律法规和市场规则,加强市场参与能力建设,促进信息传播,提供交易平台,广泛宣传,加深公众对林业碳汇市场的认同感。

　　根据西藏的实际情况来看,可以建立西藏林业碳汇管理委员会,在林业碳汇权交易上代表国家行使管理的有关职能。该委员会的主要职责有:对申请取得碳汇证的对象派出专业机构核定碳汇量、颁发碳汇证;负责制定各碳汇交易主体进行交易的规则;负责进行交易市场公共基础设施的投资;提供有关碳汇信息;组织各交易市场之间的碳汇权转让和交易,并负责监督交易的执行。[①]

　　林业碳汇管理委员会下设立各技术类型协会,具体负责林业碳汇交易市场各类活动。主要职责是:制定生产经营计划和管理制度,负责与生产企业签订技术管理合同和协议;研究国际碳汇计算方法与国际认证,追踪世界林业碳汇需求量;提供有关资源信息,提供国际最新碳交易市场信息息与趋势分析,组织碳汇经营户碳汇转让的谈判和交易,并监督交易的执行。协会具有法人资格,实行自我管理、独立核算,是一个非营利性经济组织。协会可由碳汇项目经营者、技术专家等组成。

(九)积极探索开展全面碳交易, 提升碳汇的购买需求

　　碳交易已被证明为实现有效减排的重要手段。目前,我国面临着严峻的二氧化碳减排形势,非常有必要在"关、停、禁"的传统行政措施之外,积极探索利用市场机制来达到二氧化碳低成本减排的目的。同时,在我国开展碳交易,将形成对碳汇的内部需求,从而可提高碳汇收入的确定性,增强碳汇造林的可行性与吸引力。另外,企业购买碳汇也可成为工业反哺农业的新途径。

(十)利用碳汇交易新契机, 探索增收致富新措施

　　激发乡村活力、实现农牧民增收致富是当前地方政府工作的重点,而产业发展是实现长期增收的必由之路。建立合理的项目建设与利益分配机制,鼓励农牧民积极参与到碳汇造林等项目建设中,再通过碳汇交易实现经济价值,可以在改善生态环境的同时,确保农牧民长期稳定的增收。

[①]　赵宗福,苏海红,孙发平.关于青海碳汇及碳交易的研究报告[J].青海社会科学,2011(4):39-44.

第四节　建立西藏碳汇经济利益分配机制

一、经济利益分配机制

经济利益分配,是在一定的社会生产方式下,各经济利益主体依据一定的经济的或政治的权利占有社会劳动成果的活动。经济利益分配是一种以经济利益为内容的社会经济行为,它关系到经济利益主体如何占有社会劳动成果、占有的数量、需要的满足程度。

(一)利益分配机制的含义

"机制"一词最早来自希腊文,意为机器、机构、结构等。英文中的机制(mechanism)就是从机器、机构(machine)转化而来的。在生物学中,"机制"一词是指生物机体的内部生理结构互相作用、互相制约而形成的生命运动的具体形式。经济学从生物学、医学、工程学中借用过来这个词,产生了"经济机制"这个概念。经济机制,即指社会经济某一部分或某一环节的变化引起其他部分或其他环节变动的作用,它是社会经济中各个有机组成部分之间通过互相推动和制约而形成的经济运转的具体形式。

通过对机制以及经济机制的考察,我们发现机制这一概念的使用有如下条件限制和特定的含义。(1)只有有机体的内部才有相应的"机制"的存在,无论是生物机体,还是社会机体、经济机体,只要其内部是一个有机联系的整体,就有相应的机制的存在。(2)"机制"是指在机体内部中各个有机组成部分之间,其中一部分变化会导致另一部分变化的作用,它是一个动态概念,或者说,只有运动状态下才能发生这种作用。(3)"机制"是一种具体形式,它是运动过程内在的某种必然性的表现形式。经济机制是经济运转的具体形式,生物机制是生命运动的具体形式,社会机制是社会运动的具体形式。(4)"机制"内部是一个相互作用的系统。这四个方面的内容向我们说明了"机制"得以存在的条件以及机制本身的内在规定。

利益分配无疑是一种经济活动或经济过程。首先,它本身是一个由各个有机部分组成的有机体,属经济机体,有自己独立的运动规律和方式。其次,利益分配机体内部各要素通过相互的作用、互动与制约,而构成一个系统。再次,只要变动利益分配机体中某一要素,就会引起另一要素的变动,整个过程处于不断的运动中。最后,利益分配机制作为一种具体形式,它的内容是利益分配的内在规律。利益分配机制是经济机制的一种。如果把利益分配活动当作一个有机体,利益分配机制就是指利益分配机体内各个组成部分如何有机结合起来,互相制约与影响、运行和发展的作用过程或方式,反映了利益分配机体各部分之间内在的有机的联系。

(二)利益分配机制遵循的基本原则

1.责、权、利相统一的原则

责、权、利相统一,是指在经济活动中,各参与主体都需要承担一定的经济责任,同时具有与其责任相当的经济权利,并能获得与产业化经济活动中享有权利和承担责任相一致的经济利益。一切经济活动都是以取得好的经济效益为直接目的的,经济效益是经济活动的核心问题。物质利益是推动经济发展的内在动力,科学合理的利益分配原则,可以调动各方参与的积极性,是提高整体效益的重要保证。利益与责任之间的内在联系,使得各参与主体愿意承担各自的经济责任,从而获得对等的经济利益。在产业化过程中,责、权、利相统一是实现有效管理的基本原则,责是基础,权是保障,利是动力,责、权、利相统一的原则决定了利益的分配机制,产业化的利益分配机制应坚持从效益出发来划分责任和确定利益的分配。

2."风险共担,利益共享"的原则

各参与主体在产业化经营活动中应遵循"风险共担,利益共享"的利益分配原则。实施农业科技产业化经营所联合的是多元主体的共同利益,而经济利益一体化经营就是其本质,最终实现各参与主体的利益最大

化。但产业本身存在着较大的风险,属于高风险、高投入、高回报行业,其追求各自利益的同时要遵循"风险共担,利益共享"原则。"风险共担,利益共享"原则就是要让互利互惠的利益关系在企业和各参与主体之间建立起来。"风险共担"与"利益共享"关系密切,所承担的风险应该分配给多元主体,是利益共享的基本前提,"利益共享"是每个主体都有权利分享产业增值交易利益,是多元主体应享有的属于他们的权益,两者相辅相成,互为因果。必须促进产业化持续稳定发展的"风险共担,利益共享"关系的形成,并实现合作各方利益和风险对称和博弈,才能形成整个产业链"共赢"的局面。

(三)利益分配机制的基本构成

1.利益分配的目标机制

利益分配机制是由其基本经济特征决定的利益分配规律借以表现的载体,利益分配的目标机制、信息传递机制、约束机制、调控机制是其基本内容。利益分配主体的多元性和利益分配关系的多目的性的客观存在,导致利益分配目标机制是一个统一基础上的多元的目标体系。这些多元的目标相互作用、相互制约,形成各利益分配主体的内在动力,又是各种经济规律实现的作用机制。更为重要的是,目标机制在整个利益分配机制这一大系统中,同时对其他机制发生作用的目标和方向进行了规定,由此成为在利益分配机制中相当关键的一个环节。就总体来看,利益分配目标机制可划分为两个方面,即利益分配的社会目标和各主体的利益分配目标。两者是一种不可分的统一体,在相互制约、相互联系、相互推动的状态下形成一个有机的整体。

社会主义利益分配的总目标,也就是社会利益的分配目标,就是根据社会主义生产的目标和要求,以没有两极分化产生为基本前提,使利益分配有差别地实现,进而将商品经济中的利益分配关系理顺好,保证公平与效率的共同实现。这一目标可视为社会主义利益分配的宏观目标。社会主义利益分配是由各类利益分配主体按照一定依据直接参与的,因此可以将利益分配主体目标理解为每一个利益分配主体在分配过程中对主体利益最大化的寻求,这种目标属利益分配的微观或中观目标。

利益分配目标机制系统中的各个目标之间是互相作用、互相制约的，各个目标正是在这种相辅相成的联系中形成一种作用，这种作用体现在利益分配活动的方向规定上。这一目标体系同时也表明，社会主义现阶段的经济利益是分为不同阶层的，因而通过利益分配实现利益也是分为不同的阶层，还不能做到利益分配的一次到位，这种情况反映了社会主义现阶段的联合劳动的层次性。

社会主义利益分配目标机制系统具体包括劳动者利益分配目标、所有者利益分配目标、经营者利益分配目标、政权主体利益分配目标。（1）劳动者利益分配目标。社会主义各行各业的劳动者，无论是在任何部门参加劳动，他们参与利益分配的目标，就是在按劳分配原则的规定下，要求按劳付酬、多劳多得。这一点在非公有制企事业单位从业的劳动者也是适用的。所不同的是在后一种情况下，劳动者利益的实现程度以劳动力价格为转移，要考虑劳动力市场的供求状况、劳动力价值的决定水平。但一般情况下，多劳要多得、想多得就得多干活也是这一领域劳动者追求自身利益的目标。从同样的角度看，个体劳动者的利益尽管包括一部分产权收益、经营收益，但因主要是劳动所得，他们要多获收益，主要的手段就是加大劳动支出量。（2）所有者利益分配目标。作为产权所有者，不论这个所有者是国家、集体还是个人，他们都以产权依据占有经济利益。在商品经济中，他们对产权为依据的利益增进的要求，必须通过资金、要素、财产的投放，所获利益的价值形式是利息、地租、租金、股息，这些形式本身就含有最大化的趋势。尽管主体内部所有者由于占有方式的不同，其中显示着不同的经济关系，但在追求产权收益最大化这一点上应该是一致的，也是正常的。（3）经营者利益分配目标。在商品经济发展过程中，所有权与经营权分离是必然趋势，必然会形成一个经营者阶层.这一阶层靠经营管理劳动，通过风险和创新活动来参与利益分配，要求与所有者主体共同分配纯收益。这一主体的利益分配目标就是通过风险性经营管理等创新活动谋求经营收益最大化。以上三类利益分配主体都是凭借经济依据，通过市场关系来完成利益分配的。由于他们以经济利益的价值指标为条件，所以会有追求收益最大化的趋势。这三方面的利益分配目标是微观的，仅以主体的要求而言的。（4）政权主体利益分配目标。社会主义国家的人民性,决定了国家这一政权主体是全体人民整体利益和长远利益的代表,同时还担负着保证全体社会成员、各种经济实体局部利益不受侵犯顺利实现的义务。同时,政权主体也是社会目标的执行者,所以它依据行政权力参与利益分配,通过它的再分配职能来完成上述义务和任务。这些任务的完成并不采用市场途径,但却要以市场关系为基础。政权主体的利益分配目标是,通过其再分配职能,协调利益分配关系,防止两极分化,确保公平与效率,增进社会成员利益,贯彻社会目标的要求。

实现了前三种利益的目标,就可将活力注入经济运行之中,因而可将前三种目标看作是社会主义利益分配机制中的动力机制。后一种利益分配目标的实现,是建立在前三者目标实现的基础上并对其加以调节与校正,因而可看作利益分配社会目标的实现机制。这两方面相互制约、相互推动下的有机运动,构成社会主义利益分配机制中的目标机制,决定整个利益分配机制的运行方向和操作目标,成为利益分配机制中的关键环节。

2.利益分配的约束机制

在利益分配整体过程中,那些不管是来自主体内部还是主体外部的机制,如果能够约束和制约主体的利益分配行为,我们就称之为利益分配的约束机制。自我约束机制和外部约束机制的区别是前者来自主体自身,后者来自外部,但是两者可以统一发生作用,促使主体的活动愈加规范化。在利益分配主体地位成型、活动的机动余地扩大的情况下,利益分配的约束十分重要。利益分配主体的自我约束功能,实际上就是主体在利益分配活动中通过外部输入的利益分配信息,保持灵敏而迅速的反应,从而进行自我调整利益分配行为的一种选择关系。一般来说,在商品经济中,由于多元的利益分配主体及关系、多种利益分配方式的存在,整个利益分配过程中,主体的利益分配行为不仅取决于主体自身的决定,同时也要受外部力量的制约。外部力量中,除了经济、社会、政治、文化等因素之外,还有来自各个方面的相关信息。这些信息一旦输入主体,会产生各种各样的影响作用,从而影响主体的判断与决策。可能会有如下几种类型的信息影响主体的利益分配行为。(1)控制型利益分配信息。这类信息是由控制者发出的控制类型的信号,在利益分配过程中,这类信息主要来自政府,政府通过税率、税种、利率、贴现率、工资水平、社会保障等参数和行政性的收入分配等政策发布来调节或控制利益分配。(2)常规类型的信息。这类信息是指在正常的利益分配运行中来自过程中的信息,如市场价格的变动、供求状况等。(3)非常规类型的信息。这类信息是一种不规则的或突发的某些干扰型信息,比如突发的社会政治风波、自然灾害、社会导向、消费风尚等,是主体不曾预见也不能控制的。(4)来自主体内部的利益取向、价值判断等方面的内生变量,从内部发出信息影响主体的利益分配行为与决策的选择。

以上四种类型的利益分配信息输入利益分配主体后,要求主体对这些信息做出分析处理并相应做出反应,我们可以依据主体自我约束能力的大小和其水平的高低来判断这种反应是否正确。主体的抗干扰能力、自适应能力和组织能力三个方面共同构成了主体的自我约束能力。首先,利益分配主体在相对灵活的分配体制中,经常会受到来自各方面利益分配信息的干扰,面对干扰信息能否正确判断并积极排除干扰会直接影响主体的自我约束能力。比如,某一劳动者在利益分配中不顾体制规范、法律约束,非法依据权力、职业、身份巧取豪夺获取隐性利益,或走私贩卖获取黑色收益,当这种利益分配行为发生后,会产生信息,输导到其他劳动者头脑中,这就是一种干扰信息。对此,是亦步亦趋,还是绝不效法、坚决抵制,这就要取决于主体本身的抗干扰能力的大小。抗干扰能力大的主体,自我约束能力亦大,反之则小。其次是主体的自适应能力。所谓自适应能力,主要是指利益分配主体根据外界信息变化,主动修改内部的决策,取得决策行为与变动了的实际相适应的效果,作为自我调整的动力是对自身利益目标的更多考虑。根据现实情况可能有两种"适应"情况。一种是对旧体制的适应,当体制改革要求市场、竞争关系的引入时,主体会以种种办法来排斥市场、竞争和改革政策,来保证既得利益的稳定。另一种是对新体制的适应,主动对市场、竞争和改革政策的适应。最后是自组织能力。自组织是利益分配主体根据自己对利益分配的合理预期主动调整自身的利益分配决策,以适应变化了的情况的一种自觉的理性的组织行为。因此,主体的自组织能力的强弱与对利益分配的预期关系极大。对利益分配的合理预期是一种自觉的主动探索能力,其中的理性成分要比适应性预期大得多。有了合理的预期,主体就可以根据利益分配活动的变动状况做出理性的调整和新的决策,避免盲目性。

利益分配的自我约束行为由以上三个方面的能力综合在一起得以形成,进而可以使其应变能力中的理性成分加以提高,使主体自身可以在经常变动的利益分配活动中有一个理性清醒的认识,以降低决策错误率,避免选择的非理性。

现在的问题在于如何才能使利益分配主体有较强的自我约束能力。应从两个方面入手。

第一方面,按照社会主义市场经济中利益分配的基本格局和利益分配关系的基本特征,加强利益分配主体自身的建设,使之具备作为利益分配主体应有的基本素质:(1)必须真正使主体拥有独立的经济利益和利益分配行为方式,或者说,主体应该具有独立的利益分配方面的行为能力。因为只有行为能力具有独立性,才有可能对来自各方面的利益分配信息做出灵敏的反应,自主做出恰当选择。(2)利益分配主体能够及时地获得大量的、足够的利益分配方面的信息,并能对所获信息进行科学的甄别、过滤、筛选,做出正确的决策。这就要求在利益分配机制中形成信息的传导网络和机制,主体要有较强的心理素质、自制能力、分析判断能力和全局观念。

第二方面,除了利益分配主体自身的素质和自我约束能力应有所提高外,外部约束也很重要。(1)健全市场分配途径,减少或逐步减少在初次分配领域中的非经济分配,借以将主要的分配活动纳入市场经济的运行轨道中。(2)建立一个高效而又灵敏的信息系统,使干扰性信息迅速获得筛选而尽可能规范化,以此来保证利益分配主体在利益分配活动中可以有一个准确的预期,避免不合理的内耗和短期行为的发生。(3)政府不必过多地采用直接行政干预的办法干预初次分配行为,大量的干预应通过各种经济杠杆间接进行。即使是间接控制,发出的信息也应慎重、科学,做好利益分配的对策研究,形成一个有效而得力的对策体系。(4)健全和完善利益分配外部环境条件,有机的经济、社会、法律、政策、文化环境的建设,是利益分配外部制约的重要方面。

总的来看,利益分配约束机制是一个多方面多环节共同组成的有机系统。从大的方面看,是内部约束机制和外部约束机制,这两方面是互相作用、协同发挥功能的。内部约束机制是内在因素，外部约束机制要靠有效的内部约束机制保证。当然外部约束机制也是整个利益分配约束机制系统中不可缺少的环节，外部约束不健全、不配套，整个利益分配约束机制仍然是不全面的。因此，要在利益分配运行机制系统中形成配套的利益分配的约束机制，必须两方面同时着手，并要在协调方面下功夫，才能建成有效的约束机制。

3.利益分配信息的传递机制

利益分配信息的传递机制，是通过各种分配信息的传递，引导各利益分配主体的利益分配行为的作用机制。客观的经济利益分配活动在进行利益分配中会产生一些变化，这些变化和特征就称为利益分配信息，它是利益分配活动及其属性的一种再体现。具体来讲，利益分配信息就是反映和再现利益分配活动的消息、情报、政策指令以及一些有关内容的信号的总称。

社会主义利益分配活动是在利益分配信息的联系与传递基础上运行的，利益分配信息沟通了一个利益分配主体与其他的分配主体之间、利益分配主体与客体之间的联系，这样才能使得社会主义利益分配活动这个有机系统具备特定功能和具体特殊运行方式。如果我们把利益分配运行机制中的目标机制看成其中的动力机制的话，那么，信息传递机制则是将社会主义利益分配的目标、政策、约束、调控等方面的信息传送到所有的分配主体，对其利益分配行为进行引领和指导，并将各类利益分配主体的利益分配行为、决策等信息反馈到利益分配调控中心，进而约束、影响、协调各主体利益分配行为这样一个反复的"信息"传导过程。社会主义利益分配活动能不能做到"活而不乱，控而不死"，与这个机制的传递速度、失真状况、费用情况有极大关系。

社会主义利益分配信息的传递，从输出到输入，由输入反馈再输出，是一个反复的过程。由于利益分配主体的多元性、利益分配方式的多样性，利益分配信息的传递是一个错综复杂的过程，这些错综复杂的传递渠道构成一个"信息传递网络"。这一网络犹如生物机体中的神经网络，千头万绪，但我们可以从总体上概括三大类型传递方式。第一类是利益分配信息的纵向输出、反馈过程。如以中央政府为信息的发出端，以地方政府、各主管部门为中介,以各类利益分配主体为终端,形成纵向的由上而下的传递和由下而上的反馈网络。第二类是横向传递网络,即各地区、各部门、各主体之间利益分配信息的互相传递、反馈网络。第三类是不属于上述两个系统的各种利益分配信息的传递与反馈网络,如来自社会舆论、市场、心理等各方面的反映,其特点是分散性、随机性,往往失真度较大。

以上三类传递渠道下的利益分配信息相互连接,构成信息传递网络,把全社会的利益分配主体联系起来,在沟通全社会利益分配活动中发挥作用,成为社会主义利益分配运行机制中不可或缺的环节或组成部分。但是,我们也应看到,在利益分配信息传递过程中,信息本身的获取、分析、加工、传递过程是十分重要的。从管理的视角看,这些具体的环节尤为重要,特别是各方面当事人对信息的分析判断、加工处理十分关键。在通过市场机制调节利益分配的社会主义市场经济中,信息传递的质量、真实程度、时效、传递成本以及人们对信息的反应灵敏度等,对于利益分配的正常运行、管理调整手段的行之有效、分配机制的健全合理发挥着重要的作用。

4.利益分配的调控机制

利益分配调控机制的管理目标可概括为如下几个相互联系的层次。[1]

第一个层次,在微观领域调控利益分配主体的利益分配行为和决策,以充分实现主体利益为基础,协调各类主体之间的利益分配关系,防止各种非理性、不规则的利益分配活动的发生。

第二个层次,在宏观领域对利益分配总量和结构方面的调控,在充分掌握和利用价值规律和利益分配规律的前提下,有目标地调节利益分配,达到总量上的均衡和结构上的合理。

第三个层次,在社会领域对利益分配总格局的调控,对社会各层次之间利益分配关系的调节,对个人收入利益高低悬殊的调节,有计划有目的地实现社会利益分配的公平和效率,实现社会经济的稳定发展,保证社会全体成员的利益得到稳定持续的增进。

---

[1]　刘凤岐.论社会主义市场经济条件下的利益分配机制[J].延安大学学报(社会科学版),1998(3):3-8.

要达到上述对利益分配调控的目标,不可能单凭行政手段来完成。必须根据社会主义市场经济条件下利益分配的基本情况和基本格局,建立一个综合的调控体系。只有综合的多功能的、统一性与灵活性密切结合的调控体系,才有可能调节、控制好利益分配活动。这个综合的多功能的利益分配调控体系,在相互作用的状态下组成利益分配调控机制。

(1)经济调控机制

在社会主义经济中,能够直接影响利益分配主体的经济利益的经济变量,如价格、利率、税率、工资水平、奖金等,其变动会直接影响利益分配主体经济利益的增加或减少。所以利用这些变量可以调节和控制主体之间或主体内的利益分配按社会目标的要求发展。在整个利益分配调控机制中,经济调控机制能够让利益分配活动实现其宏观目标。经济调控手段与其他调控机制相比具有典型的灵活性、间接性、诱导性的特点,利益分配主体比较易于接受。所以说,以经济调控机制调控利益分配活动,是自觉运用价值规律的具体体现,也是间接调控为主的调控机制的主要方面。此外,运用与价值变量有关的范畴进行利益分配的间接调控,在具体实施时,又是通过一系列调控政策来实现的,如财政政策、货币政策、价格政策、收入分配政策、投资政策等,通过新的经济政策的制定而对利益分配主体的行为与活动产生影响,并能间接使宏观调控的社会目标得以实现。

(2)法律调控机制

就是通过制定经济法律与法规,健全和维护利益分配活动的秩序和行为准则。长期以来,我国在一定程度上存在法制不健全的问题,更糟糕的是,部分领域存在有法不依、执法不严的现象,加之机构建设以及司法人员素质不高等原因,至今存在着在经济领域缺乏法制调控的现象,在利益分配过程中也是如此。即使在一些方面已经制定了法规,有法不依、执法不严或知法犯法的现象依然存在,这些都是对利益分配秩序、规范和透明度的极大扰乱,社会影响恶劣。所以,必须强化法制建设,构建严密的经济法律监督和控制网络,使得利益分配可以有序运作。

(3)行政调控机制

即通过行政命令等各种指令来控制利益分配主体的非规范化利益分

配行为。其中包括政府的各项决定、决议、通告、规定、指令的发布。

以上我们分别考察了利益分配机制系统内部的几个主要组成部分或环节，实际上，这四个方面是统一不可分的，他们在相互推动、相互配合的状态下共同形成利益分配运行机制。所以，我们将这四个主要方面耦合而成的综合机制称为利益分配机制。在这个机制中，目标机制规定着整个机制的运行目标与方向，它从本质上规定了其他环节的性质与功能。约束机制主要是从利益分配主体方面规定了主体的基本素质。调控机制则从宏观高度来协调各方面的利益分配关系，使利益分配活动按照社会目标的基本要求规范运行。在整个机制中，信息传递机制以其网络将利益分配的方方面面联系起来，沟通相互间的联系，将分析、处理过的信息迅速、准确地传递到利益分配的各个方面，使机制内部的各个环节联成一体。整个利益分配机制由此而成为贯彻利益分配规律的有效形式。

（四）利益分配机制的影响

由于信息的独特价值，人们想尽一切办法保护自己在信息方面的优势。买卖双方在市场上，一般都是卖方掌握的信息比较完全，而买方则不能完全掌握，形成了信息不对称的市场环境。企业经营也是如此。对企业经营的全部信息，企业管理者要比投资者了解得更多，在与投资者对弈的过程中掌握优势。根据资源基础论的代表性人物之一巴尼的观点，企业资源需要将有价值性、稀缺性、不完全模仿性和不可替代性这四个基本特点具备，才可为企业赢得竞争优势。按照这个意义来看，若想要确保信息资源的稀缺和其在激烈竞争中的优势，那么能够垄断性占有和保持特定的信息资源是非常重要的。可见，在竞争市场中，那些拥有者为了获得竞争优势和实现利润最大化的目标，通常可能将私有信息封闭，这就不可避免出现市场信息的不对称现象，信息资源的共享就会在一定程度上受到阻碍。

信息资源共享并非单纯的公益行动，信息资源共建共享中的成本和利益机制是需要考虑的重要因素，要体现信息的公共性和专有性的均衡。信息共享讲究的是互惠互利，必须有相应的贡献与回报，还要注重权利与义务之间的均衡关系。如果不承认各共享个体之间相对独立和合法的权益,那么其参与共建共享的积极性就会减少,信息资源共享的目标也就难以实现。

二、西藏碳汇经济利益分配机制的建立

西藏的森林与草原生态环境系统构建起西藏高原生态安全屏障,也是以物质形式承载着西藏碳汇功能区的建设。在西藏,人工植树造林种草工程实施的主要场所就是农牧区,祖辈生活在其中的农牧民承担着建设相关工程的任务,而有效的物质激励则是人们从事社会经济活动的基本动力。所以应想尽一切办法将农牧民的根本利益实现好,这是建设西藏高原区域碳汇功能区一个最为基本的前提条件。我们要坚持《中共中央关于推进农村改革发展若干重大问题的决定》中以人为本的理念[①],对农牧民的意愿给予充分的尊重,把他们所关心的那些最为直接而现实的问题解决好,通过农业产业化、城乡经济一体化等方式来实现这个目标。因此,建立西藏碳汇经济利益分配机制有着客观的必要性,建议采取如下措施。

(一)搞好规模化的特色产业

党的二十大报告指出,"发展乡村特色产业,拓宽农民增收致富渠道"。特色产业也就是优势产业,在这里所指的是,那些能够实现劳动生产与当地自然环境和谐共存的产业,这些产业的经济效益更加理想,同时能兼顾生态效益和社会效益。目前西藏有很多成功的例子:西藏山南培育、扶持本地的黄牛奶源、优质大蒜与油菜种植等生产,提高了农牧民群众的经济收入。西藏碳汇功能区建设中应积极宣传和推介山南经验,并积极调整乡村的经济结构,在推动特色产业更好更快发展上下更大的力气。可以运用产业化经营的手段,多为西藏碳汇功能区的群众创造良好的利润,使他们能够拥有更加富裕的生活。

---

① 王天津.推动碳汇功能建设提高农牧民权益[J].西南民族大学学报(人文社科版),2009,30(2):35-39,289.

（二）城乡合作发展生态农业

西藏碳汇功能区拥有比较好的生态环境，可以将这一生态优势充分发挥出来，在功能区内引进一些城市先进的管理技术，找到一条批量生产绿色产品的理想路径。党的二十大报告指出，"坚持农业农村优先发展，坚持城乡融合发展，畅通城乡要素流动"。一直以来藏鸡都作为尼木县乡村非常著名的产品，这种鸡可以在自然条件下进行养殖。在 2008 年，尼木县通过招商引进尼池生态农业综合开发公司，在当年上半年，该公司就投资了 1 170 万元，建立起藏鸡养殖基地，这个养殖基地拥有 9 个鸡舍，20 万羽藏鸡在此进行养殖，当地 148 农户参与到养殖生产中来，农牧民每年的经济收入都有所提升。西藏碳汇功能区需要持续发挥城乡一体化带来的好处，提高生产力，促进区内农牧民的收入更好更快地增长。

（三）支持农产品拓展国际市场

西藏松茸系纯天然野生菌类产品，名扬海内外，但松茸的新鲜度要求很高，增加了生产和销售的难度，在采摘、收购、加工、检验检疫、运输等各个程序上都需要对松茸进行保鲜，需要多个部门的密切合作和共同努力。经过多方协调，2008 年 8 月从林芝机场启运第一批鲜松茸，一路经过成都、上海而顺利抵达日本，创造了良好的经济效益。扩大高原特色浓郁的劳动密集型产品的外贸出口，可谓一条新的增加农民收入的渠道。这就需要尽快完善功能区内农产品进出口战略规划和调控机制，并鼓励城乡生产者改变生产方式，努力创建智慧市场。[①]

只有当地农牧民真正拥有了富裕的生活，他们的生产积极性才可被充分调动起来，凭借自身的力量不断增强西藏的碳汇优势，并踊跃保护自己美丽的高原家乡。

---

① 王天津.推动碳汇功能建设提高农牧民权益[J].西南民族大学学报（人文社科版），2009,30(2)：35-39,289.

第六章　建设西藏碳汇功能区的财政税收政策

党的二十大报告指出,"完善支持绿色发展的财税、金融、投资、价格政策和标准体系,发展绿色低碳产业,健全资源环境要素市场配置体系,加快节能降碳先进技术研发和推广应用,倡导绿色消费,推动形成绿色低碳的生产方式和生活方式"。建设西藏碳汇功能区的财政税收政策,重点应围绕加快建立生态补偿机制的政策、加快建立公共支付的生态效益补偿基金政策、制定受益者补偿政策、完善有利于开发区域生态保护的税费制度、建立完善规范的财政转移支付政策等方面进行。

第一节　构建引导西藏碳汇功能区建设的财政政策

一、财政政策及其实现办法

(一)财政政策的概念

在历史上,真正意义上的财政政策是从凯恩斯学派开始的。在 20 世纪 60 年代,凯恩斯学派的经济理论已经获得广泛接受。财政政策的经典定义为:财政政策,主要是指政府通过课税或支出的行为对社会总需求造成影响,从而促进社会的就业,有效地避免通货膨胀或紧缩的现象发生,进而稳定社会经济。早在 20 世纪 80 年代初,财政学者 V.Urduidi 首次提出了较为全面的财政政策的含义,其内容为:财政政策可以认为是资金投入、举债、税制等一系列措施的整体,通过这些措施,作为整个国家支出组成部分的公共消费和投资在总量与配置方面得以确定,而私人投资的总量和配置也会受到一定程度上直接或间接的影响。这个观点首先对财政政策手段做了强调,但关于财政政策实现目标的说明就相对模糊。

　　纵观以上定义,财政政策的实质就是政府用来促进经济发展的间接控制手段。这一定义可以从以下三个方面来理解:首先,财政政策的实施主体是政府,财政政策是政府干预经济的一种主要控制手段,具有一定的强制性;其次,财政政策的目标是多样的,但往往以一两种目标为主,比如实现充分就业、经济稳定增长、刺激消费、扩大社会总需求等等;最后,财政政策工具主要包括税收、公债、政府支出等具体的措施,但使用的时候往往是综合使用或以一种为主。自 1998 年起,我国政府就实施了以增发长期国债、加快基础设施建设为主要内容,以财政投资拉动总需求的积极的财政政策。

　　财政政策通常使用以下两种划分方法。

　　一是依据财政政策对国民经济总量所发挥的不同调节作用,将财政政策划分为三类,分别为:扩张性财政政策、紧缩性财政政策以及中性财政政策。其中的扩张性财政政策,就是指采取增加财政分配的手段来增加和刺激社会总需求。中性财政政策是指财政的收支活动既不会产生扩张效应,也不会产生紧缩效应。通过财政分配来减少和抑制社会总需求的是紧缩性的财政政策。然而财政预算收支平衡的政策并不能与中性的财政政策之间画等号,政府的政策取向要依据经济形势来做出。

　　二是根据财政政策的作用层次,划分为宏观财政政策、微观财政政策以及区域财政政策。其中宏观财政政策指的是在政策实施和影响的范围是整个国民经济,通常将其分为两种:一种是相机抉择的财政政策,另一种是自动稳定的财政政策。微观财政政策指的是政策实施和影响的对象是个人、家庭、公司,是微观意义上的。区域财政政策是指政策的实施和影响范围是特定地区,它往往是基于某种特定目的而实施的。

(二)财政政策的实现办法

财政政策的作用可以通过两种办法来实现:一种是内在稳定器;另一种是相机抉择。

内在稳定器是指在经济中能够自动趋向于抵消总需求变化的政策工具与活动,可以随着经济的发展自发地发挥调节国民经济的作用,不需要政府采取干预行为。自动稳定作用是经济系统自身所能产生的对经济波动可以自动抑制的一种功能。也就是在经济繁荣时期可以将通货膨胀进行自动抑制,遇到经济衰退则可以自动减轻萧条,并不需要政府去采取措施。这一自动稳定器功能的实现主要有两种机制。第一种是政府税收发生变化。遇到经济衰退,国民收入水平下降,税收也下降,而税收下降的幅度要大于收入下降的幅度,从而起到抑制经济衰退的作用。第二种是政府转移支付发生变化。一旦遇到经济不景气,将会引起失业人数以及符合救济的人数的增长,同时也会增加失业救济及其他社会福利的规模,使人们因收入下降导致的需求减少得到一定程度的缓解,对经济衰退进行抑制。反之亦然。

财政政策发挥的内在稳定器的作用主要有以下两个方面:一是税收的自动稳定性,主要指的是所得税;二是政府支出的自动稳定性,主要指的是政府的转移支付。当经济处于扩张时期,投资与消费加大,社会需求膨胀,相应的,社会收入也会增多,税收就会自动地把个人与公司增长的收入以所得税的办法纳入政府的财政中,政府收入增加。这样,就遏制了投资需求与消费需求,即社会总需求的膨胀速度,使国民经济不会太"热",使之趋于稳定。反之,当经济处于衰退时期,社会收入减少,投资与消费水平降低,社会有效需求不足,相应的,个人与公司以所得税办法纳入政府财政体系中的资金减少,在一定程度上减缓了投资需求与消费需求下降的趋势,使国民经济不会太"冷",使之趋于稳定。

转移支付是实现公共财政无偿支付的一种形式,对个人的转移支付是政府通过一定的渠道将部分财政收入无偿转移给居民个人,而政府通过这种转移支出并不获得直接的经济补偿,比如最低生活保障补助、失业救济等。当经济衰退时,个人收入降低,相应的消费需求也会减少,而且更多的人处于失业状态,这时政府就会自动扩大资金投入用于个人的转移支付,进而抑制了个人收入与消费需求的大幅度波动。相反,当经济繁荣时,政府就会自动减少个人的转移支付,使总需求不至于太旺盛,从而使经济趋于稳定。

党的二十大报告指出,"加大税收、社会保障、转移支付等的调节力度"。总之,财政政策对于调节社会总需求的波动,避免经济的过度需求膨胀和不足,能够起到一定的作用。在各国的实践中,发挥得更多的是财政政策的相机抉择的功能。相机抉择是指为了使经济达到预定的财政目标和经济目标,政府根据国民经济的现状所采取的财政措施,这是政府有意通过公共财政对经济运行行为进行干预。

在经济运行过程中,如果政府经过相应的判断,认为国民经济发展过热,总需求过大,政府就会采取一系列的财政措施,实行紧缩型的财政政策,降低总需求,使之与总供给相适应,一般的做法是增税和减少资金投入;相反,如果政府认为国民经济发展过缓,社会总需求不足,政府就会实行扩张型的财政政策,增大总需求,一般的做法是减税和增大资金投入规模。

二、构建引导西藏碳汇功能区建设的财政政策

财政对于国家和人民来说都有着很大的影响,是国民经济不可或缺的部分,调控引导支撑着国民经济。在西藏,地广人稀、高寒缺氧,生存和生产经营的自然环境比较恶劣,经济基础十分脆弱,经济发展比较落后,长期依赖中央及全国人民支援的"供给型经济"特征十分明显。加上人才匮乏、基础设施建设比较滞后、市场体系不健全、市场规模狭小,而且人力、能源、交通、通信、设备、建筑等成本高昂,保护和改善生态环境、开发自然资源的难度与压力较大,培养或引进适合本地需要的人才、维护边疆安宁和促进社会长治久安的难度,也要大于其他省区。因而,社会、经济、生态等各方面对财政投资的饥渴程度也要大于其他省区。而且,西藏的金融对社会经济发展的支持、引导、调控作用偏弱,对外招商引资的能力不强。于是,在相当长的时期内,财政就成了推动西藏社会经济发展的主

要动力和调控社会经济正常运行的主要政策工具。在常规发展的年代尚且如此,在实现跨越式发展和全面建成小康社会的新时代更是如此。因此,探索构建引导西藏碳汇功能区建设的财政政策就有其现实意义。

(一)西藏财政政策的总体特点

西藏财政收支的基本状况,主要有以下特点:(1)西藏财政自由收入水平较低,绝大多数年份,其资金投入主要依赖中央财政补助,而且一般都在90%以上。中央财政不仅在具体补助上给予西藏巨额扶持,而且在政策上也给予了特殊优惠,但西藏财政收支的矛盾依然相当突出。(2)在自治区非常有限的资金投入中,投向物质生产领域的仅占少数,大部分用于非物质生产领域。和平解放以来,西藏地方按照中央统一的财政政策,紧密结合当地实际,在完善地方财政收支政策方面做了大量的工作,取得了较大的成绩。但是,由于历史原因和自然环境等特殊因素,西藏仍处于低水平的发展状态,体制改革相对滞后,各项工作与全国比较仍存在一定的差距。客观地讲,西藏地方财政收入近期很难有大的突破。因此,从长远来看,西藏财政政策的取向仍然是缓解收支矛盾,财政政策调控的重点不是总量调节,而是结构性调节。因此,如何制定科学、有效的收支政策、促进全区社会经济发展,一直是其重要的主题。[①]

(二)财政政策对于增加碳汇的重要性

主要体现在两方面:一方面,以政府资金投入对社会经济活动产生影响;另一方面,以税收政策来引导人们的生产和消费行为。党的二十大报告指出,"健全宏观经济治理体系,发挥国家发展规划的战略导向作用,加强财政政策和货币政策协调配合,着力扩大内需,增强消费对经济发展的基础性作用和投资对优化供给结构的关键作用"。资金投入可以让财政政策有充分发挥作用的空间:(1)把环境保护的资金纳入各级政府的年度财政预算和决算中,使碳汇相关工作有可靠保证;(2)设立各级财政的环

[①] 鲁航.财往高处流:西藏财政发展概略[M].北京:中国财政经济出版社,2008:102.

境保护收入和支出的专科项目,同时设立碳汇专项科目,使碳汇资金专款专用有保证;(3)建立碳汇专项基金制度;(4)政府对碳汇科学研究、有利碳汇的生产活动和技术创新等给予特殊补贴。在税收方面,采取诸如增减税种、调整税率、确定不同征税起点等手段,促使人们在生产和消费活动中尽量减少排放,增加碳汇。

(三)引导西藏碳汇功能区建设的财政政策的构建

1.推行绿色会计核算奖惩制度

西藏碳汇功能区财政部门应将绿色会计核算体系早日建立起来。西藏为了推行绿色会计制度,应确保西藏碳汇功能区的所有个体都负起生态保护的责任,将新的财务管理目标确定为追求公司绿色利润最大化。并且,政府借助于每年的绿色会计核算体系为生态环境建设贡献大、实现绿色会计利润多的单位和个人提供财政、税收和金融等优惠政策,反之就要给予一定的处罚。今后考核各地区经济社会发展状况都要纳入绿色GDP指标,以促进西藏碳汇功能区形成生态及经济都能协调发展的良好局面。

2.成立西藏碳汇功能区生态基金

西藏碳汇功能区生态保护需要的资金数量比较大,仅仅依靠政府动用资金完成全部环保目标仍然有非常多的实际困难,可采取成立有关生态方面的基金,对环保工作方面的资金缺口进行很好的补偿。向中央财政申请专项补助可以作为西藏碳汇功能区生态基金的一个主要来源,这是因为从中央第六次西藏工作会议开始已经明确了把西藏建设成为中国的生态安全屏障的目标,理由比较充分。针对西藏碳汇功能区生态弥补机制,可以考虑收取各种资源税费以及吸收各种自发组成的民间群体的资金。可由西藏生态保护有关部门有序使用基金,主要用于当地百姓因为遭受天灾或社会行为方面等影响比较大而给予的额外补偿,同时也为恢复当地生态环境尽力提供帮助,由此可使功能区的环保资金有比较稳定的来源,也对有效保护西藏碳汇功能区社会发展产生积极的影响。

3.加快生态环境补偿的市场化步伐,增加绿色投资渠道

使用资本市场的集资办法,促进西藏碳汇功能区保护生态的公司快速融资上市。党的二十大报告指出,"建立生态产品价值实现机制,完善生态保护补偿制度"。绿色环境保护板块在市场资本化中形成,可以带来更多的资本,他们会将注意力放到绿色环保行业当中,使西藏碳汇功能区中的绿色环保行业有更多的发展空间。[①] 自治区政府可以对碳汇功能区环境保护行业的公司和个人提供财政担保、低息贷款、延长贷款偿还期限等优惠政策来引导各种投资,而且降低环境保护行业上市需要满足的要求,把生态环境的补偿纳入市场化中,使更多的投资者来投资环保产业,而环保产业的首要任务就是保护生态环境,这样,环保产业才能得以持续发展。生态环境补偿的市场化不仅将促使投资者自觉保护环境,而且也可解决生态补偿方面的资金需求。

4.采取激励性财政政策

西藏碳汇功能区激励性财政政策主要通过财政支持促进碳汇经济发展。主要涉及以下几方面:本着"有所为,有所不为"的原则,建设财政绿色预算体制,对碳汇发展领域予以政府投资倾斜,逐渐提高财政支出在节能减排领域的投资占预算内投资的比重;扩大财政补贴、贴息范围,为节能减排领域活动提供可靠稳定的资金支持;针对重要减排企业、重要节能减排项目,政府直接进行投融资,最大限度减轻企业负担;针对相关碳汇领域研究开发支出给予相关优惠,建立相关重点技术攻关项目,纳入地区科技支持计划,通过提高政府财政支持,降低研发成本,促进低碳技术创新。其中财政补贴包括投资者补贴、清洁产品补贴以及消费者补贴,分别用以调动各界投资者投资碳汇经济的积极性、生产者清洁生产的积极性、消费者低碳消费的积极性。[②]

5.实施保护生态环境的政府转移支付政策

党的二十大报告指出,"健全现代预算制度,优化税制结构,完善财政

① 陈爱东.构建西藏绿色财政体系的设想:基于促进西藏生态安全屏障建设的视角[J].西藏民族学院学报(哲学社会科学版),2012,33(4):30-35,138.

② 张童.西部地区低碳经济发展模式研究[D].成都:西南财经大学,2011.

转移支付体系"。财政转移支付在规划西藏区域经济发展、调和城乡发展中扮演非常重要的角色。必须充分发挥专项拨款的导向作用,在财政预算资金安排中,设立节能专项基金,利用中央对西藏节能环保产业发展的政策倾斜,实施有条件的政府转移支付,并以专项配套资金划拨方式,把节能专项基金转拨给西藏碳汇功能区,并要求各地区财政不得以其他方式挪用这部分资金。同时,利用其他省份对西藏的对口支援政策,中央政府通过政策规制的办法鼓励其他省份对西藏节能环保产业发展资金的支持,以其他省份地方财政的名义对西藏节能环保产业进行财政资金的直接性转移支付或者间接性财政投资,为西藏全方位的节能减排提供资金上的支持。另外,西藏地方政府一方面要对资源浪费严重、环境污染严重的地区及企业禁止或者减少转移支付;另一方面,在已有优惠政策的基础上,对于资源消耗低、污染小的地区和企业,增加转移支付资金。对于已经在政策上给予优惠的地区或公司,没有造成资源浪费或严重污染的,继续加大资金的转移支付的力度。

6.采取统筹城乡发展的资金投入政策

城镇化同时也伴随着城乡差距不断加大,城乡差距加大成为西藏地区发展经济的制约因素,要通过全面完善当地城乡财政支出制度缩小城乡差距,全面统筹西藏城乡发展。这不仅影响着西藏碳汇功能区内部的社会安定,也影响着全国建成小康社会的进程。

(1)在西藏碳汇功能区中加大农牧业的生产生活补贴,给予农牧民种植补贴、购买农具和肥料补贴,降低农牧民的种植成本,同时提高西藏碳汇功能区农牧区原始农产品的最低收购价格,相对提高农牧民从事农业活动所获得的收入。

(2)国家通过财政资金增加对纯公共产品的投入。对于西藏碳汇功能区农牧区需要的准公共产品性质的基础设施建设,畜牧业产业化经营、农牧产品高科技应用等项目建设,由于投资耗费较大、投资期较长、外部因素影响较大、收益较低,西藏应当利用中央给予的财政资金,通过财政补贴、财政贴息贷款、农牧业发展专项资金划拨等方式来鼓励对农牧产品的生产经营进行投资。

(3)加大财政资金对农牧业发展的补贴力度。以国家拨款资金为主导,实施激励补贴的政策,使农牧民可以积极改善西藏碳汇功能区生活条件,有关农牧民提高素质、发展水利、成立种植养殖基地、推广高科技、建立交通等方面的资金占财政支农资金的比重要进一步提高,保护农牧区居民基本的生活设施和条件。要增加国家在农牧区发展第一产业和第二产业的投入。在第一产业的发展上,要建立产业化、规模化的经营模式,如对藏药材、青稞等的种植。在第二产业的发展上,主要是通过对高原绿色食饮品加工基地的建设投入、民族手工业生产设备的投入来提升产品的附加值。

(4)银行应该向农牧产品有关的加工公司、个体经营户、农牧民自发组织承建的农村专门合作社等提供贷款保证,落实国家的财政贴息政策。利用国家和西藏自治区财政给公司和个体户等贴息,引导银行给个体经营户贷款,给农业生产贷款,积极发展西藏碳汇功能区的生产生活建设,对购买生产必备农业用具、加工及销售农牧产品的资金需求给予支持。

(5)提高城乡居民最低生活保障标准。与过去相比,西藏在经济社会的各个领域都得到了发展,但与全国许多地区相比还存在许多不足。因此,对于最低生活保障标准,西藏应以 10%:15% 的比例优于中央统一标准。对于在西藏的工作人员或者职工的最低工资标准,应该高于其他地区标准。

(6)西藏的教育、医疗等公共服务事业发展落后,尤其是西藏的农牧区。在西藏财政公共支出当中,仍然要加大对城市和农村教育、医疗和其他相关公共资本投资的比例。

7.优化资金投入结构

为改变西藏原有的单纯追求经济增长的思维模式,必须以实现共享型经济发展为目标,完善现有的财政政策,优化财政支出结构,建立和完善财政支出管理制度,提高经济领域中的财政政策的实施效率,增加碳汇功能区投资公共服务领域的重点,加大对西藏碳汇功能区农牧区及落后区域、经济发展薄弱环节的财政支出力度,做到广覆盖、有重点地投入。

在财政资金预算体制中加入绿色 GDP 元素,提高资金投入的水平和质量。应加强西藏碳汇功能区基础设施建设如公路、铁路、水利、电网等的资金支出。一方面,以直接拨款的方式建设学校、医院等关系农牧民生产生活的公共机构。进一步提升农牧业发展中资金投入比例,把增加农牧民收入的财政补贴设立为专项资金,分层次给予补贴,鼓励农牧民种养自身价值较高的产品。另一方面鼓励农牧民对原始农产品进行深加工,提升附加值。重视环境保护资金的投入,在财政资金总量上加大对生态环境保护方面的支持,同时调整资金的支出结构。针对西藏生态环境的重要性及脆弱性,在公共预算支出当中用于环境保护的财政支出比例应当适当提高,保持在 5%～7%。应当降低行政成本的支出,把所节约出来的财政资金用于科技、教育、医疗、卫生等硬件设施的建设。提高基金支出所占的比重,例如人才专项基金的设立与支出,这是提高科技创新能力和吸引人才的重要举措。

8.财政支出重点支持提高自主创新能力和促进技术进步

党的二十大报告指出,"提升科技投入效能,深化财政科技经费分配使用机制改革,激发创新活力"。西藏由于独特的地理环境和人才的短缺,与其他地区比较经济体量小,尤其是在高新技术应用方面比较落后,想要依赖经济文化生活水平来引进更多的人力资源和更多的高科技,难度非常大。所以,就西藏碳汇功能区的具体问题来分析,想要得到好的技术,提高自主创新能力,就需要国家资金投入的支持。

一是设立财政专项资金,以西藏碳汇功能区产业发展战略定位为导向,鼓励企业发展太阳能产业、水电产业、高新技术产业等新兴产业,以直接财政补贴的方式加大对科学技术创新基地、环保产品示范基地、为企业信息化服务的项目建设等的投入。二是安排财政资金,以激励性财政补贴的方式,鼓励西藏碳汇功能区企业引进技术,提高资源利用率。对企业争创科研专利、特色品牌商标所产生的费用,给予费用返还或者一次性直接补助。对于西藏碳汇功能区企业为了提高资源利用率、降低生产成本而申请的改建、扩建、购进新设备的项目,每单项目按照实际发生费用的45%给予直接补助。对西藏碳汇功能区企业应用新能源、新技术而生产的产品,政府实施"专项政府采购"政策,在采购产品清单中,政府优先采购新技术产品。三是以财政投融资的方式,拓宽西藏碳汇功能区企业融资渠道。由政府牵头,引导银行等金融机构以发行债券、提供融资保险的方式为高新技术企业的融资提供服务,按照一定比例对每笔新增融资额进行一次性补贴。对于进行风险投资、科技研发投资、向其他企业入股投资的高新技术企业,依据一定比例,给予直接性的投资补助。四是针对西藏碳汇功能区高新技术企业的信用担保,专门设立高新技术信用担保资金,对这类企业进行信用担保而产生的营业税,实施免征制度。鼓励高新技术企业相互之间进行相关担保,按照一定比例对贷款担保额度进行一次性财政补偿。五是建立专门的产业研发基金管理机构。对西藏碳汇功能区不同所有制性质的单位,划拨不同的科研投入,鼓励非公有制企业的发展,提升非公有制企业与区外企业的竞争力。对高新技术研究的重点项目进行专项资金支持,以拉萨、林芝、昌都为经济开发的重点区域,财政直接支持建立新能源的实验室和新产品应用的示范基地。加强促进科技发展的硬件设施建设,破解关键技术应用的制约要点,大力推广高科技的应用,用先进技术改造传统产业,促进科技优势向生产优势转化。

9.增强全民生态环境保护观念,形成良好的生态产业发展伦理

西藏自治区具有独特的生态环境,因此更加需要加强保护,西藏地区每个公民都需要且应该自觉地维护环境,加强保护西藏良好生态的意识,让西藏传统文化中的"爱山、爱水、爱草地"的观念得到继续发扬,各级地方政府应将保护生态作为发展地方经济的第一要务。这需要西藏财政部门安排好生态意识培养和西藏优秀生态文化传承资金的专项预算,每年都要投入一部分资金,支持西藏碳汇功能区相关生态方面的文化交流活动,如对高校大学生假期深入西藏碳汇功能区开展的生态环境保护意识宣传活动通过立项方式给予支持等。

第二节 构建激励发展西藏碳汇经济的税收政策

一、税收政策概述

税收政策是政府根据经济和社会发展的要求而确定的指导制定税收

法令制度、税收工作的基本方针和基本准则。税收政策要素是税收政策的主要内容,包括税收政策目标、税收政策手段和税收政策主体。

(一)税收政策目标

税收政策目标是指税收政策制定主体根据其价值判断,通过一定的税收政策手段所要达到的目的,以使社会经济运行达到预期状态。税收政策目标的确定,既有主观方面的要求,也必须以客观条件为依据。从主观方面看,它总是和一定的社会价值判断紧密相连的。从客观方面看,税收政策目标是受所面临的社会和经济方面的因素影响的。在不同的社会或在同一社会的不同时期,社会经济运行呈现出不同的特点,包含着不同的矛盾,因而税收政策目标也有不同的侧重点。一般而言,税收政策目标应与国家宏观经济目标相一致。[①] 因而,税收政策的基本目标包括保障国家财政收入、合理配置资源、保证经济稳定增长、实现社会公平正义。

(二)税收政策手段

税收政策手段是指确定税基、调整税率、规定税收缴纳主体、制定税收优惠措施等构成税收政策的主要手段。

1.确定税基

在税制建设上,税基的选择是比较重要的问题。税基即"课税基础",具体有两种含义。一是指某种税的经济基础。例如,流转税的课税基础是流转额,所得税的课税基础为所得额,等等。选择税基是税制建设上的一个重要问题,选择的课税基础宽,税源比较丰富,这种税的课征意义就大。否则,税源不多,课征意义小。二是指计算税款的依据或标准。它主要分为两类:实物量及价值量。前者如现行资源税中原油的吨数,消费税中黄酒、啤酒的吨数,汽油、柴油的数量;后者如个人所得税中的个人所得额、营业税中的营业额等。

2.调整税率

税额和课税对象之间存在的数量关系和比例关系为税率,税率是课

---

① 李勇军,周惠萍.公共政策[M].杭州:浙江大学出版社,2013:222.

税的标准。税率可以分为定额税率、比例税率和累进税率三种。[①] 定额税率是指将征税对象的计量单位直接规定为纳税的绝对额的税率形式,适合于从量征收方面的税种。比例税率是指对同一征税对象不分数额大小,规定相同的征税比例的税率。流转税一般情况下都实施比例税率。累进税率又称累进税制,随同征税对象数量的增大而提高征税比例的税率,通常在收益、财产征税中比较适用,可以分为全额累进税率和超额累进税率。

3.规定税收缴纳主体

从经济学角度讲,税收的缴纳主体是最终承受税收负担的组织和个人。从法律角度讲,税收缴纳主体是直接负有纳税义务的组织和个人,即纳税义务人。纳税人和负税人有时一致,有时不一致。

4.制定税收优惠措施

税收优惠,是指一国政府为了实现某些特定的社会和经济目标,在税收法规中规定对某些特定情形给予的照顾和激励。税收优惠的形式主要有:(1)免税。免税是指纳税义务的全部免除,是一种最典型、最彻底的税收优惠措施。(2)减税。减税是纳税义务的减轻,部分免除,其基本方法有实行低税率和规定减征比例两种。(3)税收扣除。税收扣除是指在征税对象的全部数额中扣除一定的数额,只对超过扣除额的部分征税。(4)退税。退税是指政府将纳税人已经缴纳或实际承担的税款退还给规定的受益人。(5)盈利与亏损相互抵冲。盈亏结转是指在所规定的年度以内可以将某一年度的亏损与另外某一年度的盈利相互结转,从而减少应纳税所得额。(6)延期纳税。延期纳税是指允许纳税人在税法规定的时限内延期支付税款。(7)税收抵免。税收抵免是指纳税人的国内外全部所得或一般财产价值,准予在税法规定的限度内以其国外已纳税款抵免其全部应纳税款,以避免重复课税。(8)税收饶让。税收饶让是指对纳税人来源于境外的所得,可在合并纳税人时视同在境外已经缴纳税款,进行扣除。

(三)税收政策主体

税收政策主体,是指制定和实施税收政策的行为主体。一般说来,税

---

① 刘荣.会计规范与税收制度比较研究[D].天津:天津财经大学,2007.

收政策制定和执行的主体是一级政府和税务部门。

　　税收实际上是政府在依法取得财政收入的同时对国民经济进行管理的活动。在任何一项特定的经济活动中,行为主体都起着重要作用。国家财政或税务相关部门是税收政策主体,是税收政策的重要建议者、主要策划者和具体执行者。税收政策的具体执行必须有相应的法律依据,但是执行主体并不是简单地、机械地操作,税收政策实际效应如何,在很大程度上还取决于执行主体对政策实质与界限的把握。税收政策主体也是税收信息的反馈者,税务部门对税收收入的组织征收过程也是经济信息和税务信息的收集与掌握过程,这些信息将对税收政策的制定与调整提供重要的依据。由于现代税收具有很强的流动性,所以许多国家其流动性很强的税收一般都是由中央税收机制征收的。

二、碳税制度概述

(一)碳税制度概念

　　碳税是用经济激励实现环境优化管理的一种政策工具。由于二氧化碳的排放量与燃料的含碳量直接相关,所以按照含碳量向排污者征税。从这种意义上可以认为碳税是一项对排污企业的负激励,由于排污企业在没有足够的压力下是不会购买森林碳汇的,如果政府能够制定合适的碳税税收政策,使排污企业在缴纳碳税和购买森林碳汇之间做出选择,那么就可以促使排污企业购买森林碳汇,使森林碳汇项目更好地发展,以此来解决森林碳汇需求即激励程度不足的问题。

　　我们所谈论的碳税,并不是普通意义上的碳关税,指的是一个国家的政府要求本国的产生碳源污染的公司强制缴纳的税种。[①] 实施碳税征收对国家有诸多好处。首先我国若优先宣布在本国范围内征收碳税,就会使其他国家对我国产品征收碳关税失去合理性。原因很简单,碳关税是

---

　　① 朱佩智.碳关税及我国的法律对策初探[C]//中国法学会环境资源法学研究会.哈尔滨:2010年全国环境资源法学研讨会(年会)论文集(下册),2010:118-112.

符合 WTO 原则的,如果我们已经对某一产品征收了碳税,其他国家再对其征收碳关税就是违法的,即双重征税是违反 WTO 原则的。虽然对国内企业征收碳税同样会增加企业成本,从而降低其出口竞争力,但有一点是明确的:如果我国自己不对某一产品征收碳税,别的国家就会征收碳关税。既然征收碳税不可避免,那索性我们自己也开征,只不过之后再用它来适量补贴相应的排碳企业,让其用这些补贴改进生产工艺和技术,减少碳排放。其次,征收碳税能促使企业为了节约成本,自主改进工艺和技术,开发新能源,进而转变产业模式,尽最大努力逐步减少高碳能源消耗。这不但能促进低碳经济的发展,还能在碳关税问题上取得主动,以应对某些国家"倚强凌弱"的碳关税规划。

(二)碳税的制度优势

与其他应对措施相比,碳税的制度优势更为明显。本节内容先对碳税所属的经济管制办法与其他两种管制办法进行比较,然后对同属经济管制方式中的碳税以及碳排放权的交易进行比较。

1.类别间比较

在经济、行政、社会三种管制方式中,碳税属于经济管制方式。在此对经济管制方式与其他两种管制方式做一比较。

尽管行政方面的管理控制和经济方面的管理控制对于达到预期的环境管制效果都起作用,但是行政管理控制存在很多约束性:该方式实施成本往往由政府和社会公众共同承担,制度实施成本过高;政府在污染或损害方面设置一个适当的标准,并不能通过促进技术进步的方式来完成减少污染排放和污染损害的目标。而经济管制方式可以弥补行政管制方式所具有的上述缺陷:(1)在经济管制手段实施中,主要由污染需求者、破坏者或利用者支付相关费用,没有额外加重其他社会公众的负担,成本相对较低;(2)市场主体可以通过改进治理技术等方式,而减少向政府所缴纳的相关费用。

与社会管制方式比较,社会管制方式在一定程度上能调动社会公众参与环境保护的积极性,但是,它也存在一定的制度缺陷:由于社会管制方式过于强调主体的自主性和自愿性,它只能对那些环保意识强的单位和个人起到促进作用,而对于普通公众的约束力明显不足,从而导致该制度调控对象极为有限。而经济激励方式在法律约束力方面要明显高于社会管制方式,处于经济调控方式管制下的对象,无论如何都无法摆脱相关法律对其的约束。

故而可以说,与行政管制方式和社会管制方式相比,经济管制方式的制度优势较为明显。[①]

2.类别内比较

在经济管制办法中,最主要的两种碳减排制度是碳税和排放权交易。虽然想达到高效减少温室气体的作用,通过排放权交易和碳税都能够完成,但如若想要分出优劣,那么优势更多的是碳税制度,那时因为:(1)碳税调控范围更大。税收的调控范围非常大,如果对同一经济行为进行税收调控,主体可以分为个人和组织两种,而排放权交易主体只能是组织。例如,同一时间内,加拿大的英属哥伦比亚省开始实施碳税和排放交易系统,但是两者的调控范围差异较大,排放权交易机制仅能调控 23% 的温室气体排放,碳税则可以管制到该省约 70% 的温室气体排放。排放权交易仅是一个补充性措施,而碳税则是进行温室气体减排的主要措施。(2)碳税的构建所受到的限制较少。排放权交易执行起来较为困难,该措施需要更多的条件要求。因此将碳税和排放权交易进行比较来说,执行碳税的方法对于市场成熟程度要求不高,客观制约因素较少。[②](3)实施碳税的成本较低,现有的税务机关可以负责相关的行政职责。而排污权交易制度,需要创设新的行政机构,必然会增加政府的额外开支。[③]

显而易见,针对碳减排,现有的行政管理控制办法、经济调整控制办法和社会公众参加而设立的相关碳减排法律制度都具有自身的制度优势,构建完善的碳减排制度体系,三者缺一不可。但是,基于经济调控而设立的碳税,在减排二氧化碳方面所发挥的作用更为突出。

---

①　毛涛.碳税立法研究[M].北京:中国政法大学出版社,2013:8.

②　曹明德.排污权交易制度探析[J].中国环境法治,2008(0):40-46.

③　王慧,曹明德.气候变化的应对:排污权交易抑或碳税[J].法学论坛,2011,26(1):110-115.

（三）立法理念

"只有科学地确立立法理念,才能正确地界定立法的本质,并有效地指导立法活动"[1]。在发展过程中,只有处理好人与人之间的关系,才能缓解并最终解决环境问题,从而调和人与自然的关系。解决发展中环境问题的关键在于革新观念。

可持续发展理念是人类为解决生态环境问题而提出的新的理念[2],是指既满足当代人的需要,又不损害后代人满足其需要能力的发展理念。该理念把人与人之间的关系、人与自然之间的关系融入代内公平和代际公平这一突破时间维度的价值观。该理念以"维持全面的生活质量,维持对自然的永续利用,避免持续的环境损害"[3]作为基本特征。

环境保护法用于调节在自然资源利用、污染防治、生态损害预防等活动中所形成的人与人之间的关系,旨在维持人与自然和谐的状态。然而,即使同属于环境保护法,若理念差异较大,不同立法的实施效果也会相差甚远。应把可持续发展理念应用于环境污染防治法和自然资源法的创新中,用人与自然和谐的生态伦理观来推动生产方式和消费模式的变革。[4]

碳税立法用"价格"诱导机制,激励社会公众转变生产方式和消费模式,确保大气生态系统的可持续利用,保证我国生态系统不被经济发展所带来的环境污染所破坏,可以给后代留下一个良好可持续利用的生态环境。

（四）立法目的

实现立法理念的具体化就是立法目的。税收是国家利用政治权力强行参与社会剩余产品分配来筹集公共收入的活动,国家在向民众征税的同时,也需要履行相应的社会服务职能,应把部分来源于税收的收入用于增加社会福利以及推动社会文明进步。税收推动社会文明进步,对于我

---

① 陈兴良.立法理念论[J].中央政法管理干部学院学报,1996(1):1-6,49.
② 赵惊涛.科学发展观与生态法制建设[J].当代法学,2005(5):133-136.
③ 曹明德.生态法新探[M].北京:人民出版社,2007:23.
④ 毛涛.碳税立法研究[M].北京:中国政法大学出版社,2013:8.

们整个生态建设与环境保护有着不可缺少的影响。20 世纪 60 年代,在日趋严重的生态危机面前,传统的环境管制手段所存在的问题凸显,一些国家在采用税收手段去解决环境问题时,首要目的不是纯粹地增加国家的财政收入,而是想通过税收工具推进生态文明进步。温室气体大量排放、气候变暖趋势加剧、气候性灾害日益增多,导致气候系统的利用已经不具有持续性,西方发达国家开始运用有助于减排温室气体的措施,来引导企业和个人由高耗走向低碳,把经济引向生态文明的发展路径,以此来确保大气环境容量利用的可持续性。

我国财政收入已相对充裕。在碳税立法时,应淡化碳税增加财政收入的功能,而突出其公益性,更多的是重视它是否可以很好地保护我们的生态环境,在不增加民众额外税收负担的前提下,使其成为切实减排温室气体的工具,引导民众按照生态文明的要求利用大气环境容量,以此来确保大气生态系统利用的可持续性。

(五)立法原则

碳税立法原则具有如下特征:(1)有非常具体的目标。按照法律一般逻辑,立法理念指导立法目的,立法目的衍生立法原则。我们之所以制定碳税就是想减少二氧化碳的排放,然而,这一立法目的仅是立法的基本定位,还比较抽象,需要细化为指导法律实施的基本原则。(2)抽象化的制度设计。立法原则尽管在法律原则上并不抽象,可是与法律制度要求的具体化比较来说就显得十分抽象。法律制度往往依据这些原则而设立,并体现着原则之要义,是原则的具体化。(3)对于环保方面更加重视。我们知道制定碳税的理念和目标定位,因此碳税要成为环境生态保护方面征税的主要法律,减少二氧化碳的排放,把国家的经济文明建设发展起来,在保护生态环境的同时不影响经济发展。

碳税作为一个新兴税种,其环保功能要强于经济功能,在坚持税收一般性原则的同时,还应确立生态优先原则、风险预防原则和全程管理原则等特殊原则。其中生态优先原则是价值性原则,指明了碳税立法制度设计的价值取向;风险预防原则作为目标性原则,指出碳税制度设计应遵循的标准;全程管理原则是手段性原则,它是征管实体规定与程序规定的综合体,用于指导碳税征收规则之设计。

1.法定原则

税收法定原则含有很多方面的具体内容:(1)谁有权力制定相关法律。按照《立法法》规定,只有全国人大及其常务委员会才是税收的立法权主体。在我国立法规定中,也有授予其他部门立法权力的情形。全国人民代表大会及其常务委员会行使税收立法权的同时,也赋予了国务院一些立法权。从立法角度看,全国税收的立法权限只能由全国人民代表大会及其常务委员会和国务院制定。(2)合法的纳税义务。"没有法律依据国家就不能课赋和征税,国民也不得被要求缴纳税款,这一直是税收法定主义的核心。"①由人大代表参与税收立法,并通过法律形式将税收确立下来,这样的法律才符合民意,也才会被纳税人接受和支持。(3)合法的课税权。通过税收立法,税务机关享有征税权。征税权并不是简单地作为权力存在的,它也需要履行职责,有了法律依据的税收就需要严格依法执行,不能有意违反各种税收规定从事随意征收、减免、退补等无法律依据的行为。(4)合法的税收要素。为了确保税收有明确的法律依据,在进行税收立法时,立法机关往往会就计税依据、征收阶段、税目、税率、纳税义务人、税收减免等实体性要素,以及税务登记、纳税申报、税款征收、税款使用等程序性要素做出明确规定。

税收法定原则是最基本也是最重要的原则,在制定碳税立法时应坚持这一原则。进行碳税立法时,应由全国人大或其常委会行使立法权。当然,全国人大及其常委会也可以通过授权立法方式,把碳税立法权转由国务院行使。② 同时,在立法过程中,应依照依法治国理念和相关原则之要求,准确赋予国家课税权,设定纳税人的义务,以及界定税收要素等。

2.公平原则

税收公平原则指"国家征税应使各个纳税人的税负与其负担能力相适应,并使纳税人之间的负担水平保持平衡"③。公平原则在法律中是不

---

① 张守文.论税收法定主义[J].法学研究,1996(6):57-65.

② 毛涛.碳税立法研究[M].北京:中国政法大学出版社,2013:8.

③ 刘隆亨.税法学[M].北京:中国人民公安大学出版社、人民法院出版社,2003:53.

可动摇的最基本的价值取向,应成为指导税收立法的基本原则。

税收公平包括横向和纵向两个层面的公平。具体而言,横向层面的公平是指法律面前人人平等的理念,在税收这个特殊领域中就演变成了税收面前人人平等。在税收立法起草以及适用中,都应该贯彻平等理念,那些具备相同课税要素的人在法律面前应得到同等的待遇。目前,多数税收立法都强调了该原则,从而确保了税收面前人人平等。比如《中华人民共和国个人所得税法》规定,不管是中国人,还是外国人,只要满足住所地或者居住时间两个标准之一,就需要缴纳个人所得税。纵向层面的公平,是指在税收立法领域仅仅强调横向层面的公平是远远不够的,这样会忽略纳税主体的差异性,而引发征税的实质不公问题。因为,纳税义务人居住环境、收入状况、健康程度等个体因素存在巨大差异,若仅采用统一的标准,不考虑纳税义务人个体的差异性,对所有纳税义务人都征收同样的税金,不同纳税义务人生活所受到的影响是完全不同的,那么,这种税收尽管在形式上看似乎公正,但事实上存在着严重的社会不公。所以,为了避免税负的实质不公平现象,在进行税收立法时,就需要考虑纳税人的实际情况,并对其做出区别对待,以此来寻求实质公平。寻求实质公正的要点在于充分考虑纳税人的缴税能力。①

碳税立法在强调法定原则的同时,也将公平原则融入其中,使其具有追求公平的价值诉求。当然,碳税立法所要达到的公平,也应体现在横向公平和纵向公平两个层面。就横向公平而言,所有在我国境内消费化石燃料的单位和个人,都应毫无例外地成为碳税的纳税义务人。该层面的公平解决了纳税义务人范畴问题,达到了碳税征收形式层面的公平。同时,碳税立法还应充分考虑纳税义务人的居住环境、收入状况、对化石能源的依赖度等个体因素,综合采用重税、轻税、减税、免税等手段,达到碳税征收的实质公平。

3.效率原则

税收必须有利于资源的有效配置和经济的有效运行,提高税收征管效率是必要的。除了公平,效率也是法律的首要价值,应体现在税收立法

---

① 刘剑文.税法学[M].北京:北京大学出版社,2007:100.

中,成为指导税收立法的基本原则。

税收效率原则当中含有两个方面:经济效率和行政效率。具体而言,在税法中,经济效率所关注的要点是拟征或已征税收的宏观经济影响程度、范围和效果。换句话说,税收经济效率要求运用税收工具进行资源配置时,把税收额外负担降至最小,并使税收的额外收益最大。当一项税收干扰或破坏了宏观经济运行时,就意味着该税收产生了额外负担;相反,若这项税收帮助或维持了宏观经济运行,则说明该税收产生了额外收益。税收中性理论为实现税收额外收益最大化提供了指引:政府的征税行为要充分尊重市场规律,注重市场自发配置资源的作用,不得扭曲市场机制的自发运行,不得干预私人经济部门的资源配置。例如,《外商投资企业和外国企业所得税法》规定国外企业享有较多的税收优惠,尽管这种差别化待遇有利于吸引外资,但是造成了国内外企业自由竞争的严重不公,使得国内企业处于劣势地位,可以说该税收征税对于宏观经济运行产生了额外负担。随后,新实施的《企业所得税法》把税率标准降至 25%,并减少了国外企业税收减免的条件,这样不仅有助于吸引外资,还有利于确保国内外企业公平竞争,该税收改革就对于宏观经济运行产生了额外收益。行政效率在税法中所关注的核心在于降低税收征管成本。税收征管成本包括征税成本和缴税成本两方面的内容。征税成本主要关注税务机关,指其在征收某一项税收时的办公开支,主要包括办公设备开支、材料审核额外花费、工资补贴等。纳税成本主要关注纳税义务人,指其在缴纳某一项税收时的开支,主要包括填写咨询代理费、报税交通费、通信费等。基于行政效率要求,在进行税收立法时,立法机关会充分考虑效率问题,尽量简化税收程序。[1]

在进行碳税立法时,应坚持税收效率原则之要求,使得该立法能在"给定投入量中获得最大的产出,即以最小的资源消耗取得同样多的效果,或以同样的资源消耗取得最大的效果"[2]。碳税立法应综合考虑立法对社会的经济影响问题,坚持税收中性,合理设计纳税义务人范畴、税率

---

[1] 毛涛.碳税立法研究[M].北京:中国政法大学出版社,2013:8.

[2] 张文显.法哲学范畴研究[M].北京:中国政法大学出版社,2001:213.

标准、税收优惠等政策,使得该立法能获得最大的额外收益。另外,立法征管程序设计应简化征管程序,提高行政效率。

4.生态优先原则

生态优先原则或称环境优先原则,指"在处理经济增长与环境保护之间的关系问题上,确立生态环境保护优先的法律地位,作为指导调整社会关系的法律准则"[①]。该原则带有价值倾向性,在环境利益与经济利益孰轻孰重的抉择方面,坚持生态保护的优先地位。[②]

在环境立法中,为什么要强调优先保护生态系统呢? 其中有很多重要的原因:(1)在"经济优先"或"协调发展"原则指导下设计的法律,即使是环境保护类法律,也会在法条设计时厚此薄彼,偏重经济发展、轻视环境保护,这些立法仅会成为维护经济发展的工具,而非环境保护的手段。(2)西方国家大多摒弃了"经济优先"的立法理念,确立了"生态优先"理念,并融入立法中,如美国的《国家环境政策法》。(3)从改革开放开始,我国经济得到飞速发展,目前已经积累了充足的经济资本,然而,该经济成就一定程度上是以牺牲环境利益为代价换取的,不具有持续性。当环境污染、生态破坏和资源短缺严重到一定程度时,经济发展会出现瓶颈,并走向下坡路。为了扭转这种无法持续的经济发展模式,必须重新定位经济发展与环境保护的关系,确立环境保护的优先地位,使经济在环境的承载能力范围内发展,这样的经济发展方式才具有持续性。

化石燃料助力了经济的快速增长,但在经济发展的同时,产生了许多温室气体,超过了大气生态系统承载能力。面对气候危机,应对气候变化的专项立法必须重新定位。世界经济发展需要生态保护,就制定碳税相关法律来说,碳税更加注重的是对生态环境的保护并且控制大气污染的产生,减少二氧化碳的排出,而不是单纯地增加财政收入,更多的经济利益并不是政府实施碳税的目标。根据碳税制度的定位来说,推行碳税制度更多关注的是生态保护方面的功能,而不是经济利益获取功能,所以立法指导的原则要优先考虑生态环境保护。

---

① 曹明德.生态法新探[M].北京:人民出版社 2007:23.

② 王树义.俄罗斯生态法[M].武汉:武汉大学出版社,2001:213.

5.风险预防原则

风险预防原则是指在人类活动对人体健康、生态环境可能造成危害时,即使该危害不会必然发生,还是有必要采取措施。其内涵如下:(1)风险与损害同时规制。该原则规制的对象既包括潜在的环境风险,也包括现实的环境损害。原因在于环境风险向环境危害转化需要一个过程,一旦转化完成,潜在的风险就变成了现实的损害。该原则带有损害预防之意。(2)科学不确定性。这是指在科学上没有充足证据表明某一项活动势必会造成环境损害。(3)"科学不确定性"不能作为借口。某一活动造成环境损害的科学不确定性不能作为推迟采取措施的理由。换句话说,不能等到有充足的科学证据表明某种损害必然发生时,才采取应对行动。(4)风险需达到一定程度。当然,如果把所有的风险都作为防治对象,必然会劳民伤财,不符合现实情况,因此需要做一个取舍。只要根据现行的人体健康法定阈值标准有可能造成损害,即应当采取措施进行预防。①

为什么要强调风险预防呢? 原因在于:(1)科学技术水平的局限性。环境损害往往具有潜伏性、不确定性等特点,损害原因和结果之间的关系较为复杂,如生物安全和气候变化等新型环境问题,很难找到充足的科学证据予以证明。如果采用放任的态度,这种风险很可能会转化为现实损害。(2)预防成本的低廉性。环境损害发生需要一个过程,而风险预防较为简单,以较低的经济投入便可以达到预防损害发生之目的。一旦风险演变为损害,治理成本极其高昂,往往是前期预防成本的几十倍甚至上百倍。(3)环境损害最小化。在环境风险出现时,及时做出反应可以避免风险转变为现实危害,减少环境损害产生的概率。

很多学者都认为,全球气候变暖和二氧化碳的排放之间有着密不可分的关系。尽管如此,还是有少数研究人员认为,并没有足够的理由让他们信服二氧化碳等温室气体的排放与全球变暖有着必然联系。温室气体排放与气候变化之间的关系认定,是公认的一个相当困难的科学问题,仅依据不足两百年的气象记录和现有的技术水平,还不可能得到足以说明问题的答案。若在得到该答案之前,持一种放任态度,那么结果有两种:

---

① 于文轩.生物安全国际法导论[M].北京:中国政法大学出版社,2006:104-105.

随着时间推移,可能会有充足的科学证据表明气温升高仅是温室气体排放中的阶段性现象,温室气体排放与气候变化之间没有必然联系,那么即使采取应对措施也不会产生更好的结果,持放任态度无可厚非;但也有另一种可能,待科技水平发展到一定程度,科学证据表明温室气体排放与气候变化之间存在着必然的因果关系,温室气体排放量的增加与气温升高成正比,那么,在这种情况下若持放任态度,问题则会更加严重,到最后的结果是不可想象的。总的来说,在应对气候变化时,不能持投机心理,在风险与机遇面前,理性选择最为重要,应把风险假设放在首位,将机遇假设放在次要位置。[①]

6.全程管理原则

全程管理特点如下:(1)对象特定。全程管理的对象为单位和个人所从事的对环境有影响的经济活动,既包括有益于环境的活动,也包括损害环境的活动。(2)多方主体。全程管理的主要参与主体有两方:一方是具有环境保护职能的行政机关,另一方是行政相对人。除了这两类主体外,其他司法机关、行政机关、社会团体、公众等也可以参与其中,充当监督者的角色。(3)全过程管理。行政机关对于经济活动的管理,既包括对活动开始之前准备阶段的管理,也包括对活动进行阶段的管理,还包括活动结束后的管理,纵贯经济活动全过程,是事前、事中和事后管理的统一体。

为什么要在环境立法中强调全程管理呢?其原因主要有以下几点:(1)减少损害。经济活动中,经济主体追求的最终目标都是经济利益的最大化,因此,经济主体以牺牲环境利益为代价而追求经济利益。要想保护环境,不破坏生态,应该对经济主体实施外在压力,将政府监管贯穿到整个经济活动中。(2)制定相应对策。政府在监管过程中,应该及时、全面地搜集对环境有害的相关经济活动的信息,以综合评价为基础,制定和完善相应的对策机制。(3)预防疏漏。在环境管理中,应该将事中管理放到最主要位置。那这是不是意味着不需要进行其他阶段的管理呢?很显然,答案是否定的。在经济活动的准备阶段,政府的管理可以防微杜渐,减少活动开展后所潜在的环境影响因素。而经济活动结束后,政府的管

---

① 毛涛.碳税立法研究[M].北京:中国政法大学出版社,2013:8.

理行为可以有效督促经济主体及时处理污染设备,清理废弃物,减少对环境的影响和危害。

实际工作中,应确立碳税立法的全程管理机制,将其运用到相关的制度设计中。同时,碳税征收的前、中、后期的各个环节,均需环保机关和税收机关的严格监管,防止偷税漏税行为发生,最大限度地发挥碳税的激励作用。

三、西藏现有支持碳汇功能区建设的税收政策

自从 20 世纪 80 年代起,我国先后制定和实施了一系列有助于环境保护的税收法律,如《产品税条例(草案)》(1984 年,已失效)、《国营企业所得税条例(草案)实施细则》(1984 年,已失效)、《集体企业所得税暂行条例》(1985 年,已失效)、《车船使用税暂行条例》(1986 年,已失效)、《耕地占用税暂行条例》(1987 年,已失效)、《增值税暂行条例》(1993 年)、《城镇土地使用税暂行条例》(1988 年)、《固定资产投资方向调节税暂行条例》(1991 年,已失效)、《资源税暂行条例》(1993 年,已失效)、《消费税暂行条例》(1993 年)、《土地增值税暂行条例》(1993 年)、《车辆购置税暂行条例》(1992 年)、《税收征收管理法》(1992 年)、《车船税暂行条例》(2006 年)、《耕地占用税暂行条例》(1987 年,已失效)等。其中,一些立法所创设的税收对于减排温室气体同样起到促进作用。《资源税暂行条例》《车辆购置税暂行条例》《车船税法》《消费税暂行条例》所创设的资源税、车辆购置税、车船税和消费税,对于减排温室气体也起到了促进作用。

西藏现有支持碳汇功能区建设的政策主要包括以下内容。

1.节水环保税收优惠政策

对符合条件的环境保护、节能节水项目的所得收入,自项目取得第一笔生产经营收入所属纳税年度起,第一年至第三年免征企业所得税,第四年至第六年减半征收企业所得税。对各级政府及主管部门自来水厂(公司)随水费收取的污水处理费,免征增值税。对纳税人购置并实际使用的节水设备,将设备购置金额的 10% 递减当年企业所得税应纳税所得额。

2.节能环保税收优惠政策

在节能环保方面,西藏执行的是国家统一的税收优惠政策。一是关

于增值税、营业税；对符合条件的节能服务公司实施合同能源管理项目，取得的营业税应税收入，暂免征收营业税。二是关于企业所得税：对符合条件的节能服务公司实施合同能源管理项目，符合企业所得税税法有关规定的，自项目取得第一笔生产经营收入所属的纳税年度起，第一年至第三年免征企业所得税，第四年至第六年按25％的法定税率减半征收企业所得税。三是对纳税人购置并实际使用的节能设备，按设备购置金额的10％递减当年企业所得税应纳税所得额。

3.垃圾、剩余物质等处理的环保税收优惠政策

对垃圾处理、污泥处理处置劳务免征增值税。对销售自产的以建（构）筑废物、煤矸石为原料生产的建筑砂石骨料免征增值税，生产原料中建（构）筑废物、煤矸石的比重不低于90％，其中以建（构）筑废物为原料生产的建筑砂石骨料应符合相应的技术规范。对其他符合规定的农林剩余物资综合利用产品（劳务），可按规定享受一定比例的增值税即征即退的优惠政策。

4.基础设施建设环保税收优惠政策

投资水利、交通、能源、城市（镇）公共设施等基础设施和生态环境保护项目，主营业务收入占企业总收入70％以上的企业，自项目取得第一笔生产经营收入所属纳税年度起，免征企业所得税7年。而属于太阳能、风能、沼气等新能源建设经营的投资，从项目取得第一笔生产经营收入所属纳税年度开始，免征企业所得税6年。

四、西藏碳汇功能区今后发展碳汇经济应采取的税收政策

今后，在西藏碳汇功能区发展碳汇经济，建议在税收政策上，从激励性和惩罚性两方面采取措施。

（一）总体思路

1.激励性税收政策

激励性税收政策主要是采取税收减免的手段，促进低碳经济的发展。

（1）从事低碳、节能产品相关生产的公司，可针对其所获得的生产经

营节能、低碳产品收入,根据一定比例减征企业所得税;或者在该类企业生产经营的一定期限之内,免征企业所得税;或者在对该类企业应缴所得税计算时,将企业支付员工工资、低碳产品广告费、业务宣传费等给予提前扣除;或者给予企业相关房产税、土地使用税等的一定税收减免政策;企业将税后利润直接再投资于节能低碳产品生产的,若企业经营超过一定期限,可将其再投资部分已缴纳的所得税税款实行按一定比例退还的政策。

(2)引进自主研发低碳技术型公司,其税收扣除要根据相关引进费用、研发费用、技术咨询费用、培训费用依据,按照一定比例扣除;或者依据一定比例,来缩短无形资产部分摊销年限。

(3)企业使用节能减排生产设备或者进行节能减排产品生产的,可适当缩短设备折旧年限,或采取加速折旧方法来计提折旧。若属于进口但国内无法生产且可在节能低碳产品中直接使用的生产设备,可减免其进口增值税和关税。

(4)完善生态补偿机制,引导税收政策取之于民、用之于民,根据相关环境制度建立碳基金并加以利用,为相关低碳技术研究项目提供资助,并进一步拓宽低碳创新融资渠道。[①]

2.惩罚性税收政策

惩罚性税收政策是指通过对高碳的生产、排放、消费等进行征税以减少碳的排放量。具体是指,在继续通过制定税收优惠政策、支持节约能源资源和环境保护的同时,对高耗能、高污染、资源利用率低的行业和企业(包括产品)实行惩罚性的税收政策,逐步建立有利于节能环保的有奖有惩、奖惩并重的税收政策体系。在此调整过程中,适当考虑增加新的税种。

(二)具体政策措施

1.进一步完善环境保护的税收政策

党的二十大报告指出,"坚持可持续发展,坚持节约优先、保护优先、自然恢复为主的方针,像保护眼睛一样保护自然和生态环境,坚定不移走生产发展、生活富裕、生态良好的文明发展道路,实现中华民族永续发

---

① 张童.西部地区低碳经济发展模式研究[D].成都:西南财经大学,2011.

展"。西藏生态系统十分脆弱,应在经济建设和生态环境保护并举的情况下,树立可持续发展的理念。应当鼓励企业加大对产品环保方面的投入,同时制定抑制高污染产业发展的税收政策,完善现有的环保支持税收政策,增加对绿色矿业、绿色农业、林业等涉及生态环境保护的税收优惠项目,构建绿色产业税收政策体系等,确保实现中央赋予的大力发展西藏特色产业和把西藏建设为我国生态安全屏障的战略目标。

2.制定促进生态经济发展的税收政策

(1)在生产环节的税收政策。对引进节能设备、研发节能产品所发生的费用,可以允许企业直接抵扣当年应纳所得税。对于在生产新产品的过程中,使用再生材料的比例超过 20％的,在 2 年内免征企业所得税。鼓励企业对节能设备及先进技术的引进,对于从境外引进技术或者购进先进设备的,实施进口税全部返还。对于节能专用设备,在计提折旧时,按照加速折旧的计提办法,来降低企业所得税。

对于节能效果突出、适应市场消费较大的节能产品,可以免征增值税或者实施退税。

(2)在消费环节的税收政策。西藏应当自主设定消费税征收范围清单,考虑当地的资源和环境状况,对高污染、高能耗、技术含量低的产品征收消费税,实施差别税率。提高高能耗产品的消费税税率,鼓励对低能耗产品的消费。对于符合审核条件及节能环保标准的产品,免征消费税或者按照一定的比例实施减征优惠。

从境外引进、捐赠取得的用于节能环保的设备、资料、仪器等免征关税,进口国内不能生产的、直接用于生产节能产品的、在合理数量范围内的设备,免征进口关税和进口环节增值税。

(3)关于环境治理的税收政策。2018 年 1 月 1 日起施行的《中华人民共和国环境保护税法》规定,直接向环境排放应税污染物的企业事业单位和其他生产经营者为环境保护税的纳税人,应当依照本法规定缴纳环境保护税。以有排放污染行为、破坏环境行为的企业为纳税人,污染物的排放和环境破坏面积为计税依据,根据不同的污染和破坏的成本采取不同的税率。水资源、森林资源、太阳能资源和矿产资源纳入资源税征收制度,对限制开发的资源应当提高税率。

第七章 建设西藏碳汇功能区的 生态政策

党的二十大报告指出，"深入推进环境污染防治。坚持精准治污、科学治污、依法治污，持续深入打好蓝天、碧水、净土保卫战"。西藏碳汇功能区的资源环境缺乏很强的承载能力，且这一区域的生态环境状况与更广大区域范围的生态安全有着很紧密的关联性。这就要求西藏生态环境政策的制定，必须严格控制其环境总量，采取达标排放、提高排污收费标准等手段，限制不合理的开发方式，尽可能减少开发活动中的环境污染。同时加强环境监管，深入落实环境影响评价制度，确保排放总量下降，进一步完善相关的配套政策，以更好地促进这一区域的生态修复和建设。①

第一节 国外关于碳汇功能区建设的生态政策

当前，全球气候变化问题受到世界各国高度重视，欧美一些国家正以高效能和低排放为核心内容发起新工业革命。《联合国气候变化框架公约》对发达国家提出了必须采取行动来影响环境变化的要求，随后通过的《京都议定书》《德里宣言》《巴厘岛路线图》《巴黎协定》等重要文件，将如何面对全球气候变化的政治框架、法律制度和减排目标郑重提了出来。欧盟、美国及日本等分别提出发展低碳经济和建立低碳社会的目标，其直

---

① 国务院发展研究中心课题组.主体功能区形成机制和分类管理政策研究[M].北京：中国发展出版社，2008：283.

接原因是相关国际公约中气候变化的威胁和能源安全的保证,而能源基础设施换代、技术竞争以及政治外交等方面的战略需求是更深层的原因。从各自的利益和全球战略考虑,发达国家及经济组织都希望以倡导"低碳经济"的发展来使自身保持竞争优势,并加快发展低碳相关领域。若能继续延续这一态势,就可能有以"低碳经济"为核心的新的经济共同体和利益集团迅速形成,这将在很大程度上影响到全球未来的竞争和国际经济政治格局的变化。发达国家意在通过这些措施占领新时期的产业制高点,为自身经济寻求新的增长源泉,引领世界经济未来。

一、欧盟

欧盟为实现温室气体减排目标,陆续制定措施,推动其成员国减少温室气体排放:制定欧盟排放权交易体系,出台一系列欧盟新能源政策,制定有关气候变化和能源的一揽子方案。

(一)丹麦:能源与环保一体共生

丹麦的幸运就是国家拥有强大的风力,最为重要的是其拥有驾驭各种清洁能源的能力。丹麦人有着能源与环保一体共生的一种特殊生活方式。联合国气候变化大会于 2009 年 12 月 7 日在丹麦首都哥本哈根举办,当各国还忙于磋商协调减排目标时,丹麦其实已经描绘出美妙的低碳图景并开始实施。这个国家的政府和公众都非常关注全球气候变化问题,关于未来新能源技术的研究开发方面,该国的大学、研究机构和企业界不断加大相关资金和人力投入,加速了商业化的进程。丹麦在 20 世纪70 年代受到世界范围石油危机的冲击,那时候的丹麦是一个完全的石油进口国,自那时起,丹麦开始特别重视能源安全,政府针对能源安全和有效供给这个问题,采取了一系列有力措施。

到了 20 世纪后期,布伦特兰委员会的报告《我们共同的未来》让世人不得不直面环境和可持续发展这个全球发展的战略性问题。这个时期的丹麦对环境问题日益重视,并对环境和能源政策给予综合性考虑。丹麦政府于 1988 年将能源行动计划制订出来,并着重强调可持续发展原则,以农、林、运输、能源和环境等协调发展的综合考虑为基础,将多部门参与的行动计划制订出来。在 1990 年之后,丹麦政府相继将"能源 2000"和能源国家计划推出来,这些新政策注重的内容包括:能源供应效率和热电联产的扩大,以可再生能源和天然气对煤和石油消费进行替代,对最终消费者节约能源给予鼓励。丹麦认真遵从欧盟减排目标,围绕成员国内部承诺的二氧化碳减排 21% 的目标,对控制二氧化碳排放量实施了很多措施,也达到了预期的理想效果。

丹麦的低碳经济发展经验集中体现在绿色能源模式中。第一,有一个兼顾能源供给、环境友好、经济增长和二氧化碳排放量减少的能源体系。丹麦过去 30 年中 GDP 增长达 160%,而总能耗仅有微小增加,同期二氧化碳排放量比 1990 年降 17%,国家的环境质量保持稳定。第二,持续优化能源结构。1980—2005 年,丹麦能源结构不断优化,石油和煤炭消费量均减少了约 36%,天然气消费比重达到 20%,可再生能源比重超过 15%,风电发电量占全部发电量的 20% 左右。第三,拥有一批绿色能源技术。在提高能源效率的政策目标下,丹麦建立了适合本国国情的绿色能源产业。常规的支撑技术包括清洁高效燃烧、热电联产、产业化沼气、风电和建筑节能等。着眼于未来发展需要,尚在开发和试验的新技术有第二代生物乙醇、燃料电池、新型太阳能电池、海浪发电等。第四,建立有利于技术发展的社会支撑体系。丹麦较早地结合环境保护需要考虑能源发展问题,政府设资源与环境部以突出这种综合职能。除制定特别法令和各阶段的行动计划外,政府也以税收激励措施和价格调节机制发展绿色能源。目前,政府、企业、科研机构、市场等关联和互动的格局已经形成。在社会立法和政府政策的框架下,大学科研机构持续获得资金投入能源技术研究开发,企业则积极投资大学科研机构,保持了对能源技术研究开发的投入,同时也积极投入新技术商业化进程。一些大企业的基金会,如嘉士伯·丹弗斯基金会等,往往对所需的大型仪器设备提供财务支持。政府的税收激励和价格补贴措施,则与市场机制相呼应,进而确保新技术被消费者接受。

(二)英国最早提出"低碳经济"

2003 年,英国政府发布《我们能源的未来:创建低碳经济》白皮书,"低碳经济"首次被正式提出。同时在《能源白皮书》中确定了温室气体的减排目标,计划在 2010 年使二氧化碳的排放量在 1990 年的基础上减少 20％,到 2050 年时减少 60％,以达到 2050 年建设低碳社会的目标。实现这一目标的主要措施,一是加强立法。在《气候变化法案》(2007 年 6 月)中明确提出,在 2020 年实现温室气体排放量缩减 26％～32％,2050 年降低 60％的长远目标,同时将未来 15 年的计划制订出来。二是出台政策。在家庭领域,提出到 2016 年所有新建住宅全面实现零碳排放。建立建筑节能证书制度,实施"气候变化税",对通过新的投资实现较低排放的最高可免税 80％。三是技术创新。2005 年制定《减碳技术战略》,积极倡导碳捕获与转存(carbon capture and storage, CCS)技术。2007 年建立第一个 CCS 技术的大规模示范项目。同年 5 月宣布开展 CCS 竞赛计划,目标是实现大约 90％的碳捕获和埋存比例。2008 年 5 月,在第一届国家气候变化节上提出了"低碳时代城市"目标:到 2026 年,减少二氧化碳排放 60％,人均排放从 66 吨下降到 2.8 吨。2009 年 7 月 15 日,英国政府出台了几个配套文件,即《英国低碳过渡计划》《英国低碳工业战略》《可再生能源战略》《低碳交通计划》,确定到 2020 年排温室气体要在 1990 年水平的基础上减少 34％,该计划标志着英国正式确定了将低碳经济作为促进经济复苏突破口的战略,标志着英国成为世界上第一个在政府预算框架内特别设立碳排放管理规划的国家,拟通过抢占低碳经济发展先机,从根本上提升英国国家和企业的核心竞争力,实现英国经济在 21 世纪的可持续发展。

为了抢占 21 世纪新增长领域的制高点,打造英国的核心竞争力,英国特别制定了《英国低碳过渡计划》。第一,这个计划对能源、工业、交通、住房等各领域的发展提出了详细的减排要求,有效促进太阳能、风能等新能源产业的发展。在英国政府的政策刺激下,企业将进一步扩大对英国新能源产业的投资,有效地缓解就业压力,提高环保产品和服务的收益。第二,这个计划将有力地促进传统产业的低碳化升级改造。其中《英国低碳工业战略》指出,政府将在政策倾斜、产品采购、教育培训、标准化和资金投入等方面给以制造业全面支持,在重点软件、制药、化工、发电、汽车、航空等领域,协助解决低碳工业发展的瓶颈,打造创新氛围,包括改变机制、消除壁垒和支持研发等。政府还将针对这些领域帮助企业培训员工,提高劳工技能,并在信息服务和咨询方面提供帮助。第三,这个计划可通过碳排放交易获利。据伦敦国际金融局数据显示,2006 年全球碳交易成交量为 1636 亿吨,而伦敦则是关键性交易市场,该年度伦敦跨洲期货交易中的碳融资合同占到了欧盟通过交易所交割的碳交易量的 82%。在项目碳交易市场,英国的投资也达到了全球项目交易的 50%,伦敦已逐渐成为全球碳交易中心。计划的实施将制造更多的碳排放配额,用来出售交易,在获益的同时,还有利于巩固伦敦作为碳交易的中心地。第四,这个计划有利于英国抢占低碳经济先机。英国抢先布局低碳经济战略,为其在低碳经济时代扩大低碳服务和技术产品以及低碳制造业产品抢夺了先机,为其重振昔日全球贸易大国的地位奠定了基础。

英国在发展低碳经济方面有着坚实的基础。首先是政策基础。2003 年英国正式提出"低碳经济"概念以后,以能源白皮书形式宣布到 2050 年从根本上把英国变成一个低碳经济国家。颁布了《气候变化法案》,成为世界上第一个为温室气体减排目标立法的国家。政府还设立 7.5 亿英镑的投资基金支持包括低碳和先进绿色制造业在内的新兴技术产业。正式公布了发展"清洁煤炭"的计划草案,要求英国境内新设煤电厂必须先提供具有碳捕捉和储存能力的证明,每个项目要有在 10～15 年内储存 2 000 万吨二氧化碳的能力,政府同时对这些项目提供相关财政支持。其次是资源基础。英国有着海岛国家的自然优势,得天独厚的地理位置决定了其为欧洲风能潜力最大的国家,其风能资源约占整个欧洲的 40%。政府在 2003 年出台的能源白皮书中提出,要在未来几十年内大幅提高可再生能源发电量的比例,使其在 2020 年达到 20%,其中 80% 将来自风能发电。此外,苏格兰地区拥有丰富的潮汐能和波浪能资源。最后是工业和技术基础。英国海上风能、海藻能源等开发利用已经居全球领先水平。苏格兰地区拥有世界上第一个海洋能源中心和第一个并入电网的商业波浪能发电站,世界上装机容量最大的波浪能装置以及潮汐洋流系统都来自英国海洋能源产业。苏格兰还拥有欧洲最大的陆地风电场，提供苏格兰总电量的 2%。在太阳能领域，英国现有 8 万多个太阳能热水系统及数千个离网型太阳能光伏发电系统，在集热器制造、测试、安装、培训和咨询等领域具有专长，在光伏发电材料研发领域居世界领先水平。全球最大的太阳能电池模块生产商日本夏普公司在英国设有欧洲生产基地。

另外，在 2000 年以来，英国政府投入 200 亿英镑，用于帮助数百万户家庭应对能源短缺问题。2001 年英国还成立了碳信托有限公司，目前已累计投入 3.8 亿英镑，主要用于促进研究开发、加速技术商业化和投资孵化器三个方面。该公司成立以来，已帮助众多英国公司累计减排 1 700 万吨二氧化碳，节省能源支出超过 10 亿英镑。通过这一系列的发展，英国已初步形成了以政府政策为主导，市场运作为基础，企业、公共部门和家庭为主体的"低碳经济"互动体系，成功突破了发展"低碳经济"的最初瓶颈，为英国实施低碳计划奠定了扎实的基础。

（三）法国：大力实施绿色经济政策

发展核能和可再生能源是法国绿色经济政策的重点。早在 2008 年 12 月，法国环境部就公布了一揽子旨在发展可再生能源的计划。这一计划包含了 50 项措施，将生物能源、风能、地热能、太阳能以及水力发电等多个领域全部包括在其中，大力发展可再生能源。政府还在 2009 年投资 4 亿欧元，专门用于对清洁能源汽车和低碳汽车的研发。不仅如此，核能始终属于法国能源政策的一大支柱和绿色经济的一个重点，法国鼓励生活中低碳经济的核利用。

法国政府还制定一系列保证可持续发展的政策，确保最大限度地节约不可再生能源，鼓励可再生能源和核能源的开发利用。并采取洁净汽车、降低新房能耗和改善垃圾处理等扶持发展政策，对人们在生活中的节能给予鼓励。就目前看，法国市场销售的新车与欧盟的环保标准几乎全部符合，在明显降低每百公里耗油量的同时，还大幅度下降了二氧化碳及污染物颗粒排放。尤其是近年来，有电动汽车、天然气汽车、电动燃油混合汽车、生物燃油汽车等一系列环保型汽车被各汽车生产商隆重推出。鼓励更新旧车和加速老车的淘汰为目前降低交通污染最有效的措施，自

2008 年年初开始,法国开始提高旧车的保险附加费,并对购买节能低碳型新车给予补贴,还将一定数额的回收费支付给报废旧车的车主。政府在降低新房能耗和对旧房实施环保改造方面所采取的措施是:自 2010 年开始,规定所有公共新建房每平方米能耗要控制在 50 千瓦/小时以下,私人住房自 2012 年起实施上述标准。政府还决定在 15 年内改造全部旧房,最大幅度降低每平方米能耗,具体措施包括更换供热设备和管道,安装双层隔温玻璃,采用新型建筑材料,充分利用太阳能等可再生能源以及加强对建筑从业人员的环保培训等。

二、美国、日本、韩国

(一)美国:积极推动低碳经济发展

1.低碳经济需要政策支持

2009 年,美国政府在能源、环境和应对气候变化方面进行了重大调整,将发展新能源作为重振美国经济的核心和龙头,从政府公布的经济振兴计划看,都与能源相关。在能源领域,政府侧重于摆脱对石化燃料的依赖,实行能源战略的转移计划,在 10 年内投资 1 500 亿美元于清洁能源领域,创造 500 万个绿色就业岗位。美国能源部与私营部门合作利用 CCS 技术建清洁燃煤电厂,帮助 100 万低收入家庭改造房屋保温性能,到 2050 年,将温室气体排放在 1990 年水平的基础上降低 80%。2009 年 5 月通过的清洁能源方案进一步提出了未来 50 年的温室气体减排目标。可以预见,美国的能源战略转型将会对气候变化和气候谈判产生重大影响。

2.实现低碳靠技术

人类减少排放走向低碳经济主要依靠两大法宝:一是提高能源使用效率,二是发展清洁能源。这两个法宝背后的支柱则是人们致力发展的节能和新能源技术。节能减排和利用清洁能源最大的潜力在于寻找到新的工业生产加工方法,如新的水泥生产方法、新的钢铁生产方法,以及新的汽车驱动途径和新的能源存储技术等。实现低碳经济首先是利用现有的技术节约能源,其次是大力开发和推广替代能源。风能和太阳能的利用在不断增长,同时美国也在探讨生物燃油、新型核电站,以及少量甚至无碳排放的煤炭利用技术。在包括风能、太阳能、水力发电、地热、生物燃油等在内的可再生能源中,更看好利用风能和太阳能发电的技术。在美国前总统奥巴马批准的经济刺激方案中,一个重要的组成部分就是更新美国的电力网,使其成为能够管理和控制可再生能源产出的电能。

3.实现共同理想需合作

近年来,美国不断加强对气候变化不确定性方面的研究,并在气候变化问题上有所转变,政府在经济刺激方案中向清洁能源领域投入 6 110多亿美元。2009 年 5 月众议院批准的《美国清洁能源利用安全方案》中提出 2020 年温室气体排放量比 2005 年降低 17%,到 2050 年比 2005 年降低 83%。另外,美国联邦和州政府也在调整能源结构、推动技术进步、减缓气候变化方面采取积极行为。

具体而言,首先,实施能源多元化战略。美国试图通过利用能源间的替换,来实现能源品种的多元化,进而打破其 20 多年没有新建核电厂的历史,重新重视核反应堆的建设。美国政府还在 2007 年的国际可再生能源大会上宣布,将大力发展可再生能源。其次,注重节能减排,提高能源利用率。2003 年出台《能源部能源战略计划》,提出能源安全战略,采取鼓励使用节能设备、实施减免税以及购买节能建筑等措施,进一步提高美国能源利用率。再次,积极加强新能源技术和 CCS 技术的开发。近年来,美国以氢能经济作为重点投资研究的能源技术,努力采取氢能经济体系开发措施,不断降低其对境外石油的依赖度。同时采取 Future Gen 计划,提高煤炭利用效率,并采取第四代核裂变反应堆,为核能技术的研发奠定基础,与此同时重新开始国际热核聚变的合作研究。美国地方政府提出限制温室气体排放的目标,企业自愿减排意识逐渐提高。例如,加利福尼亚州政府提出到 2012 年温室气体的排放应该下降 15%～16%,根据每户家庭的用电量采取相应的激励机制。美国国内石油、发电行业的大企业通过调整企业策略,自愿地减少其温室气体排放量。2003年,美国成立芝加哥气候交易所,是全球第一个由企业发起、自愿参与的温室气体排放权交易组织,到目前会员约 200 个。

(二)日本:《京都议定书》的发起国

低碳社会可谓日本的发展方向。在 2007 年,日本的环境部提出低碳规划并大力提倡物尽其用的节俭精神,希望采取更简单的生活方式而达到享受高质量生活的目的,促使日本社会从高消费型转型为高质量型。日本于 2008 年颁布了"低碳社会行动计划",在该计划中日本将低碳社会确定为未来发展及政府长远发展的重要目标,提出到 2030 年日本发电总量的 20% 将由风力、太阳能、水力、生物质能和地热等的发电量所构成。在该计划中,提出自 2009 年开始,将就碳捕获与埋存技术开始大规模验证实验,争取 2020 年前使这些技术实用化。为了对能源和环境技术发展起到推动作用,政府采取的具体措施主要有两项。一是限制措施。在其颁布的《建筑循环利用法》中,就规定改建房屋时,对所有建筑材料进行循环使用是一项义务,这促使日本在世界上率先发明了先进的混凝土再利用技术。二是提供补助金。日本政府提出对家庭购买太阳能发电设备提供补助,最大限度的降低对中小企业购买太阳能发电设备提供补助的门槛。不仅如此,日本还自 2009 年开始,对于购买清洁柴油车的企业和个人支付补助金,进一步普及环保车辆。在 2009 年 4 月,政府公布《绿色经济与社会变革》,通过采取削减温室气体排放等一系列措施,大力推动低碳经济发展。

日本将最大限度地减少国内的排放量,剩余部分由政府在国际市场购买排放权作为减排温室气体的战略。对于《京都议定书》规定的减排义务,日本制定了四大战略,努力实现减排:加强《节能法》执行节能力度的"限制战略",政府和经济组织间达成协议的"协议战略",实施几乎不排放温室气体的核电站"原厂战略",呼吁国民控制使用石油等的"呼吁战略"。日本东京大学等研究机构研究提出到 2050 年实现三个 50% 的目标:努力实现能源对外依存度降低到 50%,可再生能源及核能在一次能源消费结构中占 50%,能源效率比目前提高 50%。

对于发展中国家要求增加投资的呼声,日本政府主张使用官方发展援助投资项目,把核电技术作为投资项目。2008 年,日本政府推出了发展中国家气候变化资金援助政策,其主要内容是:按温室气体削减、替代能源的普及等资金用途分门别类,通过无偿资金援助、日元贷款等方式,五年内将向发展中国家提供总计 100 亿美元的资金援助。

(三)韩国：低碳绿色增长战略

韩国制定了《低碳绿色增长的国家战略》,该战略明确提出了绿色经济增长的总体目标,提出要大力发展低碳技术、提高能源自给率和能源福利、强化应对气候变化等一系列措施,以保证绿色竞争力得到全面提升。其中,关于绿色经济增长战略的内容主要,一是减少能源依赖。从 1995 年到 2012 年,要将资源循环率由 5.5% 提高到 16.9%;从 2007 年到 2012 年,能源自主率将在 3% 的基础上提升 11%,达到 14%,争取 2050 年时超过 50%。二是全面提高绿色产业技术。2009 年年初,韩国公布了《新增动力前景及发展战略》,提出了 17 项新增长动力产业,其中有 6 项属于绿色技术领域,包括新能源和再生能源、低碳能源、污水处理、发光二极管应用、绿色运输系统、高科技绿色城市。三是发展低碳产业,提升就业率。据政府估算,再生能源产业领域的发展可以带动就业率的提升,再生能源产业创造的就业岗位是传统制造业的 2~3 倍。尤其是风力发电业、太阳能产业创造的就业岗位,是普通产业 8 倍之多。

在环保方面,政府在扩大森林面积方面投资 3 万亿韩元,同时可提供 23 万个就业岗位。投资可再生能源比较低的原因之一,就是政府先前已经向新建电厂提高能效降低污染进行了投资。而韩国有地少人多的现实状况,大规模的风电、水电和太阳能发电几乎是不可能的。然而在这项绿色计划实施之前,工程专家们已开始兴建全球最大的潮汐电厂,即将交付运营,装机容量为 25.4 万千瓦。政府将在未来 20 年继续投入资金发展可再生能源,预计到 2030 年,其可再生能源能达到占 11% 的比例。韩国的改变并不是以新的刺激计划作为唯一的标志,韩国也出台了温室气体减排的目标,政府已经充分认识到采取低碳转型对韩国的经济尤其是制造业具有重要意义。

三、发展中国家

尽管《京都议定书》没有为发展中国家缔约方设定任何强制性的减排义务,但发展中国家在致力于消除贫困促进社会经济可持续发展的过程中提出了"可持续发展框架下应对气候变化"的理念,正是在这种理念下,印度、巴西等发展中国家共同在控制温室气体排放、增强森林碳汇方面努力。

考虑到各个国家的经济发展水平、发展阶段不尽相同,依靠单一的指标并不能反映低碳经济的全部内涵,不能要求发展中国家和发达国家在同一时间段实现同样的目标。在此情况下,需采取多种指标对该国的低碳经济水平及其做出的努力做出判断,对于发展中国家而言,多指标可能更有效。判别低碳经济及其努力的指标包括温室气体排放量、实现低碳经济的投入、实现低碳经济的政策努力、公众参与度等。实现低碳经济的途径包括调整经济到一个低能耗、高效率的产业结构;全面实现用能技术的先进化,通过多种政策措施大范围普及先进高效技术;全面合理发展可再生能源和核能,使可再生能源和核能在能源中占据重要位置;全民参与,改变生活方式,寻求低碳排放的消费行为;发展低碳农业,增强森林覆盖和管理。低碳发展的道路可以分为三步:第一步就是节能减排,主要通过优化产业结构,控制高耗能产业发展,减少和控制高耗能产品出口,借助能效水平提高减缓温室气体排放;第二步是可持续发展,使用可再生能源技术,水电、核电、风力发电要进一步大规模普及,光热发电、光伏发电技术要进行推广,从源头入手减少石化燃料的使用,代之以更清洁的可再生能源;第三步,着重发展新一代核电技术、CCS 技术,使零排放成为可能。

(一)印度

印度政府重视发展低碳经济,减少二氧化碳的排放量,2008 年 6 月 30 日发布了首个《气候变化国家行动计划》,概述了现有的和未来的应对气候变化和适应问题的政策和计划。该计划确定了 8 个核心"国家计划"，分别是国家太阳能计划、提高能源效率国家计划、可持续能源环境国家计划、国家水利计划、维持喜马拉雅生态系统的国家计划、"绿色印度"国家计划、可持续农业国家计划、气候变化战略知识平台国家计划。为此，政府将实施以下强制性的减排措施。

1.利用太阳能

印度希望大大提高利用太阳能的比例，提出城市工业及商业部门广泛使用太阳能利用技术的具体目标，开始建立大型太阳能源发电站，并研发如何对太阳能进行储存。建立太阳能研究中心，加强有关技术开发的国际合作，强化国内生产能力，增加政府资助和国际支持。

2.提高能源利用效率

强制减少高能耗产业的能源消耗，建立针对公司进行节能认证的系统。采取能源激励措施，包括减征节能电器的税费。通过市政、建筑和农业部门的需求侧管理，政府进行财政方面的激励来减少能源消耗。

3.建设可持续人类居住区

主要是提高建筑物的能源效率，改善对废物的管理以及使用公共交通。能源效率一直是城市开发的一个主要因素。

4.提高水资源的利用

加强水资源的保护，尽量减少水资源的浪费，实行公平的分配。增强现有灌溉系统的效率，加强灌溉和土地的重新开发使用，开发使用滴灌、喷灌等新的灌溉技术。

5.可持续的喜马拉雅山的生态系统

主要是为促进喜马拉雅山的可持续性，已经与相邻的国家进行合作，包括与中国达成一项协议，在能源方面进行技术合作。

6.绿色印度项目

该计划旨在改善印度生态系统，加强生态系统的碳汇功能。目标包括 600 万公顷退化林地的造林计划，以及将印度国土森林覆盖率提高到 33%。

7.可持续农业

逐步让农业适应气候变化，同时开发新的农产品，进行农作物播种方式的改革，并使用信息技术、生物技术和其他的新技术。

8.支持对气候变化的研究

政府资助高质量的专题研究,支持成立专门的气候变化部门和相关的专业部门,同时对研究结果进行传播。

(二)巴西:大力发展生物燃料业

从 20 世纪 70 年代开始,巴西历届政府均十分重视绿色能源的研发,从而使巴西目前在生物燃料技术方面居于世界领先地位。由于应用各种绿色能源并实施大力保护热带雨林的措施,近几年来,巴西少排放二氧化碳约 20 亿吨。巴西政府通过补贴、设置佩顿、统购燃料乙醇以及运用价格和行政干预等手段鼓励民众使用燃料乙醇,并协助企业从世界银行等国际金融机构获取贷款。

近年来,巴西积极发展生物柴油技术。为鼓励使用生物柴油,2003年巴西联邦政府颁布了全国生物柴油生产和使用计划。政府下令在人口超过 1 500 人的城镇中,加油站必须安装乙醇混合燃料加油泵,汽油中添加乙醇燃料的比例以法律形式确定,对不执行者处以相应的处罚。从2008 年 1 月 1 日起,巴西开始实施在柴油中强制性添加 2% 生物柴油的规定,7 月 1 日生物柴油的添加比例达到了 3%,计划到 2010 年添加量达到 5%。这一措施使生物柴油在巴西的销售潜力大大提高,很多大火电厂、铁路、轮船、大客车和卡车企业也为减少污染气体的排放而开始使用生物柴油。2003 年,在政府的支持下,巴西生物公司宣布成立,到 2006年这家公司已成为全国最大的生物柴油生产企业。2008 年由于实行了强制性添加生物柴油政策,公司的年产量扩大到 10 亿升,而到 2013 年则有望提升到 24 亿升。与此同时,巴西政府推行的生物柴油计划还起到了帮助农业生产家庭脱贫的效果。根据政府制定的一项计划,巴西生物公司与小农业生产者签订合同,保证购买这些家庭所有的油料作物产品,同时向他们提供如种子、生产工具等必要的生产和技术支持。目前,已有近 10 万户农业家庭参加了这项计划,油料作物种植面积已经超过 50 万公顷。

巴西燃料乙醇的日产量从 2001 年的 3 000 万升增加到 2008 年的4 500 万升,已能满足国内约 40% 的汽车能源需求。用蔗糖生产乙醇也在不断扩大,到 2010 年甘蔗加工能力达到 5 亿吨。与此同时,正在加快专用管道的建设,以便提高乙醇的运输能力。除了燃料乙醇外,重点提高生物柴油技术的研发能力以及推广和使用。这些用大豆油、棕榈油、葵花油等为原料生产的生物柴油,可以添加在普通柴油中,作为卡车和柴油发电机的动力燃料。政府还专门成立了一个跨部门的委员会,由总统府牵头,14 个政府部门参加,负责研究和制定有关生物柴油生产与推广的政策与措施。目前在巴西的 27 个州中,已经有 23 个州建立了开发生物柴油的技术网络。

为了支持低碳产业的发展,政府还推出了一系列金融支持政策。比如,国家经济社会开发银行推出了各种信贷优惠政策,为生物柴油生产企业提供融资。中央银行设立了事项信贷资金,鼓励小农庄种植甘蔗、大豆、向日葵、油棕榈等,以满足生物柴油的原料需求。随着各国对乙醇燃料兴趣的日益高涨,巴西政府已经制定了乙醇燃料生产计划,到 2013 年,巴西燃料乙醇的年产量扩大到 350 亿升,其中大约 100 亿升用于出口,成为世界最大的乙醇出口国。

第二节 中国共产党生态文明思想研究

我们党的生态文明思想是:将马克思主义作为指针,以人与自然和谐发展为核心思想,根据我国不同社会时期的生态环境面临的不同问题来阐述中国特色生态文明思想。从最初的萌芽时期到形成时期,再到发展时期所提出的各种生态思想,并最终形成习近平生态文明思想。随着社会进步的加快和人们社会实践所产生认识的迅速提高,我们党关于生态文明的观念也开始不断深化,从常规的认识提高到高度重视的程度。生态文明思想并非静态的,而是随着时代的发展不断地完善和创新,对实践生态理论的发展具有重要的指导作用。人类的认识是一个无限循环发展的运动过程,这就是我们党的生态文明思想从现实来又对现实进行指导的可靠证明,其不断在社会现实中得到创新和发展,为我国生态文明建设发生的历史性、转折性、全局性变化提供了理论遵循。

一、萌芽时期

新中国成立之后,我们党作为执政党,面对战乱后的社会现实,开始进行工业化发展,最初阶段主要是积极发展经济建设,并没有多大程度破坏环境,人与自然关系的还处于比较融洽的阶段,所以我们党还没有足够重视环境保护。但这里并非说明我们党对当时环境的破坏情况没有发现,几代领导集体都结合社会不同时期的现实,不断提高生态文明的认识,提出环境保护的思想。在他们的思想意识中,局部领域自然环境保护的思想更多,例如植树造林、水利建设等。比较引人注目的是,他们的思想对人与自然环境关系的问题缺乏深度介入,也始终没有把生态文明概念提出来。但不能否认,这些环境保护思想之中,显然不乏关于生态文明的深刻思想,我们党在这个时期有了生态文明思想的萌芽。

(一)绿色思想——"绿化祖国,建设美好家园"

新中国成立,毛泽东便提出了"绿化祖国,建设美好家园"的思想,提出积极踊跃地开展绿化活动的要求,基本消灭荒地荒山,将可能开发的地方均培植绿植,实现全面的绿化[①],将改善生态环境的重要任务定位为绿化工作。通过全国大范围开展的植树造林运动,显著减少了荒地荒山,并大大提高了我们国家的绿化程度。

因为不能够清楚地认识到社会主义生态文明的重要性以及对快速工业化的过度追求,"大跃进"时期,受到了错误思想的指导,为了实现增产,对自然进行盲目的开发和利用,特别是开展了大炼钢铁的运动,以大量砍伐树木作为代价,严重破坏了国家大片的原始森林。毛泽东同志看到了损坏树木、森林的问题,指出"要想实现祖国河山的绿化,必须进行园林化建设,恢复美丽的自然面貌"。这样一来,在全国各地,我们党领导广大人民,兴起了一场声势宏大的开荒种地、植树造林的群众运动,来建设美丽

---

① 中共中央文献研究室,国家林业局.毛泽东论林业:新编本[M].北京:中央文献出版社,2003:67.

的园林化国家。

可见,由于经历上述实践和认识的曲折过程,才逐渐形成了人与自然的和谐关系,并有了生态思想的萌芽状态,人们的认识不断提高。

(二)"治理大江大河,重视水利建设"的综合治理思想

党的第一代领导集体关心的头等大事便是水利建设,不仅从治国理念而且在国家的战略层面对水利建设给予了高度重视,在成立新中国后的第一项大型水利工程就是治淮工程。党和国家领导人对淮河进行了多次实际考察,掌握大量的第一手资料,慎重地进行决策。1950 年秋天,开始了治理淮河的水利工程建设,淮河水患的问题得到解决。

在发展水利过程中,党和国家领导人意识到,水利是与农业有着密切关系的,因此,提出水利建设要紧密联系农业发展的思想。毛泽东曾经说过,"水利是农业的命脉"[①],这充分体现了水利的重要性。国家发展必须重视水利建设,开展引江河入渠工程,利于农业灌溉,使得农业生产有足够的水源。就以治淮工程为例,在这一工程的后期,根据毛泽东的安排,将大片农业灌溉区建立在淮河周边的土地上,这里的灌溉区面积高出新中国成立之前的 5 倍多。当时在淮河流域有 1 万多农业生产队,粮食产量高出国家要求的指标。

综上,在保护人们生命安全的基础上,兴修水利,有助于提高农业生产产量,有利于提高当地农民的生活水平。可见,人的认识是根据实际变化而不断发展的,这可从治水思想深入的实践来得到最好的证明。只有将人与水、人与自然的关系正确处理好,才有利于人类的长远发展。

(三)生态文明思想继承和发展了"植树造林,绿化祖国"的绿色思想

以邓小平为核心的党的第二代领导集体也明确地提出了"植树造林,绿化祖国"的重要思想,这是毛泽东时期"绿化祖国"的延续。1978 年开始,我们党的第二代领导集体开始带领我们走上全面现代化的发展之路。

---

① 毛泽东.毛泽东选集:第 1 卷[M].北京:人民出版社,1966:118.

因为遭遇过"十年浩劫"的影响,国家的森林面积严重减少,不仅严重毁坏了森林资源,而且还导致自然灾害频繁发生,致使人与自然的平衡关系被彻底打乱了。我们党和国家从中深刻地意识到生态环境对发展经济的重要性,好的生态环境是关系人类生存的根本之所在,必须采取有力的环保措施,一举扭转所面临的恶劣的环境现状,才能确保国家经济可持续发展。

我们党的第二代领导集体,认识到既要进行经济发展,也要进行环境保护,将改善生态环境提到战略性地位。在社会大力发展经济的同时开始关注如何改善环境、如何正确处理人与自然之间的关系进而保护生态平衡。

二、形成时期

我们党的生态文明思想是在环境保护的基础上进一步深化而来的。我们党从最初的环境保护思想逐步深入,对人与自然的关系深入了解后,才对生态文明建设进行了深刻思考。进入 21 世纪,世界各国都在不断发展自己的综合国力,我国也是如此。历史的经验告诉我们,自身的话语权要靠自身的强大才能争取到,也只有国家富强,国民才可安居乐业。第三代领导集体不断推进和深化改革开放,我国的发展已经开始超越了经济领域。作为执政党,我党对领导社会发展进行了多方的探索。尤其值得注意的是,因不平衡发展导致新问题和新矛盾出现,包括严重破坏生态环境问题。如何才能将被破坏的生态环境修复好,我们党开始对人与自然和谐相处问题进行深入探索,并结合自然与经济建设、社会建设等多领域的关系,探索达到生态效益与社会效益双提高的策略。

生态文明思想的形成时期所发挥的是承上启下的作用,开始对人与自然的关系逐步深入研究,对和谐相处之路开始探寻,这一环节不可缺少。

(一)"可持续发展战略"的生态文明思想

面对国际社会的倡议和国内生态不断恶化的现实情况,实施可持续发展战略是必须的。在积极吸收和借鉴国际先进理念的基础上，结合国家实际发展的现状，重新认识和阐述可持续发展理念，让其更具备中国特色，更符合我国现实情况，使我国生态文明建设进入新的历史阶段。"我们不仅仅要安排好当前的发展，同时也要为子孙后代着想，绝不能吃祖宗饭，断子孙路。"①党的第三代领导集体针对当时我国自然资源枯竭、生态环境破坏的现实，就明确指出："环境保护工作是实现经济和社会可持续发展的基础。"②我们要把生态环境的建设提高到生产力的高度上，提出"保护生态环境就是保护生产力"③。十五大报告科学地阐述了可持续发展这一概念并指出："可持续发展就是既要考虑当前的发展需要，又要考虑未来的发展需要，不能将牺牲后代人的利益作为代价来满足当代人的利益。"党的十六大报告中，对可持续发展与生态环境之间的关系做了更进一步的阐释，进而提到"文明发展道路"的高度认识：实现人与自然的和谐发展，让整个社会走上文明发展道路。④ 对人与自然之间的可持续发展状态采取生态良好进行的阐释，形成了生态发展与文明发展相结合的新理念，从根本上奠定了"生态文明"的思想基础。党的二十大报告进一步强调，"我们坚持可持续发展，坚持节约优先、保护优先、自然恢复为主的方针，像保护眼睛一样保护自然和环境，坚定不移走生产发展、生活富裕、生态良好的文明发展道路，实现中华民族永续发展"。

我国可持续发展战略实施的标志性工程就是西部大开发战略。在实施西部大开发战略的过程中，党和国家着重强调在发展西部的同时要保护生态环境，不能以牺牲环境来发展经济。我国西部地区属于黄河和长江两大河流的发源地，而且两大流域都呈现出自西向东的走向，因此，可知其生态环境质量在对西部居民生活产生直接影响的同时，也对我国中东部地区居民的生产生活造成很大影响。在我国西部大开发战略中，处

---

① 江泽民.江泽民文选：第 1 卷[M].北京：人民出版社，2006：532.

② 中共中央文献研究室.江泽民论有中国特色社会主义：专题摘编[M].北京：中央文献出版社，2002：296.

③ 国家环境保护总局，中共中央文献研究室.新时期环境保护重要文献选编[M].北京：中央文献出版社，2001：385.

④ 江泽民.高举邓小平理论伟大旗帜，把建设有中国特色社会主义事业全面推向二十一世纪：在中国共产党第十五次全国代表大会上的报告[N].人民日报，1997-09-19.

在第一位的就是生态环境建设,是我国可持续发展战略中最重要的内容。要实现可持续发展战略就必须达到经济效益与生态效益的双赢。我们党和国家是从可持续发展的角度来科学部署西部地区发展战略的,这一思想中不仅包含着西部的经济发展与生态保护的内容,也充分兼顾西部地区的当前发展及长远发展。在当时的形势下,提出可持续发展战略,使人与自然的不合理关系得到极大的改善,也奠定了今后人与自然之间的可持续发展的重要基础,这是我们党对生态思想进行的一次伟大创新。

(二)科学发展观的生态文明思想

科学发展观的提出,是对人与自然、社会发展与资源环境之间关系进行认识的一次深化和飞跃。党的十六届三中全会明确提出:从科学发展观角度出发,协调好改革发展进程中的各项利益关系,其中包括资源环境与社会发展的关系[①],并提出了"五个统筹"的发展战略。这就表明我党和国家已经把人与自然的和谐发展作为关注点,并提出要尽快找出解决人与自然发展矛盾的对策。党的十七大报告中对科学发展观进行了深入的阐述:"科学发展观,第一要义是发展,核心是以人为本,基本要求是全面协调可持续,根本方法是统筹兼顾。"[②]从生态的角度来观照,发展就是指人与自然、社会与资源环境全面的发展,其关键是发展必须是和谐发展。科学发展观之所以能够在我国贯彻实行,这是以发展生态文明作为基础的[③]。

(三)构建社会主义和谐社会

科学发展观有效实施的必然结果是社会主义和谐社会的构建。我们党针对国家社会发展形态提出构建社会主义和谐社会理念,该理念是我

---

① 中央文献研究室.十六大以来重要文献选编:上[M].北京:中央文献出版社,2006:15-465.

② 胡锦涛.高举中国特色社会主义伟大旗帜为夺取全面建设小康社会新胜利而奋斗:在中国共产党第十七次全国代表大会上的报告[N].人民日报,2007-10-25.

③ 潘娟.科学发展观下人与自然的和谐发展[J].科技信息(学术研究),2008(27):55,58.

国社会建设层面的一个重大理论创新。党的十六届四中全会提出：要广泛、充分地调动一切可以调动的积极因素，不断加强构建社会主义和谐社会的能力。我们党已经从多角度、多层次和全方位对和谐社会的构建进行了科学分析，并加深了认识，最后将会向着社会主义本质属性的高度不断提升，加快生态文明建设的发展是构建我国社会主义和谐社会的根本要求。

三、发展时期

这个时期中国共产党的生态文明思想所代表的是我们党对生态文明进行探索的最新理论成果。社会实践的不断发展是生态文明思想不断创新的根源，党对生态文明的诠释也在不断地创新发展。

（一）"两型社会"发展战略的生态文明思想

"两型社会"指的是建设环境友好型社会和资源节约型社会，是当前我国发展生态文明建设的根本要求。解决好人与自然之间存在不和谐关系的问题，则是构建"两型社会"的关键点，深入处理好人与自然的关系即是对环境友好型社会和资源节约型社会的深入构建。党的十六届五中全会在我国的基本国策之中纳入节约资源，由此明确提出了我国"两型社会"的基本前提。胡锦涛还在党的十七大报告中提出要"坚持保护环境和节约资源的基本国策，把建设环境友好型、资源节约型的社会放在现代化、工业化发展的重要位置"[①]。

因此，建设"两型社会"可以说是国家对科学发展观的正确贯彻。节约资源是资源节约型社会的核心内容，这是强调我国社会的发展必须节约资源。而在保护环境之中发展经济，这又是环境友好型社会的核心思想，也就是说要达到人与自然环境的和谐发展，而人的社会活动就必须达到与自然之间的相互协调。"两型社会"将改善人与自然的关系和促进社

---

　　① 中央文献研究室.十七大以来重要文献选编（上）[M].北京：中央文献出版社，2009：18.

会各方面和谐发展作为建设的根本目的,而促进我国生态文明的发展就是其实质。"以节水、节能、节材、节地、能源资源的综合利用和发展循环经济作为重点,将能源节约工作贯穿在生产、消费、流通等各个环节和经济发展的各个领域中去,真正做到落实到单位和家庭。"①当今的中国,已经从"两型社会"全面建设开始了生态文明发展之路。

(二)生态文明的科学阐释

关于生态文明思想,我们党已经做了科学的阐释。十六大报告中首次提出:推动全社会走生产发展、生态良好、生活富裕的文明发展道路②,并将其纳入全面建成小康社会的目标中。在报告中虽然并没有涉及"生态文明"一词,但其中早已蕴含生态文明的思想。十七大报告中明确提出建设生态文明,构建节约型能源资源及保护生态环境的产业结构、消费模式、增长方式,在全社会牢固树立生态文明观的要求。③ 因此,国家是从整体建设的高度明确提出了生态文明概念,这是从国家理论高度来认识生态环境问题,并且对我国生态文明建设提出了基本的要求。党中央的十七大报告,明确了当今我国建设生态文明的根本途径和社会发展模式,在党的政治报告中,写入生态文明还是首次,这也是对中国特色社会主义文明体系的重要补充。在党的十八大报告中还专门设立了一个章节讲述生态文明思想相关的内容,在总报告占据的篇幅达到二十分之一,显然这在历届党代会报告中是唯一的。我们党在报告中的生态文明进行新的科学性概括,这是我国对生态文明建设的一次理论上的创新。最为重要的是搭建生态文明的考核机制,生态文明在作为社会指导理念之一存在的同时,也就成为政府绩效考核的一项重要指标。另外,党的十八大报告将"四位一体"变为当今的"五位一体",即将生态文明建设纳入其中,这充分

---

① 胡锦涛.强调加快建设资源节约型、环境友好型社会[N].北京:人民日报,2006-12-26.

② 中央文献研究室.十六大以来重要文献选编:上[M].北京:中央文献出版社,2006:15-465.

③ 胡锦涛.高举中国特色社会主义伟大旗帜为夺取全面建设小康社会新胜利而奋斗:在中国共产党第十七次全国代表大会上报告[N].人民日报,2007-10-25.

说明在我国社会发展中,生态文明建设是必不可少的重要内容,并且以国家战略的高度来提升生态文明建设。

2017 年 10 月 18 日,中国共产党第十九次全国代表大会在北京人民大会堂隆重开幕,习近平代表中国共产党第十八届中央委员会向大会作报告,强调建设生态文明是中华民族永续发展的千年大计,将生态文明建设纳入"两个一百年"奋斗目标[①],提出如下要求。

1.推进绿色发展

加快建立绿色生产和消费的法律制度和政策导向,建立健全绿色低碳循环发展的经济体系。构建市场导向的绿色技术创新体系,发展绿色金融,壮大节能环保产业、清洁生产产业、清洁能源产业。推进能源生产和消费革命,构建清洁低碳、安全高效的能源体系。推进资源全面节约和循环利用,实施国家节水行动,降低能耗、物耗,实现生产系统和生活系统循环链接。倡导简约适度、绿色低碳的生活方式,反对奢侈浪费和不合理消费,开展创建节约型机关、绿色家庭、绿色学校、绿色社区和绿色出行等行动。

2.着力解决突出环境问题

坚持全民共治、源头防治,持续实施大气污染防治行动,打赢蓝天保卫战。加快水污染防治,实施流域环境和近岸海域综合治理。强化土壤污染管控和修复,加强农业面源污染防治,开展农村人居环境整治行动。加强固体废弃物和垃圾处置。提高污染排放标准,强化排污者责任,健全环保信用评价、信息强制性披露、严惩重罚等制度。构建政府为主导、企业为主体、社会组织和公众共同参与的环境治理体系。积极参与全球环境治理,落实减排承诺。

3.加大生态系统保护力度

实施重要生态系统保护和修复重大工程,优化生态安全屏障体系,构建生态廊道和生物多样性保护网络,提升生态系统质量和稳定性。完成生态保护红线、永久基本农田、城镇开发边界三条控制线划定工作。开展国土绿化行动,推进荒漠化、石漠化、水土流失综合治理,强化湿地保护和

---

① 习近平.决胜全面建成小康社会夺取新时代中国特色社会主义伟大胜利:在中国共产党第十九次全国代表大会上的报告[M].北京:人民出版社,2017:15.

恢复,加强地质灾害防治。完善天然林保护制度,扩大退耕还林还草。严格保护耕地,扩大轮作休耕试点,健全耕地草原森林河流湖泊休养生息制度,建立市场化、多元化生态补偿机制。

4.改革生态环境监管体制

加强对生态文明建设的总体设计和组织领导,设立国有自然资源资产管理和自然生态监管机构,完善生态环境管理制度,统一行使全民所有自然资源资产所有者职责,统一行使所有国土空间用途管制和生态保护修复职责,统一行使监管城乡各类污染排放和行政执法职责。构建国土空间开发保护制度,完善主体功能区配套政策,建立以国家公园为主体的自然保护地体系。坚决制止和惩处破坏生态环境行为。《中华人民共和国国民经济和社会发展第十四个五年规划和 2035 年远景目标纲要》要求生态文明建设实现新进步。

同时,党的二十大报告指出,"我们坚持绿水青山就是金山银山的理念,坚持山水林田湖草沙一体化保护和系统治理,全方位、全地域、全过程加强生态环境保护,生态文明制度体系更加健全,污染防治攻坚向纵深推进,绿色、循环、低碳发展迈出坚定步伐,生态环境保护发生历史性、转折性、全局性变化,我们的祖国天更蓝、山更绿、水更清"。

我们看到中国共产党科学系统地阐释了生态文明,这就概括和提升了我国不断发展生产力的现状,也是当今生态文明思想的一次重大创新。

(三)"五位一体"的总体布局

"五位一体"总体建设布局的提出,是我们党在十八大科学阐释生态文明的一项重要内容,这说明建设生态文明既重要又紧迫。我们党的生态文明思想的发展历程显示:在社会现实不断发展期间,越来越多的群众将接受生态文明理念,而生态文明也在我们党的认识中逐渐被深化和重视,生态文明的地位是不可替代的。在我国现代化建设的总体布局中,提出"五位一体"建设对其进行完善,其中生态文明建设是其他四大建设的基础。要更好地建设和发展我国政治、经济、文化及社会事业,把生态环境建设作为基本条件,是实现中国生态梦的必然选择。

（四）"生态保护红线"的指导

"五位一体"总体布局在党的十八大报告中的郑重提出，就是在国家层面抓生态文明建设。那么怎样才能加快发展生态文明建设，关于这一点，以习近平同志为核心的党中央在党的十八届三中全会中明确提出了"构建生态文明，必须建立系统、完整的生态文明体系，用制度保护生态环境……划定生态保护红线"[①]。生态保护红线是制度上的创新，它提升了我国生态文明思想的高度。所谓生态保护红线，也就是从对生态环境的科学、合理的保护出发，在人与自然之间进行物质交换，所划定的一条最低的生态环境安全底线，不可随意去触碰这个生态保护红线。立足生态保护环境角度，科学规划是其前提条件，制度构建是其保障，促进经济建设同生态环境的协调发展是根本目的。在党的十九大报告中明确要求：完成生态保护红线、永久基本农田、城镇开发边界三条控制线划定工作；开展国土绿化行动，推进荒漠化、石漠化、水土流失综合治理，强化湿地保护和恢复，加强地质灾害防治。完善天然林保护制度，扩大退耕还林还草；严格保护耕地，扩大轮作休耕试点，健全耕地草原森林河流湖泊休养生息制度，建立市场化、多元化生态补偿机制。[②] 在党的二十大报告中再次提及，"以国家重点生态功能区、生态保护红线、自然保护地等为重点，加快实施重要生态系统保护和修复重大工程。推进以国家公园为主体的自然保护地体系建设。实施生物多样性保护重大工程。科学开展大规模国土绿化行动。深化集体林权制度改革。推行草原森林河流湖泊湿地休养生息，实施好长江十年禁渔，健全耕地休耕轮作制度。建立生态产品实现机制，完善生态保护补偿制度。加强生物安全管理，防治外来物种侵害"。

---

① 习近平.中共中央关于全面深化改革若干重大问题的决定：在中国共产党第十八届中共委员会第三次全体会议上报告[N].人民日报,2013-11-13.
② 习近平.决胜全面建成小康社会夺取新时代中国特色社会主义伟大胜利：在中国共产党第十九次全国代表大会上的报告[M].北京：人民出版社,2017:15.

四、成熟时期

(一)习近平生态文明思想

党的十八大以来,以习近平同志为核心的党中央从中华民族永续发展的高度出发,深刻把握生态文明建设在新时代中国特色社会主义事业中的重要地位和战略意义,大力推动生态文明理论创新、实践创新、制度创新,创造性地提出了一系列富有中国特色、体现时代精神、引领人类文明发展进步的新理念新思想新战略,形成了习近平生态文明思想,高高举起了新时代生态文明建设的思想旗帜,为新时代我国生态文明建设提供了根本遵循和行动指南,标志着我们党对生态文明的认识提升到了一个全新的高度,开创了生态文明建设的新境界。

习近平总书记在党的二十大报告中强调:"大自然是人类赖以生存发展的基本条件。尊重自然、顺应自然、保护自然,是全面建设社会主义现代化国家的内在要求。必须牢固树立和践行绿水青山就是金山银山的理念,站在人与自然和谐共生的高度谋划发展。"在2023年7月召开的全国生态环境保护大会上,习近平总书记发表重要讲话,对过去我们在生态文明建设领域取得的一系列历史性成就做了全面总结,对接下来一个时期我们接续推进生态文明建设需要处理的重大关系做了深刻阐述,对全面推进美丽中国建设的战略任务和重大举措做了系统部署,明确提出了坚持和加强党对生态文明建设全面领导的重大要求,对习近平生态文明思想做了新阐释、新发展。

(二)深刻理解和把握习近平生态文明思想的科学体系

习近平生态文明思想的鲜明主题是努力实现人与自然和谐共生。习近平总书记站在中华民族和人类文明永续发展的高度,深刻把握人类社会历史经验和发展规律,汲取中华优秀传统生态文化的思想智慧,围绕人与自然和谐共生这一人类文明发展的基本问题,深刻阐释了人与自然和谐共生的内在规律和本质要求,深刻揭示并系统回答了为什么建设生态文明、建设什么样的生态文明、怎样建设生态文明等重大理论和实践问题，为中华民族伟大复兴和永续发展提供了强大思想武器，为人类社会可持续发展提供了科学思想指引。

习近平生态文明思想的形成发展具有深厚的理论依据、实践基础、文化底蕴。这一思想继承和创新马克思主义自然观、生态观，是对西方以资本为中心、物质主义膨胀、先污染后治理的现代化发展道路的批判与超越，实现了马克思主义关于人与自然关系思想的与时俱进。是在几代中国共产党人不懈探索的基础上，针对新时代人民群众对优美生态环境有了更高的期盼和要求这一重大变化，赋予生态文明建设理论新的时代内涵，开创了生态文明建设新境界。这一思想根植于中华优秀传统生态文化，传承"天人合一""道法自然""取之有度"等生态智慧和文化传统，并对其进行创造性转化、创新性发展，体现中华文化和中国精神的时代精华，为人类可持续发展贡献了中国智慧、中国方案。

习近平生态文明思想的理论体系系统全面、逻辑严密、开放包容。这一思想系统阐释人与自然、保护与发展、环境与民生、国内与国际等的关系，深刻回答新时代生态文明建设的根本保证、历史依据、基本原则、核心理念、宗旨要求、战略路径、系统观念、制度保障、社会力量、全球倡议等一系列重大理论与实践问题，对新形势下生态文明建设的战略定位、目标任务、总体思路、重大原则作出系统阐释和科学谋划，是谋划生态文明建设的总方针、总依据和总要求。这一思想体系完整、逻辑严密，既讲是什么、为什么，又讲怎么看、怎么办，是关于生态文明建设的认识论、价值论和方法论，深刻揭示了生态文明建设的历史逻辑、理论逻辑、实践逻辑。这一思想开放包容，既来自中国实践和理论创新，也吸收世界上可持续发展的优秀成果；既立足中国，又放眼世界；既来自实践，又指导实践，并在实践中不断丰富和发展。

（三）深刻理解和把握习近平生态文明思想的基本内容

习近平生态文明思想内涵丰富、博大精深，蕴含着丰富的马克思主义立场、观点和方法，包含着一系列具有原创性、时代性、指导性的重大思想观点，就其主要方面来讲，集中体现为"十个坚持"。

坚持党对生态文明建设的全面领导。这是我国生态文明建设的根本保证。习近平总书记指出，"生态环境是关系党的使命宗旨的重大政治问题"。生态文明建设是统筹推进"五位一体"总体布局和协调推进"四个全面"战略布局的重要内容，党的全面领导具有"把舵定向"的重大作用，必须确保党中央关于生态文明建设的各项决策部署落地见效。

坚持生态兴则文明兴。这是我国生态文明建设的历史依据。习近平总书记强调："生态环境是人类生存和发展的根基，生态环境变化直接影响文明兴衰演替。"必须深刻认识生态环境是人类生存最为基础的条件，把人类活动限制在生态环境能够承受的限度内，给自然生态留下休养生息的时间和空间。以对人民群众、对子孙后代高度负责的态度和责任，加强生态文明建设，筑牢中华民族永续发展的生态根基。

坚持人与自然和谐共生。这是我国生态文明建设的基本原则。必须敬畏自然、尊重自然、顺应自然、保护自然，始终站在人与自然和谐共生的高度来谋划经济社会发展，坚持节约资源和保护环境的基本国策，坚持节约优先、保护优先、自然恢复为主的方针，努力建设人与自然和谐共生的现代化。

坚持绿水青山就是金山银山。这是我国生态文明建设的核心理念。习近平总书记强调："绿水青山既是自然财富、生态财富，又是社会财富、经济财富。"必须处理好绿水青山和金山银山的关系，坚定不移保护绿水青山，努力把绿水青山蕴含的生态产品价值转化为金山银山，让良好生态环境成为经济社会持续健康发展的支撑点，促进经济发展和环境保护双赢。

坚持良好生态环境是最普惠的民生福祉。这是我国生态文明建设的宗旨要求。习近平总书记指出："良好的生态环境是最公平的公共产品，是最普惠的民生福祉。"加强生态文明建设是人民群众追求高品质生活的共识和呼声。必须落实以人民为中心的发展思想，解决好人民群众反映强烈的突出环境问题，提供更多优质生态产品，让人民过上高品质生活。

坚持绿色发展是发展观的深刻革命。这是我国生态文明建设的战略路径。必须把实现减污降碳协同增效作为促进经济社会发展全面绿色转型的总抓手，加快建立健全绿色低碳循环发展经济体系，加快形成绿色发展方式和生活方式，坚定不移走生产发展、生活富裕、生态良好的文明发展道路。

坚持统筹山水林田湖草沙系统治理。这是我国生态文明建设的系统观念。习近平总书记指出："生态是统一的自然系统,是相互依存、紧密联系的有机链条。"统筹山水林田湖草沙系统治理,深刻揭示了生态系统的整体性、系统性及其内在发展规律,为全方位、全地域、全过程开展生态文明建设提供了方法论指导。必须从系统工程和全局角度寻求新的治理之道,更加注重综合治理、系统治理、源头治理,实施好生态保护修复工程,加大生态系统保护力度,提升生态系统稳定性和可持续性。

坚持用最严格制度最严密法治保护生态环境。这是我国生态文明建设的制度保障。习近平总书记强调："我国生态环境保护中存在的突出问题大多同体制不健全、制度不严格、法治不严密、执行不到位、惩处不得力有关。"保护生态环境必须依靠制度、依靠法治。必须把制度建设作为推进生态文明建设的重中之重,健全源头预防、过程控制、损害赔偿、责任追究的生态环境保护体系,构建产权清晰、多元参与、激励约束并重、系统完整的生态文明制度体系,强化制度供给和执行,让制度成为刚性约束和不可触碰的高压线。

坚持把建设美丽中国转化为全体人民自觉行动。这是我国生态文明建设的社会力量。必须建立健全以生态价值观念为准则的生态文化体系,牢固树立社会主义生态文明观,倡导简约适度、绿色低碳的生活方式,坚决制止餐桌上的浪费,实行垃圾分类。加强生态文明宣传教育,把建设美丽中国转化为每一个人的自觉行动。

坚持共谋全球生态文明建设之路。这是我国生态文明建设的全球倡议。习近平总书记强调："生态文明是人类文明发展的历史趋势。"建设美丽家园是人类的共同梦想。必须秉持人类命运共同体理念,同舟共济、共同努力,构筑尊崇自然、绿色发展的生态体系,积极应对气候变化,保护生物多样性,为实现全球可持续发展、建设清洁美丽世界贡献中国智慧和中国方案。[①]

---

① 习近平生态文明思想研究中心. 深入学习贯彻习近平生态文明思想[EB/OL]. (2022-08-18)［2022-12-05］. http://www. qstheory. cn/qshyjx/2022 — 08/18/c _ 11289 24516.htm.

第三节 构建中国特色西藏特点的
碳汇功能区建设生态政策

因为西藏自治区的地理位置和自然环境的独特性,藏民族先后经历了从原始文明到游牧、农耕相结合的文明再到工业文明几个阶段的发展历程。由于西藏农耕文明时期比较短,缺乏大量的农耕文明丰富积累,并且工业文明的适应力和承受力也非常薄弱,对我们建设西藏、建设碳汇功能区来说,就面临着一系列更高的标准和要求。要将中国特色西藏特点的碳汇功能区尽快建立起来,就必须走保护生态环境和建设生态文明之路,构建起中国特色西藏特点的碳汇功能区建设生态政策。

一、完善政府生态管理体制

生态文明建设进程与政府生态管理体制的健全有很大的关系。必须通过不断完善和发展生态管理体制,才能够促进政府职能的实现,这也为生态文明建设目标的实现奠定了基础。通过完善政府生态管理体制、协调政府内部各职能部门之间生态管理职能,提高生态文明建设的规划和决策水平。

(一)加大政府的生态监管力度

政府生态管理的执行与监督是以生态监管制度作为重点,其中有对资源开发、政府生态管理、生态执法机构执法行为以及服务行为等一系列的监督。在政府科学系统的生态监管下,不断地加强政府生态监管能力,通过对政府生态政策的执行力度的进一步强化,使监督管理能够分层次和多角度切入,才能够让政府的生态监管获得真正的落实,来更好地发挥政府生态职能方面的作用,有力地促进生态文明建设的发展。

（二）强化生态补偿机制

生态补偿（eco-compensation）是以保护和可持续利用生态系统为目的，以经济手段为主调节相关者利益关系的制度安排。生态补偿机制是以保护生态环境，促进人与自然和谐发展为目的，根据生态系统服务价值、生态保护成本、发展机会成本，运用政府和市场手段，调节生态保护利益相关者之间利益关系的环境经济政策。

这个机制由几个方面所构成。一是对生态补偿制度的法制性进行完善。因为单纯仅依靠政策规章条例，无法实现生态文明建设的长效机制。这就需要我们加快完善相关环境、资源等方面的生态补偿法规条例和实施办法，让法律介入生态补偿过程中，依法依律对其进行科学规范，保障生态资源的合理配置及使用，达到倍增的效应。二是构建标准化的生态补偿机制。在补偿方式角度来设定生态补偿的标准，以不同领域有不同的特点为依据，不断深入研究生态补偿问题，将对应的生态补偿标准制定出来，并且不断完善监测评估指标体系，做到管理机构的统一、管理方法的统一，而资源开发者需在开发利用资源环境方面付费，否则必须赔偿。三是强化生态补偿考核制度。做好考核评估生态补偿金的使用工作，对生态补偿的资金必须实行统一管理，而且还必须达到对补偿资金的专款专用，把财政生态补偿金激励同引导作用有机结合。四是加强生态补偿监督机制。尽快搭建生态补偿信息网络平台，让社会公众了解并积极参与其中，同时为进行有效监督提供可靠保障，采取相应的反馈和监督措施，政府应加大奖励环境保护行为的力度，严厉惩罚破坏行为。五是推动生态补偿机制的长效运行。落实和实施生态补偿制度，对已经恶化、破坏的生态环境进行长效修复，及时反映修复生态成本的变化情况，还必须结合当下对碳汇功能区生态文明建设中资源和环境的变化情况给予综合考虑。

（三）采取生态政绩考核方式

生态政绩考核方式是指政绩考评者通过特定的标准、程序，把生态保护和防污治理等各项指标纳入政绩考核的范围中，作为对政府官员绩效考核的标准,评定出的绩效结果作为其政绩奖惩的一种考核参照方式。必须将生态保护以及资源能源的可持续利用等综合因素考虑到生态政绩考核范围内,对各级政府发展经济、保护环境和资源节约与合理利用进行考核,并通过绿色 GDP 的标准来对其是否贯彻生态文明的可持续发展进行衡量。这就要求西藏政府尽快转变职能,对碳汇功能区生态的重要性要引起足够的重视,对生态管理职能做进一步的强化,由单纯只重视经济增长,转向全面关注生态环境、资源、能源与经济、文化等的可持续发展,进一步强化、巩固关于碳汇功能区生态建设的统计和核算标准,在生态文明建设中逐渐形成一套特殊的政绩考核体系。这种科学规范的政绩考核体系将对政府职能的发展起到推动作用。①

二、促进生态文明背景下的经济发展

在西藏碳汇功能区的经济发展过程中,每一项经济活动都必须达到人与自然的和谐的基本要求。这自然也包含了碳汇功能区第一、二、三产业及其他经济活动在内,都应进行无害化、"绿色化"处理,并符合生态环境保护产业化的要求。

(一)建立生态文明经济体系

要构建起碳汇功能区生态文明经济体系,就需要政府运用财政、价格、税收等必要的经济手段,并按照市场规律去影响市场主体。因此,就需要政府不断地及时调整财政投入的结构和方式,充分发挥将公共财政在碳汇功能区生态环境保护与建设方面的积极作用。同时,也需要当地各级政府适当加大在碳汇功能区生态环境保护与建设方面的资金投入,并要正确引导资金,以便更有力地推动生态环境保护与建设项目的社会化、市场化、产业化进程。在此情况下,政府还应采取措施,将多元化的比较完善的投融资渠道建立起来,同时运用宏观调控等手段,大力推进西藏

---

① 王文,王鸿雁.浅议生态政绩考核[J].郧阳师范高等专科学校学报,2011,31(5):97-100.

碳汇功能区生态文明建设工作的步伐,促使西藏碳汇功能区生态文明建设的基础发展模式开始转变为环境友好型,使碳汇功能区生态产业在国民经济中占主导地位,为西藏碳汇功能区生态文明建设打下坚实的物质基础。

(二)增强环保产业的职业责任意识

在西藏碳汇功能区必须大力发展环保产业,并通过碳汇功能区生态环境保护与建设的开展,大力提升环保产业单位中领导者、管理者和一般从业人员的生态责任意识。同时,对环保产业来说,还应通过提供技术、商品和服务等,不断开发和改善碳汇功能区生态环境。这不仅是市场行为,更是承担重大责任的社会行为。

(三)倡导绿色消费

要在西藏碳汇功能区开展生态文明建设,就必须先处理和协调好人与自然的关系,还要将人与人之间的生活关系也一并处理好。这里所说的绿色消费,就是指人们在日常生活和消费过程中,尽量去减少那些污染环境和浪费资源的消费行为,在推动绿色产业、绿色经济发展的过程中,实现碳汇功能区经济发展。

(四)清洁生产

这里所说的清洁生产,即企业的生产过程必须高度重视生产资料的节约,并尽量减少废弃物的排放,同时,在整个生产过程中对人体健康和生态环境的损害也必须将至到最低限度。在本质上,我们看清洁生产不能看成是对污染的治理,而应作为预防污染对待,这适用于功能区工业生产在内的第一、二、三产业及其他生产活动内容。

三、建立生态文明政治制度

西藏碳汇功能区生态环境的保护与建设必须得到党和政府的高度重视,并且应将西藏碳汇功能区生态问题的解决与建设生态文明作为贯彻科学发展观和构建和谐社会的大局来看。

(一)重视生态行政建设

西藏自治区政府要正确引导碳汇功能区内的各级领导,引导他们在对待发展和人口、资源、生态环境之间的关系过程中,树立起正确科学的认识,及时而清楚地了解并掌握各种经济活动影响西藏碳汇功能区生态环境的情况,不断提高鉴别西藏碳汇功能区生态环境变化的能力。同时不断提高解决生态环境问题的能力,相关单位在西藏碳汇功能区生态环境和生态文明建设过程中,不断增强保护和建设的自觉性和主动性。

(二)建立并完善生态文明法律制度

法律制度是西藏碳汇功能区生态文明建设的保证。这就需要西藏党委和政府针对自身的具体情况,制定和完善一系列保护和合理利用资源、生态环境的法律、政策。政府应把西藏生态环境立法的重点尽快进行转移,要与西藏碳汇功能区的建设相适应,摒弃发展经济为主保护环境为辅的观念,重新建立起一种新观念——以保护、建设西藏生态环境为主,经济发展为辅的新观念,进而积极确立生态利益中心主义的环境伦理观。凡是具有可借鉴性的先进立法技术都应积极引进,以科学规划为基础,紧密与西藏独特的生态环境特点有机结合起来,创新一些合理、科学、有效的措施,实现不断完善西藏碳汇功能区生态环境保护的相关法制建设的目的。要判定和完善西藏碳汇功能区生态环境法律制度,不仅充分发挥法律制度可以在功能区的经济和社会生活中对生态环境和资源进行开发利用的约束作用,对破坏生态环境和其他阻碍生态文明建设的不良行为采取足够严厉的惩罚措施,并加以有效的遏制。

(三)推进生态民主建设

西藏碳汇功能区各级政府要充分发挥人民群众在生态建设中的主体作用,调动人民群众参与的积极性和热情。还必须从制度上,对人民群众关于碳汇功能区生态文明建设的知情权、参与权和监督权予以保障,使人民群众切实意识到自己与西藏碳汇功能区生态文明建设利益攸关,能积极参加建设和环境保护工作。

四、加强生态文化建设

要让生态文化意识在西藏人民头脑中扎根。生态文化作为一种新兴文化,其核心思想包括生态科学、可持续发展理论、科学发展观等。要让生态文化意识在人们心中树立起来,就需要做好生态教育工作,让人们认同生态文化,增强自身在生产和生活过程中的自律性。

西藏碳汇功能区生态文化建设进程的推进也离不开教育系统的大力帮助,要实现生态文明就需要整个教育体系进一步强化生态教育。这主要可从以下方面进行:

(一)提高全体教育工作者的生态文化和意识水平

党的二十大报告指出,"教育是国之大计、党之大计"。西藏全体教育工作者必须重视生态教育,并将其融入从幼儿教育到高校教育的各个方面、各个环节。要依据不同的教育对象,确立生态教育的差异性、针对性和形式的多样性。对于教育系统领导者、各层管理者举办生态科学等相关知识的讲座。对于功能区的教师队伍,需要区别情况,采取专门培训和进修等不同方式。对具有不同专业知识的教师,要讲究生态环境课程的灵活性和层次性,促使西藏碳汇功能区全体教师不断提高生态知识水平,将生态知识贯穿和融入各学科中。

(二)完善学校课程编排体系

那些处于西藏碳汇功能区内的学校,可以将生态教育课与公共基础课同等对待。只有生态教育课程得到了学校的高度重视,学生学起生态文化知识才格外有兴趣。只有我们高度重视生态文化教育,才能使功能区内学生科学和理性的世界观得到充分培养,才能正确认识生态环境与人类和谐发展之间的关系,形成生态世界观,最终形成新的科学社会文明观。

（三）营造良好的校园生态教育氛围

西藏碳汇功能区内各级各类学校，也应在管理、教学、校园建设和其他各种校园活动中贯穿生态教育理念，并且在整个学校的办学指导思想中，要始终贯穿生态文化教育的理念。学校也必须促进校园生态环境的进一步优化，将良好的育人环境建立起来，塑造校园独有的生态文明和生态文化，努力塑造出一代具有环境保护意识的高素质人才。

五、构建生态文明社会

整个社会面临一项重要任务就是以生态环境的建设与保护为手段，开展生态文明建设。这需要西藏碳汇功能区早日创造出一个良好的社会生活环境，以便让全社会能积极参与、关注、监督生态环境的保护与建设进程。必须尽快对人们的生活方式进行革新，建立一个高效的社会管理体系，在全社会大力倡导文明、科学和健康的和谐社会生活方式。生态文明建设绝不可只看成是政府所承担的任务，还需要全社会的人都参与，都来监督，一起为建设生态文明做贡献。不仅如此，功能区还应将各种新闻媒体的作用也发挥出来，大张旗鼓地宣传生态文明建设，让全社会生产和生活的各个领域都充满生态文明的理念。

一方面，要引导西藏碳汇功能区内的人民树立生态文明观，尽快形成人与自然和谐相处的生活和生产方式。另一方面，西藏碳汇功能区各部门应依据自身职责范围，大力弘扬西藏生态环境保护与建设、生态文明建设中的先进人物和事迹，倡导大家深入学习。一旦发现破坏生态环境和不利于生态文明建设的行为，就要及时给予严厉处罚，带领西藏碳汇功能区内的各族人民一起去抵制，最大限度地杜绝各种损害生态环境的不良行为发生。

参考文献

白涛.西藏林业经济[M].北京:中国藏学出版社,1996.

包玉华,胡夷光.关于完善"大气污染防治法"的探讨[J].环境科学与管理, 2011,36(2):29-31,45.

曹敏,秦国华.西藏林业经济发展方式转型探讨:基于碳汇交易的视角[J]. 西藏民族学院学报(哲学社会科学版),2013,34(6):47-52,139.

曹明德.排污权交易制度探析[J].中国环境法治,2008(0):40-46.

曹明德.生态法新探[M].北京:人民出版社 2007.

陈爱东.构建西藏绿色财政体系的设想:基于促进西藏生态安全屏障建设 的视角[J].西藏民族学院学报(哲学社会科学版),2012,33(4):30- 35,138.

陈曦.西藏地区森林资源碳汇交易研究[D].北京:中央民族大学,2013.

陈兴良.立法理念论[J].中央政法管理干部学院学报,1996(1):1-6,49.

陈彦芹,索朗桑姆.社会林业与西藏森林可持续发展研究[J].西藏科技, 2011(3):13-17.

达杰.加强生态环境保护与建设 促进人与自然和谐相处:浅谈西藏自治 区生态环境保护与建设成就[J].西藏科技,2005(9):4-6,10.

邓明君,罗文兵,尹立娟.国外碳中和理论研究与实践发展述评[J].资源科 学,2013,35(5):1084-1094.

杜军,胡军,张勇.西藏农业气候资源区划[M].北京:气象出版社,2007.

杜黎明.主体功能区区划与建设:区域协调发展新视野[M].重庆:重庆大 学出版社,2007.

房建昌.近代西藏林业史钩沉[J].中国边疆史地研究,1994(3):75-87.

尕丹才让,李忠民.碳汇交易机制在西部生态补偿中的借鉴与启示[J].工业技术经济,2012,31(3):139-144.

高国力.我国主体功能区划分与政策研究[M].北京:中国计划出版社,2008.

高鸿业.西方经济学:第五版[M].北京:中国人民大学出版社,2011.

高玫.低碳时代江西重点产业发展研究[M].南昌:江西人民出版社,2013.

苟灵.西藏农牧林自然经济概要[M].拉萨:西藏人民出版社,1985.

郭梅,许振成,彭晓春,等.基于主体功能区的环境规划战略研究[J].改革与战略,2010,26(3):105-108.

国家环境保护总局,中共中央文献研究室.新时期环境保护重要文献选编[M].北京:中央文献出版社,2001.

国家林业和草原局.中国林业发展报告 2012[M].北京:中国林业出版社,2012.

国务院发展研究中心课题组.主体功能区形成机制和分类管理政策研究[M].北京:中国发展出版社,2008.

何永祺,傅汉章.市场学原理[M].广州:中山大学出版社,2006.

贺东北,柯善新,陈振雄,等.西藏森林资源特点与林业发展思考[J].中南林业调查规划,2014,33(3):1-4.

胡锦涛.高举中国特色社会主义伟大旗帜 为夺取全面建成小康社会新胜利而奋斗:在中国共产党第十七次全国代表大会上的报告[N].人民日报,2007-10-25.

胡锦涛.强调加快建设资源节约型、环境友好型社会[N].人民日报,2006-12-26.

江泽民.高举邓小平理论伟大旗帜,把建设有中国特色社会主义事业全面推向二十一世纪:在中国共产党第十五次全国代表大会上的报告(1997年9月12日)[J].求是,1997(18):2-23.

江泽民.江泽民文选:第1卷[M].北京:人民出版社,2006.

姜辰蓉.研究表明:青藏高原成为全球气候变暖敏感区[EB/OL].(2007-03-30)[2020-06-08].http://www.xinhua.org.

蒋懿.德国可再生能源法对我国立法的启示[J].时代法学,2009,7(6):

117-120.

洁安娜姆.西藏人力资本结构与产业结构协同发展对策分析[J].西藏研究,2011(2):96-103.

鞠欢.主体功能区战略下的湖北省环境保护政策优化研究[D].武汉:湖北工业大学,2014.

科技部.美国恢复和再投资法案使清洁能源增长迅速.[EB/OL].(2009-05-13)[2022-06-30].http://www.most.gov.cn/gnwkjdt/200905/t20090512_69134.htm.

拉巴次仁.拉萨"布袋行动"三年白色垃圾大大减少[N].经济参考报,2008-01-30(004).

兰金山.尼木县产业经济:特色出"风头"[N].西藏日报,2008-09-03.

雷光勇,曹雅丽,齐云飞.风险资本、制度效率与企业投资偏好[J].会计研究,2017(8):48-54,94.

李宝海.西藏现代农业发展战略研究[M].北京:中国农业科学技术出版社,2007.

李顺龙.森林碳汇问题研究[M].哈尔滨:东北林业大学出版社,2006.

李艳梅,赵锐.西藏碳汇资源评估与碳汇产业发展路径分析[J].中国藏学,2015(1):147-153.

李义松,冉晓璇.低碳经济背景下的碳排放权交易制度框架研究[J].商业时代,2013(13):103-105.

李勇军,周惠萍.公共政策[M].杭州:浙江大学出版社,2013.

李长青,苏美玲,杨新吉勒图.内蒙古碳汇资源估算与碳汇产业发展潜力分析[J].干旱区资源与环境,2012,26(5):162-168.

李挚萍.《京都议定书》与温室气体国际减排交易制度[J].环境保护,2004(2):58-60.

刘凤岐.论社会主义市场经济条件下的利益分配机制[J].延安大学学报(社会科学版),1998(3):3-8.

刘洪明."十二五"林业建设带动增收42.77亿元[N].西藏日报,2016-03-07.

刘剑文.税法学[M].北京:北京大学出版社,2007.

刘洁.西藏经济发展与生态环境研究[J].科技创新与生产力,2016(9):15-16.

刘隆亨.税法学[M].北京:中国人民公安大学出版社、人民法院出版社,2003.

刘荣.会计规范与税收制度比较研究[D].天津:天津财经大学,2007.

刘蔚华.方法学原理[M].济南:山东人民出版社,1989.

刘务林,朱雪林.中国西藏高原湿地[M].北京:中国林业出版社,2013.

刘务林.西藏自然保护区[M].拉萨:西藏人民出版社,1993.

刘允芬.农业生态系统碳循环研究[J].自然资源学报,1995(1):1-8.

鲁航.财往高处流:西藏财政发展概略[M].北京:中国财政经济出版社,2008.

吕江.《低碳转型计划》与英国能源战略的转向[J].中国矿业大学学报,2010,12(3):2-33.

吕景辉,任天忠,闫德仁.国内森林碳汇研究概述[J].内蒙古林业科技,2008(2):43-47.

毛涛.碳税立法研究[M].北京:中国政法大学出版社,2013.

毛泽东.毛泽东选集:第1卷[M].北京:人民出版社,1966.

潘娟.科学发展观下人与自然的和谐发展[J].科技信息(学术研究),2008(27):55,58.

潘球红,林娟,郑雪莲.浅论我国资源税改革:对森林征收资源税[J].对外经贸,2012(7):154-156.

钱伯章.国际可再生能源新闻[J].太阳能,2009(9):54-55.

桑东莉.德国可再生能源立法新取向及其对中国的启示[J].河南省政法管理干部学院学报,2010,25(2):131-138.

邵珍,文冰.我国森林碳汇项目激励模型研究[J].中国林业经济,2008(4):1-4,22.

宋海云,蔡涛.碳交易:市场现状、国外经验及中国借鉴[J].生态经济,2013(1):74-77.

苏强.产业经济对城市土地利用形态布局的影响[J].城乡建设,2014(10):41-42.

孙鸿烈,郑度.青藏高原形成演化与发展[M].广州:广东技术出版社,1998.

田云,张俊飚,李波.中国林业产业综合竞争力空间差异分析[J].干旱区资源与环境,2012,26(12):8-13.

汪曾涛.碳税征收的国际比较与经验借鉴[J].理论探索,2009(4):68-71.

王保海.青藏高原天敌昆虫[M].郑州:河南科技出版社,2011.

王冬至,张秋良,高娃,等.大青山生态林固碳释氧效益计量[J].内蒙古农业大学学报(自然科学版),2011,32(2):56-59.

王慧,曹明德.气候变化的应对:排污权交易抑或碳税[J].法学论坛,2011,26(1):110-115.

王君正.坚持以习近平新时代中国特色社会主义思想为指导,全面贯彻新时代党的治藏方略,为建设团结富裕文明和谐美丽的社会主义现代化新西藏而努力奋斗[R].西藏:中国共产党西藏自治区第十届委员会,2021.

王树义.俄罗斯生态法[M].武汉:武汉大学出版社,2001.

王天津.建立西藏碳汇功能区的若干设想[J].西南民族大学学报(人文社科版),2008(7):137-141.

王天津.推动碳汇功能建设提高农牧民权益[J].西南民族大学学报(人文社科版),2009,30(2):35-39,289.

王文,王鸿雁.浅议生态政绩考核[J].郧阳师范高等专科学校学报,2011,31(5):97-100.

王雪红.林业碳汇项目及其在中国发展潜力浅析[J].世界林业研究,2003(4):7-12.

王月容.旅游开发对生态环境的影响研究[J].湖南林业科技,2003(2):37-39.

我国最大国有林区碳汇交易额超百万[EB/OL].(2018-01-19)[2021-08-07].http://finance.people.com.cn/n1/2018/0119/c1004-29773812.html.

吴建普,罗红,朱雪林,等.西藏湿地分布特点分析[J].湿地科学,2015,13(5):559-562.

吴征镒.中国植被[M].北京:科学出版社,1983.

西藏自治区人民政府关于加快发展节能环保产业的实施意见(藏政发〔2014〕65 号)[Z].2014-06-17.

西藏自治区土地管理局.西藏自治区土壤资源[M].北京:科学出版社,1994.

郗婷婷,李顺龙.黑龙江省森林碳汇潜力分析[J].林业经济问题,2006(6):519-522,526.

习近平.高举中国特色社会主义伟大旗帜 为全面建设社会主义现代化国家而团结奋斗:在中国共产党第二十次全国代表大会上的报告[M].人民出版社,2022.

习近平.决胜全面建成小康社会 夺取新时代中国特色社会主义伟大胜利:在中国共产党第十九次全国代表大会上的报告[M].北京:人民出版社,2017.

肖英,刘思华,王光军.湖南 4 种森林生态系统碳汇功能研究[J].湖南师范大学自然科学学报,2010,33(1):124-128.

晓勇.林业援藏"提速"生态保护与建设[N].西藏日报(汉),2014-08-31.

徐爱燕,安玉琴,王大海.论西藏生态产业体系及发展重点[J].西藏大学学报(社会科学版),2010,25(4):28-31.

许云霄.公共选择理论[M].北京:北京大学出版社,2006.

颜园园.春节藏历新年期间拉萨出现浮尘天气[EB/OL].(2008-02-18)[2020-06-08].http://www.xinhua.org.

杨泽伟.《2009 年美国清洁能源与安全法》及其对中国的启示[J].中国石油大学学报(社会科学版),2010,26(1):1-6.

姚俊开.西藏地方立法刍议[J].西藏民族学院学报(哲学社会科学版),2007(1):87-90.

于文轩.生物安全国际法导论[M].北京:中国政法大学出版社,2006.

俞鹦.履职路上越走越精彩[J].江淮法治,2016(7):47-49.

袁定喜.中国碳汇贸易价格形成机制研究[D].南京:南京林业大学,2015.

张鸿浩.《环境保护法》修订要点解读[J].内蒙古财经大学学报,2016,14(3):80-83.

张建龙.中国林业统计年鉴[M].北京:中国林业出版社,2012.

张建龙.中国林业统计年鉴[M].北京:中国林业出版社,2012.

张剑波.低碳经济法律制度研究[D].重庆:重庆大学,2012.

张敏.西藏林业产业现状及结构调整的建议[J].林业科技,2001(1):61-62,60.

张庆阳.德国低碳经济走在世界前列.[EB/OL].(2010-06-14).[2022-06-08].http://www.weather.com.cn/climate/qhbhyw/06/573469.shtml.

张守文.论税收法定主义[J].法学研究,1996(6):57-65.

张童.西部地区低碳经济发展模式研究[D].成都:西南财经大学,2011.

张文显.法哲学范畴研究[M].北京:中国政法大学出版社,2001.

张晓静,曾以禹.构建我国林业碳汇交易市场管理机制几点思考[J].林业经济,2012(8):66-71.

张迎春.创建青海碳汇功能区探讨[J].青海金融,2013(7):50-52.

张影.西藏矿产资源概况[J].西藏科技,2005(6):33-34.

赵惊涛.科学发展观与生态法制建设[J].当代法学,2005(5):133-136.

赵宗福,苏海红,孙发平.关于青海碳汇及碳交易的研究报告[J].青海社会科学,2011(4):39-44.

中共中央文献研究室,国家林业和草原局.毛泽东论林业:新编本[M].北京:中央文献出版社,2003.

中共中央文献研究室.江泽民论中国特色社会主义:专题摘编[M].北京:中央文献出版社,2002.

中国科学院青藏高原综合科学考察队.西藏土壤[M].北京:科学出版社,1985.

中华人民共和国国务院.全国主体功能区规划[Z].2010-12-21.

中央党史和文献研究院.十六大以来重要文献选编:上[M].北京:中央文献出版社,2006.

中央党史和文献研究院.十七大以来重要文献选编:上[M].北京:中央文献出版社,2009.

仲伟周,邢治斌.中国各省造林再造林工程的固碳成本收益分析[J].中国人口·资源与环境,2012,22(9):33-41.

周珂.环境法学研究[M].北京:中国人民大学出版社,2008.

朱玲.农牧人口的健康风险和健康服务[J].管理世界,2005(2):41-56,171-172.

朱佩智.碳关税及我国的法律对策初探[C]//国家林业和草原局政策法规司,中国法学会环境资源法学研究会,东北林业大学.生态文明与林业法治:2010 全国环境资源法学研讨会(年会)论文集(下册),2010.

祝列克.西藏的森林资源与林业可持续发展战略[M].哈尔滨:东北林业大学出版社,2000.

THE WORLD BANK. State and trends of the carbon market 2006[R/OL]. (2006-05-01)[2022-05-31]. https://documents. worldbank. org/en/publication/documents-reports/documentdetail/787491468140367913/state-and-trends-of-the-carbon-market-2006.

THE WORLD BANK. State and Trends of Carbon Pricing 2024[R/OL].[2024-05-21]. https://openknowledge. worldbank. org/entities/publication/b0d66765-299c-4fb8-921f-61f6bb979087.

后 记

《西藏碳汇功能区建设的政策研究》是西藏自治区哲学社会科学专项资金项目重点项目（13AJY008）的研究成果，该项研究始于 2012 年。在此首先要感谢曹敏、刘源两位课题组成员，以敏锐的洞察力选择了相关的研究方向，撰写和发表了相关学术论文，为课题的研究打下了良好的基础。

课题立项后，研究团队积极响应、主动承担、默契配合，顺利地完成了课题研究的主要任务。在研究过程中，团队成员多次赴西藏开展实地调研活动，切实感受到西藏这片美丽的土地发生的翻天覆地的变化，感受到在新时代党的治藏方略引领下西藏所取得的全方位进步和历史性成就。但现实的困难也让我们清楚地认识到推动西藏经济社会高质量发展的不易、加强生态建设的迫切需要和发展碳汇经济的美好前景。团队成员先后参加了由国家应对气候变化战略研究和国际合作中心主办的"中国低碳发展战略高级别研讨会"等学术会议，与有关专家进行了深入探讨；考察了深圳碳排放交易所、四川联合环境交易所等机构，搜集了大量的资料和素材。在此衷心地感谢研究团队的辛勤努力和付出。

本研究由秦国华主持，负责课题总体设计、调研组织、审稿定稿。秦国华、黄烁撰写第一章，王欣瑞、付世恋、安雨萱撰写第二章，曹敏、牛伟雨撰写第三章，秦国华、周思琪撰写第四章，刘源、李金泽撰写第五章，王欣瑞、朱青林撰写第六章，封海坚、冯亚坤撰写第七章。

本课题结项后，由于国内外政治经济形势的急剧变化，导致后续研究推进艰难。在此要特别感谢厦门大学出版社的不懈努力，使得我们的研究成果最终得以与广大读者见面，感谢厦门大学对口支援西藏民族大学专著教材出版基金的支持。

感谢刘凯、罗旺次仁、史本林、卞利强等学校领导的指导、关注和支持，感谢科研处在科研平台建设和出版经费方面给予的大力支持，感谢西藏社会经济复杂系统管理协同创新中心各位同人的支持和帮助。感谢厦门大学何孝星教授、南京大学刘海建教授与李迁教授、西藏自治区社会科学院程越巡视员、西藏大学杨斌教授等在研究过程中给予我们的诸多建议和帮助，西藏民族大学毛阳海教授、李爱琴教授、杨西平教授、陈刚教授、张传庆教授、张剑雄教授、乔鹏程副教授也提供了宝贵的研究思路和工作建议，汪晓冬、管云平、段刚辉、张黎、何锋龙、黄锐等朋友在调研工作中鼎力相助。课题组深入西藏开展调查研究，得到了西藏自治区发改委、财政厅、生态环境厅、农业农村厅、科技厅、教育厅、各地市相关部门和广大干部群众的大力支持，在此深表感谢。

由于本课题研究具有一定的开拓性和前瞻性，而团队组建中环境学、生态学方面的学者不足，西藏的相关资料收集较为困难，研究成果难免出现纰漏和谬误之处，敬请各位专家学者和广大读者批评指正。也希望本书的出版，能够吸引更多专家学者和社会各界的关注，激发更多人了解和参与到西藏生态建设和碳汇经济发展中来，共同为西藏经济社会发展出谋划策，为雪域高原实现长治久安和高质量发展贡献力量。

秦国华

2024 年 7 月于咸阳